# LA BIBLIA DE LOS CÓDIGOS SECRETOS

HERVÉ LEHNING

# LA BIBLIA DE LOS CÓDIGOS SECRETOS

Obra editada en colaboración con Editorial Planeta – España

Título original: *La Bible des codes secrets*
Primera edición en Francia en colaboración con Xavier Müller.

© Texto: Hervé Lehning.

© 2020, Traducción: Tabita Peralta Lugones

© 2020, Adaptación criptológica: Óscar Font Cañameras

© Imágenes de portada: Shutterstock / the-sastra

© 2021, Editorial Planeta, S. A. – Barcelona, España

Derechos reservados

© 2022, Editorial Planeta Mexicana, S.A. de C.V.
Bajo el sello editorial PLANETA M.R.
Avenida Presidente Masarik núm. 111,
Piso 2, Polanco V Sección, Miguel Hidalgo
C.P. 11560, Ciudad de México
www.planetadelibros.com.mx

Diseño de portada: Planeta Arte & Diseño

Primera edición impresa en España: noviembre de 2021
ISBN: 978-84-480-2739-1

Primera edición impresa en México: junio de 2022
ISBN: 978-607-07-8820-8

Impreso en los talleres de Litográfica Ingramex, S.A. de C.V.
Centeno núm. 162-1, colonia Granjas Esmeralda, Ciudad de México
Impreso en México –*Printed in Mexico*

# ÍNDICE

# PRÓLOGO

Tienes en tus manos un documento muy especial.

Hay muchísimos libros sobre códigos secretos, pero ninguno como el que te dispones a leer. Al publicar *La Biblia de los códigos secretos*, quisimos proponer a los lectores una obra de referencia que tuviera un doble papel. El primero, hacerlos viajar por el mundo misterioso e intrigante (¡e intrigas encontrarás a granel!) de los secretos de la historia, del manuscrito de Voynich del siglo XV —hasta una lengua élfica[1] nunca descifrada— hasta Radio Londres y sus célebres mensajes codificados de la emisión «Los franceses hablan a los franceses».

El mundo en el que te dispones a entrar ha sido durante mucho tiempo un privilegio de los poderosos que se disimuló al gran público a propósito. Los historiadores chocaron durante décadas contra el silencio de las autoridades cuando intentaban obtener la verdad, especialmente sobre el secreto de las transmisiones de la Primera y de la Segunda Guerra Mundial. Durante la Revolución francesa, María Antonieta mantenía su aventura oculta con el conde Axel de Fersen, escribiéndole cartas de amor cifradas, con uno de los mejores códigos de la época, incluso a pesar de que no sabía utilizarlo bien.

Actualmente, los especialistas han desvelado esos secretos antiguos, pero la totalidad de los conocimientos en la materia no se han puesto a disposición pública, en todo caso como una suma rica e informativa que, de la misma manera que las pirámides

---

1 La lengua inventada de los libros de Tolkien. *(N. de la T.)*

que contemplaban cuarenta siglos de historia, cubre todas las épocas. ¿Sabes, por ejemplo, que, cuando el Che Guevara quiso exportar la revolución cubana a Bolivia, comunicaba con Fidel Castro con el mismo código que el utilizado entre estadounidenses y rusos? Interesante, ¿verdad? ¿O que los arcanos de la célebre Enigma, la máquina de codificar, fueron descubiertos, en parte, gracias a la traición de un funcionario alemán de la Oficina del Cifrado?

## Señora, mañana a las cinco en el parque

El primer objetivo de esta obra, ampliamente enriquecida desde su primera edición en 2012 (*El Universo de los códigos secretos*, Ixelles), es histórico. La transcripción —el arte de encriptar los mensajes— fue diplomático y militar en primer lugar, antes de servir al secreto de los negocios a partir del siglo XIX y también a un campo más anecdótico de las relaciones humanas: las correspondencias amorosas. Su contrario, la descodificación, llevó a una sofisticación de las técnicas del cifrado y, por eso mismo, a una lucha incesante entre codificadores y descodificadores. El segundo objetivo de este libro es darte las claves (en el buen sentido del término) para comprender el verdadero funcionamiento de los códigos secretos. He aquí dos ejemplos:

> Hvwd sulphud iudvh kd vlgr fliudgd sru xq vlpsoh ghvsodcdplhqwr.
> Rarficsed ed licifid sam res edeup esarf adnuges atse.

Estas dos frases están cifradas. Sin duda, para aquellos que ignoran todo sobre la criptografía, son incomprensibles. Sin embargo, representan los dos métodos clásicos del cifrado en sus formas más simples: la sustitución y la transposición. Cuando hayas leído este libro, descodificar estas frases te parecerá tan fácil como respirar (sí, sí, te lo garantizo).

Este libro contiene a veces algunas partes un poco técnicas, en la segunda mitad. Sin embargo, esas partes pueden hojearse sin problema para una comprensión general. Son para quienes quieran profundizar en el tema. Lo mismo sucede con los ejercicios lúdicos marcados como LQDD (lo que debemos descifrar). Los más motivados, a quienes nada asusta, ni siquiera las páginas matemáticas de los suplementos de verano de las revistas, encontrarán con qué ejercitar sus neuronas.

## Errores eternos

A mi entender, esta doble preocupación, histórica y técnica, constituye la originalidad de esta obra sobre códigos secretos. No se contenta con dar importancia estratégica a las proezas de los descodificadores como Antoine Rossignol en la época clásica, Georges Painvin durante la Primera Guerra Mundial o Alan Turing durante la Segunda Guerra Mundial; también trata de mostrar el grado de ingeniosidad que desarrollaron, y cómo supieron explotar los errores de sus adversarios, errores que marcaron todas las épocas. Los métodos cambian, los errores persisten.

Al mismo tiempo, escogí un plan estructurado alrededor de los métodos de codificación y de la historia. Para comenzar, mostraré a través de ejemplos históricos la necesidad de ocultar y el interés de descifrar las transmisiones. Luego, veremos el gran principio de la criptografía moderna, propuesto al final del siglo XIX por Auguste Kerckhoffs, según el cual un sistema criptográfico no debe reposar sobre el secreto de los métodos, de los algoritmos como se lo formularía hoy, sino sobre una clave que se cambia periódicamente.

Estos códigos ya existían en el Renacimiento: son los cifrados por sustitución polialfabética, como el más conocido que se atribuye a Blaise de Vigenère, pero fueron poco usados antes del siglo XIX, por la dificultad de ponerlos en práctica a mano. Por eso, en aquella época se prefirieron los cifrados por sustitución monoalfabética.

Aquí mostraré qué fáciles son de utilizar, ya sea con ejemplos inventados para la ocasión o con ejemplos de códigos reales.

11

## Dos por dos

En el siglo xix llegó una mejoría con la idea de sustituir las letras de a dos y no individualmente. La idea avanzó en el siglo xx con los trigramas (tres por tres) y luego los poligramas, lo que marcó la primera incursión de las matemáticas como tales en la criptografía.

Volveré a los siglos xvii y xviii y a la revolución criptográfica iniciada por Antoine Rossignol, quien tuvo la idea de modificar las sílabas, como las letras o las palabras, por números, concibiendo de esta manera los primeros diccionarios cifrados. Bien utilizados, esos diccionarios podían resistir a los descodificadores, pero también condujeron al desastre a un ejército napoleónico poco avezado en materia de códigos secretos.

Los preludios de la Primera Guerra Mundial vieron el desarrollo de los sistemas por transposición, en los cuales se cifra un mensaje fabricando un anagrama. Combinados con sustituciones polialfabéticas, esos sistemas criptográficos fueron los mejores de la Primera Guerra Mundial. Sin embargo, los mensajes eran muy arduos tanto de codificar como de descodificar y mal adaptados a la guerra de movimiento, lo que llevó al desarrollo de máquinas de cifrar, como la Enigma del ejército alemán. Enigma producía un código polialfabético que se creía indescifrable y que, sin embargo, fue roto primero por los polacos y luego por los británicos.

La utilización de máquinas de cifrado se prolongó después de la Segunda Guerra Mundial, pero las máquinas fueron reemplazadas por computadoras. Fue entonces cuando se dieron a conocer unos métodos más matemáticos con los que, de manera sorprendente, saber cifrar no bastaba para saber descifrar. Aun si esas técnicas son seguras, están amenazadas, actualmente, por la llegada de un nuevo tipo de máquina: la computadora cuántica. Todavía hoy continúa la lucha milenaria entre codificadores y descodificadores.

# 1

## EL ARMA DE LA GUERRA SECRETA

Existe la historia con «H» mayúscula y existen *las* historias. Las que terminan en las notas al pie de los manuales escolares. Sin embargo, son ellas quienes inflaman la imaginación de los novelistas y de los guionistas. Desde César desafiando a los germanos con sus mensajes cifrados a Radio Londres y la emisión «Los franceses hablan a los franceses», la guerra vista a través del prisma de los códigos secretos está llena de episodios de ese tipo, a veces anecdóticos, a veces impresionantes (como el resultado de la batalla). Hojear las páginas de esta epopeya es recorrer en desorden dos mil años de una «contrahistoria» de nuestra civilización, tan palpitante y útil de conocer como la «contrahistoria» de la filosofía que algunos han desvelado.

¿Un ejemplo de esos bastidores de la historia? Lombardía, 23 de diciembre de 1796. Hace ya diez meses que el ejército de Italia de Bonaparte asedia la ciudad de Mantua, donde se ha recluido el ejército austriaco. Un ejército (igualmente austriaco) de socorro intentó abrirse paso para ayudar, pero sufrió una grave derrota durante la célebre batalla del puente de Arcole, en noviembre. En esta víspera de Navidad, los centinelas que vigilan en las fronteras de Mantua detienen a un don nadie que busca penetrar en la ciudad ocupada. A pesar de la ausencia de pruebas, sospechan de su complicidad con los austriacos y lo conducen hasta el general Dumas, el padre del futuro Alexandre Dumas que contará la anécdota en sus memorias. ¿El pobre diablo, en realidad, es un espía? El general piensa entonces en un método antiguo descrito por César en *La guerra de las Galias*, pero que ya utilizaban en Extremo Oriente mucho antes. Los señores chinos escribían sus mensajes sobre una tela de seda muy fina, que cubrían luego con cera. El mensajero no tenía más que tragarse la bolita de cera para estar seguro de que el mensaje no sería interceptado.

Dumas hizo servir un purgativo al prisionero, que poco después... dio a luz... ¡un mensaje encerrado en una bolita de cera! Escrito a mano por el general austriaco Alvintzy, el texto anunciaba la llegada de refuerzos:

> Según las posibilidades, el movimiento que haré tendrá lugar el 13 o el 14 de enero; desembocaré con treinta mil hombres en la meseta de Rivoli, y enviaré a Provera diez mil hombres por el Adige hacia Legnago con un convoy considerable. Cuando escuchen el cañón, salgan para facilitar su movimiento.

El procedimiento era hábil y los franceses estaban encantados por haber interceptado el mensaje. Bonaparte envió exploradores hacia el norte de Italia que confirmaron que el ejército de Alvintzy, efectivamente, se había dividido en dos cuerpos que debían reunirse en Rivoli. En ese conflicto, los franceses se batían uno contra dos. Gracias a esa información robada, los soldados de Napoleón compensaron su inferioridad numérica. Afrontaron por separado a los dos ejércitos y consiguieron expulsar a los austriacos fuera de la península itálica hacia 1797. Un laxante salvó al portador del bicornio.

## Leer en el juego de sus adversarios

¿Por qué el general austriaco Alvintzy no codificó su mensaje? La historia retiene raramente las lecciones del pasado. Un siglo más tarde, los rusos cometieron el mismo error y sufrieron una derrota a la altura de ese imperdonable olvido. Cuando estalló la Primera Guerra Mundial, el 4 de agosto de 1914, Rusia no estaba lista para lanzar su enorme ejército de más de cinco millones de hombres sobre Alemania. Por eso, esta intentó aprovechar el plazo para aniquilar a los ejércitos franceses en un vasto plan de asedio en seis semanas. Alemania solo había dejado en Prusia oriental un ejército de 200 000 hombres. Para sorpresa de los alemanes, los rusos atacaron el 17 de agosto con dos ejércitos de 400 000 hombres cada uno. El plan ruso era simple: agarrar al enemigo en un movimiento de pinza. Mientras el primer ejército ruso, dirigido por Pavel Rennenkampf, atacaba por el este, el segundo, bajo las órdenes de Alexandre Samsonov, rodearía las líneas alemanas por el sur, para agarrarlos por detrás. Sobre el papel, la victoria estaba asegurada salvo por un detalle: las comunicaciones. Incapaces de equipar con líneas telegráficas las distancias recorridas, los rusos utilizaban el radio que, evidentemente, los alemanes escuchaban. No obstante, como no se habían entregado a tiempo ninguno de esos preciosos libros de códigos necesarios para cifrar los mensajes, las transmisiones se hacían en claro. Dicho de otra manera, ¡los alemanes estaban invitados a las reuniones del estado mayor ruso! A pesar de esta ventaja, la invasión de Prusia oriental comenzó bajo buenos auspicios: los alemanes se vieron obligados a retirar del frente oeste dos cuerpos del ejército, lo que alivió otro tanto la presión sobre el ejército francés. Para evitar el asedio, el general alemán ordenó la retirada del río Vístula, abandonando así la totalidad de Prusia oriental. Fue inmediatamente relevado de sus funciones y reemplazado por Paul von Hindenburg, asistido por Erich Ludendorff, quienes reanudaron la ofensiva.

Ese cambio en el mando marcó un giro en la batalla. Cuando Hindenburg y Ludendorff supieron, gracias a los mensajes enemigos captados, que su homólogo ruso Rennenkampf había reducido su marcha, temiendo que los alemanes escaparan a la maniobra, dejaron un fino cordón de caballería por delante y utilizaron la excelente red ferroviaria alemana para concentrar todo su esfuerzo sobre Samsonov, su segundo perseguidor, del que conocían la localización exacta. La batalla de Tannenberg que siguió fue la única victoria decisiva de la Primera Guerra Mundial. El segundo ejército ruso fue derrotado y Samsonov se suicidó para escapar a la captura y la vergüenza. Los rusos retuvieron la dolorosa lección: se pusieron a codificar sistemáticamente sus mensajes, pero con unas técnicas aproximativas. Tanto que, hasta el final de la guerra, libraron combate sin suponer que el adversario ¡seguía leyendo sus planes por encima del hombro!

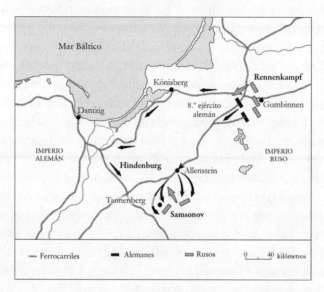

En agosto de 1914, durante la invasión de Prusia oriental, los rusos buscaban vencer al ejército alemán rodeándolo. Su plan fue aniquilado por la ausencia de transmisiones cifradas, que condujeron al desastre de Tannenberg.

Tropas rusas en ruta hacia el frente en 1916. Lo que se llamó en aquella época «la apisonadora» se mostró mal preparada e incapaz de luchar seriamente contra Alemania, porque su cifrado era muy deficiente.

## El milagro del Vístula

Los reveses de Rusia no terminan aquí. Inmediatamente después de la Gran Guerra, pagaron nuevamente el precio de su falta de sabiduría en materia de cifrado. El teatro del conflicto esta vez fue el Vístula, el principal río de Polonia. En 1920, Rusia, ahora soviética, se lanzó a la reconquista del país, independiente desde el Tratado de Versalles. Lenin, en el poder en Moscú, soñaba también con exportar la revolución a Europa occidental y Polonia constituía un cerrojo frente al proyecto.

Más poderoso, el ejército ruso parecía vencedor, pero su adversario poseía un as bajo la manga: el servicio encargado de la descodificación de las transmisiones, la Oficina del Cifrado, donde trabajaban matemáticos de alto nivel como Waclaw Sierpinski (1882-1969) —más conocido por el público por los fractales que llevan su nombre— y Stefan Mazurkiewicz (1888-1945), dos grandes nombres del análisis matemático —la rama de las matemáticas que se interesa en las funciones.

Esa Oficina del Cifrado descodificó los comunicados rusos y reveló en el dispositivo soviético una debilidad que condujo al ejército polaco a la victoria. El clero polaco, que había pedido a la población que rezara por la salvación del país, calificó ese triunfo como el «milagro del Vístula» por el nombre del lugar donde se situó la batalla clave. El único milagro que tuvo lugar allí fue la descodificación de las comunicaciones rusas.

## El mensaje era una cortina de humo

Históricamente, el «milagro del Vístula» no fue la primera victoria a contabilizar en el crédito de los descifradores. Para citar un ejemplo del *Grand Livre de la France*, ya en 1626, Enrique II de Francia supo beneficiarse de las competencias de la Oficina del Cifrado. He aquí los detalles de la situación. El príncipe de Condé, católico, asediaba Réalmont, una plaza fuerte protestante situada en el departamento del Tarn, desde hacía cierto tiempo. El adversario resistía con coraje, especialmente gracias a sus cañones y él se disponía a marcharse por fin cuando sus tropas interceptaron a un hombre que salía de la ciudad. ¿Te recuerda a la historia de Lombardía que ya contamos? Sí, con una diferencia y es que el hombre llevaba encima el mensaje, bien cifrado esta vez. Pero ¿qué significaba ese galimatías formado de letras y símbolos?

Para descodificar el mensaje, hicieron viajar a Antoine Rossignol, un joven matemático conocido en la región por su talento de descifrador. Consiguió comprender el galimatías. ¿Qué decía? Que la ciudad carecía de pólvora y que, si no la recibían, estarían obligados a rendirse. Los destinatarios de la misiva eran los hugonotes de Montauban.

Antoine Rossignol (1600-1682). Según una leyenda, gracias a su capacidad para descifrar los mensajes codificados, el matemático dio su nombre al instrumento que permite abrir las puertas sin llave, como se ha visto en muchas películas. Es falso, el término fue certificado unos doscientos años antes del nacimiento de Rossignol.

Hábil, Condé reenvió el mensaje descifrado a Réalmont, que se rindió. Sin ayuda, ¡Rossignol acababa de influenciar el curso de la historia!

Reiteró su hazaña durante el sitio de La Rochelle el año siguiente, de tal manera que el cardenal Richelieu lo tomó a su servicio. Este excelente criptoanalista (un especialista del desciframiento) modificó luego en profundidad la criptografía de su época (ver el capítulo 5).

La historia no ha conservado la naturaleza del cifrado del mensaje que salía de la fortaleza. Sin embargo, es probable que utilizara un alfabeto cifrado como el que sigue, fechado en la misma época (1627), y que proviene de los archivos de la ciudad de Estrasburgo.

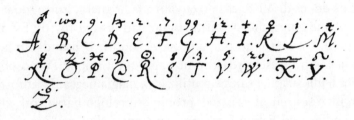

Alfabeto cifrado utilizado en 1627 por un delegado de Estrasburgo. De manera clásica, I y J por una parte, U y V por otra están confundidas. En cuanto a V y W, el hecho que esas dos letras sean distintas en el código deja pensar que ese alfabeto servía más bien a cifrar los mensajes redactados en alemán.

Para aprovechar este alfabeto, se reemplaza cada letra por el símbolo situado encima. Algunas advertencias sobre la calidad de esa codificación: es frágil, porque si el texto es suficientemente largo, basta con aislar el símbolo más frecuente para saber que corresponde a la letra E (la letra más corriente en francés y en castellano junto con la A). Las repeticiones en el interior de un mismo término no son igualmente susceptibles de servir para descubrir el mensaje: palabras que contienen un duplicado de letras como *municiones*, que cuentan dos N y dos I, tienen estructuras particulares que permiten buscarlas en forma «..*+.+.*» donde cada punto corresponde a un símbolo cualquiera.

La aptitud para reconocer las estructuras, incluso fuera de las matemáticas avanzadas, forma parte de las capacidades requeridas tanto en matemáticas como en criptología (la ciencia del cifrado). Esto explica, sin duda, que, desde el siglo XVII, los grandes criptólogos fueran a menudo matemáticos.

19

En ese terreno, encontramos a François Viète (1540-1603) que puso su ciencia al servicio de Enrique IV de Francia, incluso si es más conocido en nuestros días por sus investigaciones en álgebra. Su enfoque era propiamente matemático porque era sistemático. En particular, había establecido una regla, que él decía infalible, según la cual en tres letras sucesivas, una al menos era una vocal. Incluso si esto no es totalmente exacto en francés, como lo muestran las palabras que contienen la secuencia «ntr» en particular, se trata de una ayuda valiosa para localizar las vocales con seguridad o casi.

Los dones de Viète casi lo envían a la hoguera. Entre todas las cartas que consiguió descifrar figuraban las del rey de España, Felipe II. Este terminó por saberse espiado y, pensando en fastidiar a los franceses, advirtió al papa que Enrique IV no podía haber leído sus mensajes sin utilizar la magia negra. La información hizo sonreír al papa: su propio criptólogo había roto algunos códigos de Felipe II treinta años antes. Fue así como Viète escapó a un eventual proceso de brujería.

## Venganza del corazón

Existe otro escenario de guerra en el que la tinta de los mensajes puede revelarse venenosa: la justa amorosa. La historia más antigua que mezcla juegos de amor y códigos viene de Homero. La mujer de Preto, el rey de Tirinto, había sido rechazada por Belerofonte «a quien los dioses habían dado belleza y vigor» y decidió vengarse de él, acusándolo de ser su pretendiente ante su marido:

> –Muere, Preto, o mata a Belerofonte que, por medio de la violencia, quiso unirse a mí. –Ante estas palabras, el rey monta en cólera, pero no mata a Belerofonte, temiendo piadosamente un asesinato, sino que lo envía a Licia con unas tablas donde había trazado unos signos de muerte, para que los entregara al rey, su suegro, y que este lo matara.

En realidad, los acontecimientos no sucedieron así. Cuando el rey de Licia recibió las famosas tablas con signos de muerte, visiblemente un mensaje codificado, antes que matar a Belerofonte de inmediato, prefirió enviarlo a combatir contra los monstruos, epopeya de la que salió vivo. Pero el verdadero uso de los códigos secretos en amoríos se utilizó, sobre todo, para mantener en secreto el contenido de los mensajes epistolares. «Hay particularidades que no puedo describir por haber perdido el código que tenía contigo», lamentó Enrique IV en una carta a su amante, la condesa de Gramont. La práctica parece tan antigua como el amor mismo. En la India antigua, la escritura secreta era una de las 64 artes que debía poseer la perfecta concubina según el *Kamasutra*.

Esconder el contenido de sus mensajes está bien. Disimular el acto mismo de escribir es mucho mejor. Eso evita despertar las sospechas. En la página siguiente te propongo un mensaje que Scheherezade escribió a su amante.

En apariencia, nada comprometedor. Sin embargo, esas cuatro líneas contienen el mismo mensaje que la frase sospechosa «GI WSMV ZMRKX LIYVIW», es decir, «Ce soir, vingt heures» [Esta noche a las ocho].

Las dos técnicas empleadas aquí para cifrar el mensaje se llaman esteganografía y criptografía. La primera esconde el mensaje en un envío decoroso, mientras que la segunda lo codifica.

*Ce mot que vous m'avez envoyé hier*

*soir, je ne peux l'admettre. Il est*

*vain de tuer ainsi ces affreuses*

*heures. Soyez sérieux, mon prince.*

*Shéhérazade*

Carta de una princesa a su amante.

[Nota de la traductora: **Esta** carta que me escribió ayer a la / **noche** no puedo admitirla es / **vano** matar así esas / **horas** espantosas / Conserve la compostura, príncipe mío. Si se lee en francés la primera palabra de las frases de la carta dicen fonéticamente «esta noche veinte horas».]

21

Nuestra princesa tenía razón en recurrir a la esteganografía. Al final del siglo xix, los amantes se dedicaban a jugar a los aprendices criptólogos vía los anuncios de los periódicos. Un mensaje como «GI WSMV ZMRKX LIYVIW» en medio de las ventas de leña o de búsqueda de vivienda es totalmente inocente. En la actualidad, los SMS autorizan mayor libertad, pero ya hablaremos de ello. Por sorprendente que pueda parecer, las cartas de amor intercambiadas por los enamorados, en versión cifrada, tuvieron su importancia en la historia de la criptografía. Étienne Bazeries, una de las grandes figuras del final del siglo xix y comienzos del xx, se divertía leyendo los mensajes personales cifrados que, en la época, servían de medio de comunicación a las parejas ilegítimas. En el pabellón de los oficiales de su guarnición, entretenía a sus colegas con historias escabrosas que leía sin dificultad, hasta el día en que anunció que también podía leer los mensajes cifrados del ejército sin conocer el código. Su general tomó este comentario en serio y le pidió que descifrara algunos informes del ministerio, lo que Bazeries realizó sin problemas. Más tarde se convirtió en uno de los eminentes criptólogos del ejército francés y, más adelante, del Ministerio de Asuntos Exteriores.

## A nada de la derrota

Si Scheherezade quizá embrujaba a los hombres con sus cuentos de las mil y una noches, el ejemplo que hemos dado antes de esteganografía comenzando por «Ce mot que vous m'avez envoyé» [Esa carta que me escribió anoche] tendría pocas posibilidades de sorprendernos actualmente porque la estratagema parece grosera. ¿Otro ejemplo de esteganografía? La ilustración más antigua que se conoce de la técnica se remonta al siglo v antes de nuestra era y nos la cuenta el historiador griego Heródoto. Recordemos que la criptografía es el arte de esconder el sentido de un mensaje cuya presencia es evidente. Por ejemplo, es manifiesto que «HVWR HV XP OHPVDMH FLIUDGR» es un mensaje cifrado. Al contrario, la esteganografía consiste en disimular la existencia misma del mensaje.

¿Qué cuenta Heródoto? Aristágoras, el tirano (el equivalente de un déspota en la época) de la ciudad de Mileto tenía un tío que se llamaba Histieo. Cuando este último se encontraba en la corte de Persia como consejero, quiso informar a su yerno que había llegado el momento de rebelarse contra Persia, justamente. Para transmitir ese mensaje, Histieo eligió un esclavo muy fiel, le rapó la cabeza y escribió en su cuero cabelludo. Esperó a que los cabellos crecieran y lo envió a Aristágoras. Cuando llegó a Mileto, el esclavo solo tuvo que raparse para entregar su mensaje. Un poco largo, pero eficaz como técnica esteganográfica.

En sus obras, Heródoto describe otro método muy cercano, aprovechado esta vez por Demarato, exiliado en la corte de Persia. Para advertir al rey de Esparta de un ataque inminente, Demarato tomó unas tabletas de cera con las cuales se solía escribir, rascó la superficie, grabó un mensaje secreto directamente sobre la madera, luego le devolvió su apariencia original. Aparentemente vírgenes, no llamaron la atención durante el camino. A su llegada a Esparta, la reina Gorgo, una mujer de gran inteligencia, se sorprendió frente a esas tablillas intactas y tuvo la idea de rascar la cera. Así descubrió el mensaje de Demarato.

Étienne Bazeries (1846-1931), uno de los más famosos criptólogos de su tiempo.

El primer descifrador de la historia fue una mujer. Su discernimiento salvó al mundo griego del peligro persa (pero causó la muerte de su esposo, Leonidas, durante la famosa batalla de las Termópilas).

## Tinta simpática alemana

Un siglo después de Heródoto, le tocó el turno a un militar griego que reveló algunos de sus métodos secretos de esteganografía. Ese señor de la guerra era el bien llamado Eneas, el estratega. En su libro sobre el arte del asedio, contó cómo disfrazar un mensaje en el interior de un libro marcando ciertas letras de manera imperceptible, con una aguja, por ejemplo. El mensaje aparece copiando en orden las letras así elegidas. Esta astucia fue utilizada también por los espías alemanes durante la Segunda Guerra Mundial para transmitir informaciones a su jerarquía. La tinta simpática descubría las letras. Todos los medios son buenos, en realidad, si el mensaje es descifrable por su destinatario y no despierta ninguna sospecha en los otros, lo cual no siempre se puede dar por sentado.

Inténtalo tú mismo: para esto, toma un libro y consigue tinta invisible, que se hace visible solo después de un ligero calentamiento. Puedes utilizar leche, jugo de limón o incluso orina; con un hisopo, tacha los caracteres para formar tu mensaje. Deja secar y absorbe el sobrante con un algodón: ahora, solo falta transmitir el libro a su destinatario. Una versión modernizada del mismo método consistiría en pasar por páginas anodinas de internet, como las ventas en subasta, para transmitir tus mensajes designando las letras por espacios dobles o triples entre las palabras.

Inversamente, si no tienes tinta simpática, puedes contentarte agregando marcas finas bajo algunos caracteres del libro. Así, la frase de Marcel Proust: «Durante mucho tiempo, me acosté teMprano. A veces, apenas apagada la vela, mis ojos se ceRraban Tan rápido que no tEnía tiempo de decirme a mí miSmo: Me duermo», traslada el mensaje «martes» que puede constituir la respuesta a una pregunta.

## Un mensaje disimulado en un libro

Se encontró un libro en la celda de un prisionero.
He aquí una de sus páginas:

▶**¡Las abejas tenían razón y no los logaritmos!**

Las arañas no son los únicos animales matemáticos. En esta área, las abejas son mucho más asombrosas. El panal de cera construido por estos insectos voladores para depositar su miel está formado por dos capas de celdas opuestas por su fuente. Desde la antigüedad, notamos que los alveolos se parecían a prismas rectos con una base hexagonal regular (ver la figura *Los alveolos de las abejas*). No fue hasta el siglo XVIII que se percibió que el fondo era el ensamblaje de tres diamantes homogéneos, cada uno perteneciente a dos celdas opuestas.

Se esconde un mensaje: ¿cuál es?

## Reconocimiento tardío

La esteganografía puede llevarnos hacia las delicias del amor, pero el verdadero tema de este libro es el arte de codificar las informaciones, dicho de otra manera, la criptología. A pesar de su importancia en los campos de batalla, así como nos lo han mostrado las repetidas derrotas del ejército ruso, esta ciencia pocas veces ha sido reconocida en su justo valor por los historiadores. ¿Por qué? Simplemente porque está cubierta por el secreto. Por ejemplo, en 1968, los historiadores supieron que los mensajes alemanes de la Primera Guerra Mundial (leíste bien: ¡la Primera!) fueron descifrados por los servicios franceses durante todo el conflicto. La historia ya estaba escrita y nadie se preocupó realmente por ahondar en un tema que ni siquiera los militares habían aclarado.

La misma discreción rodeó los éxitos británicos durante la Segunda Guerra Mundial. En particular, gracias a la célebre máquina Enigma, ellos también supieron descifrar una gran parte de los mensajes alemanes, decididamente poco capaces para disi-

LA BIBLIA DE LOS CÓDIGOS SECRETOS

mular sus secretos. Sin embargo, los británicos no se enorgullecieron de ello, incluso después de la guerra. Todo lo contrario: hasta 1973, pretendieron que Enigma era indescifrable, lo que les permitió revender las máquinas confiscadas al ejército alemán a gobiernos y a empresas extranjeras.

## El César al mejor cifrado

Hemos hablado mucho de criptografía hasta ahora, pero sin abordar un ejemplo propiamente dicho. Viajemos hacia la antigüedad para ese primer contacto con la técnica (que un niño que sepa leer puede utilizar). Si te dijera que en esa época uno de los grandes lugares del uso criptográfico era un territorio rico en ambiciones militares e intrigas políticas, no te sorprendería ¿verdad? Por supuesto, me refiero a Roma. En la biografía que dedicó a los doce Césares que se sucedieron a la cabeza de la ciudad imperio (*Vidas de los doce Césares*), Suetonio describe una manera de cifrar que utilizaba Julio César (el único):

> César empleaba, para sus asuntos secretos, una especie de cifrado que volvía ininteligible el sentido (las letras estaban dispuestas de tal manera que nunca formaban una palabra). Y consistía, lo digo para aquellos que quieran descifrarlo, en cambiar el rango de las letras del alfabeto, escribiendo la cuarta por la primera, es decir la D por la A y así sucesivamente.

Volvamos al ejemplo «HVWR HV XP OHPVDMH FLIUDGR» que ya hemos visto antes. Lo cifré con este método. Aquellos que deseen familiarizarse con las técnicas de la criptografía elementales están invitados a practicar. Para los demás, basta con desplazar cada letra tres letras hacia el sentido opuesto. Así F se vuelve C, H se vuelve E, etcétera. Si se sigue ese procedimiento, se obtiene el mensaje (no demasiado original) «CECI EST UN MESSAGE CODÉ» [Esto es un mensaje cifrado]. Si el paso de desplazamiento te resulta desconocido, puedes determinarlo por el método de las frecuencias sin problema.

---
### LO QUE DEBEMOS DESCIFRAR:

## Un mensaje de César

Vercingetórix intercepta el siguiente mensaje de sus generales a César:

HVWR HV XP OHPVDMH FLIUDGR

¿Sabrás descifrarlo?

---

A pesar de su antigüedad y su simplicidad (por no decir más), el cifrado de César fue utilizado al menos dos veces en la época moderna. Sorprendente ¿no? Hay que creer que la facilidad para ponerlo en práctica prevalecía frente a su debilidad.

Shiloh significa «puerto de paz» en hebreo, nombre ideal para una pequeña capilla de madera. Ironía de la historia, la batalla más sangrienta de la guerra de Secesión debutó allí el 6 de abril de 1862 con una ofensiva sorpresa de las tropas sudistas. Habían sabido mantener el secreto de su plan de ataque codificando simplemente sus transmisiones con el cifrado de César. Grabado de Frank Leslie, 1896.

Así, en 1862, antes de la batalla de Shiloh durante la guerra de Secesión, el general sudista Albert Johnston, excelente oficial, pero pésimo criptólogo, intercambió mensajes con su adjunto recurriendo a un cifrado de desplazamiento —con éxito al parecer, puesto que los nordistas fueron tomados por sorpresa. Sin embargo, estos tuvieron su revancha al día siguiente y transformaron la derrota en victoria, al precio de un costo humano tremendo.

Al comienzo de la Primera Guerra Mundial, quien utilizó el cifrado de César fue el ejército ruso. Los generales descubrieron la necesidad de cifrar sus mensajes. Ese tipo de código les fue inspirado por un ejército mal formado y constituido por numerosos soldados iletrados. Como evocamos al comienzo de este capítulo, esto los llevó a la derrota.

### ¿Cifrado o código?

En el relato biográfico de Julio César, Suetonio (o más bien su traductor) utiliza el término «cifrado» y no «código». Hasta ahora, yo mismo lo he utilizado de manera indiferente. Sin embargo, existe una diferencia sutil entre los dos términos. Un cifrado opera más bien sobre las unidades elementales que componen un mensaje: letras, sílabas u otras. Por el contrario, un código se aplica a las palabras o a las frases de un mensaje y a su significado.

Por ejemplo, en el código de los emojis, (☺) significa «estoy contento», (☹) lo contrario. El conjunto de los códigos está, en general, reunido en un libro de códigos, así que lo veremos con los diccionarios cifrados en el capítulo siguiente. La confusión entre cifrado y código no es muy grave y yo preferiré en esta obra el sentido común, que gira alrededor del secreto.

### Cuando las dos técnicas se disputan

Les he presentado la esteganografía y la criptografía como métodos separados.

Pero es posible mezclarlas, de la misma manera que dos colores primarios se combinan para producir un nuevo color. Muhámmad al-Mutamid, el rey árabe de Sevilla de finales del siglo XI, nos proporciona un ejemplo muy visual. Poeta, tuvo la idea de emplear nombres de pájaros para transmitir sus mensajes secretos. Cada pájaro se asociaba a una letra del alfabeto. Muhámmad al-Mutamid comenzó por hacer una lista de los pájaros que correspondían a su mensaje, luego compuso un poema a partir de esta letanía. Si hacemos corresponder los nombres de los pájaros con su primera letra, en francés, el poema es:

> La tourterelle du matin craint le vautour,
> Qui pourtant préfère les nuées d'étourneaux,
> Ou au moins les loriots
> Qui, plus que tout, craignent les éperviers.

> *La tórtola de la mañana teme al buitre,*
> *que, sin embargo, prefiere las bandadas de*
> *estorninos, o al menos a las oropéndolas*
> *que, más que nada, temen a los gavilanes.*

transmite el siniestro mensaje: «tue-le» [mátalo] (hice un poco de trampa confundiendo la «u» y la «v»). Este tipo de código, donde el mensaje está escondido y además cifrado, se sitúa entre la esteganografía y la criptografía.

---

LO QUE DEBEMOS DESCIFRAR:

**Un mensaje florido**

Interceptamos el siguiente mensaje:

Cuántas flores en su jardín: enebro perfumado, salvia a raudales, tréboles que se esparcen entre las flores, azucenas brillantes, nardos enhiestos, orquídeas olorosas y claveles por doquier..., pero sobre todo unas plantas de hortensias azules entre las ramas de endrino...

¿Qué mensaje se esconde aquí?

---

## Las letanías de Tritemio

Heredero espiritual del rey de Sicilia, el abad Johannes Trithe-mius (1462-1516) imaginó un sistema de criptografía disimula-do en las letanías religiosas. En su época, los rezos litúrgicos constituían un buen biombo para disimular los mensajes. La lista de términos a las que recurría figura en los cuadros que siguen. Las letanías están en latín, pero es inútil dominar la lengua para utilizar el sistema, que busca cifrar o descifrar un mensaje. A cada letra del alfabeto corresponden varias palabras o frases. Trite-mio efectuaba su elección entre 18 posibilidades, pero aquí he dado solo 8 a modo de ejemplo.

Ocupémonos del mensaje «ALERTA». De acuerdo con los cuadros, una posibilidad de letanía sería:

> Pater generatium qui existis in aevum beatificetur vocabulum Sanator

El método de Tritemio tenía un defecto: la extensión de los men-sajes producidos. Sin contar con que, si el mensaje caía en manos de un buen latinista, ¡no valía nada!

Encontraremos a Tritemio en las sustituciones polialfabéti-cas, cuyas letanías son un primer ejemplo.

---

LO QUE DEBEMOS DESCIFRAR:

### Una extraña oración

Un discípulo de Tritemio propone una nueva oración:

> Honoreficetur liberator Creator pater rector pater Cogno-mentun tuum sanator.

¿Sabes cuál es el verdadero mensaje?

---

| | | | |
|---|---|---|---|
| A | Pater | Noster qui | Es in | Caelis |
| B | Dominus | Nostrum qui | Gloriosus in | Celo |
| C | Creator | Omnium qui | Graditur in | Altis |
| D | Benefactor | Cunctorum qui | Extas in | Alto |
| E | Sanator | Universorum qui | Existis in | Exelsis |
| F | Salvator | Chistianorum qui | Manes in | Exelso |
| G | Conservator | Predestinorum qui | Permanes in | Altissimo |
| H | Justificator | Supercolestium qui | Resplendes in | Altissumis |
| I | Adjutor | Universalium qui | Dominaris in | Celestibus |
| L | Auxiliator | Generatium qui | Luces in | Omnibus |
| M | Autor | Generis nostri qui | Principaris in | Universis |
| N | Index | Hominum qui | Triomphas in | Supernis |
| O | Rex | Justororum qui | Imperas in | Paradiso |
| P | Rector | Bonorum qui | Regnas in | Celesti |
| Q | Defensor | Piorum qui | Reluces in | Empireo |
| R | Imperator | Mitium qui | Sedes in | Aevum |
| S | Liberator | Fidelium qui | Resides in | Aeviternum |
| T | Vivificator | Sanctorum qui | Refulges in | Aeternum |
| V | Consolator | Credentium qui | Habitas in | Perpetuum |
| X | Magister | Angelorum qui | Rutilas in | Aeternitate |
| Y | Admonitor | Spiritum qui | Splendescis in | Eminentissimo |
| Z | Arbiter | Orthodoxorum qui | Glorificaris in | Supremis |

| | | | | |
|---|---|---|---|---|
| A | Sanctificetur | Nomen tuum | Adveniat tuum | Regnum tuum |
| B | Magnificetur | Domicilium tuum | Conveniat tuum | Imperium tuum |
| C | Glorificetur | Aedificium tuum | Perveniat tuum | Dominium tuum |
| D | Benedicatur | Latibulum tuum | Proveniat tuum | Institutuum tuum |
| E | Honorificetur | Vocabulum tuum | Accedat tuum | Documentium tuum |
| F | Superexaltetur | Imperium tuum | Appropinquet tuum | Beneplacitum tuum |
| G | Honoretur | Regnum tuum | Magnificetur tuum | Repromissum tuum |
| H | Exaltetur | Scabellum tuum | Multiplicetur tuum | Constitutum tuum |
| I | Laudetur | Consilium tuum | Sanctificetur tuum | Promissum tuum |
| L | Oeiligatur | Eloquium tuum | Dilatetur tuum | Verbum tuum |
| M | Ametur | Institutum tuum | Pacificetur tuum | Dogma tuum |
| N | Adoretur | Constitutum tuum | Amplietur tuum | Ovile tuum |
| O | Colatur | Alloquium tuum | Proevaleat tuum | Opus tuum |
| P | Invocetur | Mysterium tuum | Convaleat tuum | Placitium tuum |
| Q | Celebretur | Testimonium tuum | Exaltetur tuum | Complacitum tuum |
| R | Collandetur | Evangelium tuum | Augeatur tuum | Promium tuum |
| S | Clarificetur | Cognomentum tuum | Firmetur tuum | Amuletum tuum |
| T | Beatificetur | Cognomen tuum | Confirmetur tuum | Adjutorium tuum |
| V | Manifestetur | Proenomen tuum | Crescat tuum | Remedium tuum |
| X | Agnoscatur | Pronomen tuum | Veniat tuum | Domicilium tuum |
| Y | Cognoscatus | Templium tuum | Veniens esto tuum | Testimonium tuum |
| Z | Notium esto | Agnomentum tuum | Crescens esto tuum | Sanctuarium tuum |

## ¡Abajo las máscaras!

Para terminar con este aperitivo sobre el arte de cifrar los mensajes, te propongo que dejes caer las máscaras. Literalmente. Nuestra historia se desarrolla en Italia, habríamos podido dirigirnos al festival de Venecia, pero dirijámonos mejor a Pavía, donde nació, en el siglo XVI, Girolamo Cardano, llamado Jérôme Cardan en Francia. Sabio consumado, Cardan es conocido hoy en día, sobre todo, por sus ecuaciones de tercer grado y el famoso sistema de transmisión que lleva su nombre. También fue el inventor de un dispositivo situado entre esteganografía y criptografía, destinado a cifrar mensajes con ayuda de una especie de máscara en forma de tarjeta perforada. Para comunicar de manera secreta, dos personas deben compartir la misma hoja de cartón denso o de metal, agujereado con formas rectangulares.

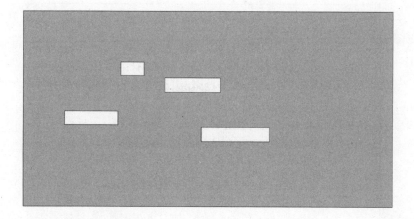

## Una rejilla de Cardan

Para utilizarla, hay que poner la rejilla sobre una hoja de papel y escribir un mensaje en los agujeros previstos. Por ejemplo, si se quiere dar cita a un contacto, al día siguiente en Saint-Germain, se escribirá:

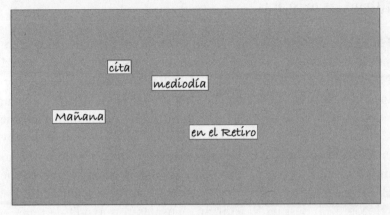

Cita mediodía mañana en el Retiro.
Escritura del mensaje secreto en los agujeros.

Luego, se levanta la rejilla y se completa el mensaje para que se vuelva natural y anodino.

Querido amigo,

Démonos **cita** pronto. Estoy encantado de nuestro encuentro hoy al **mediodía**. ¡No se desespere!

**Mañana** será un día mejor... ¡Hará buen tiempo en Madrid, y sobre todo **en el Retiro**!

Afectuosos saludos.
Caroline.

El destinatario coloca entonces su propia rejilla sobre la carta y revela el mensaje. Este dispositivo se llama la rejilla de Cardan.

Codificar un mensaje de esta manera es un ejercicio de naturaleza más literaria que científica. Sin embargo, la idea llevó a un método criptográfico complejo a base de rejillas que giran, como veremos más adelante. Mientras tanto, las rejillas de Cardan ilustran hasta qué punto la criptografía, siempre y en todas las épocas, estimuló la imaginación. Cuando muchos solo veían un arte guerrero, otros gozaban manifiestamente de un cierto placer.

## 2

# LA SAGA DE LOS DICCIONARIOS CIFRADOS

Ahora que entramos juntos en esta aventura de la criptografía, debo plantearte una pregunta que puede parecer perturbadora: ¿cuántos códigos del primer capítulo conseguiste descifrar? ¿Uno, dos o más? Si la respuesta es cero, no te preocupes, pienso que perteneces a la mayoría de los lectores que leen esta obra como un libro de historia y no como un libro de matemáticas. Por el contrario, si conseguiste ganar el torneo descubriendo todos los códigos, ¡bravo! Pero ¿serías por ello un buen criptólogo durante la guerra? No está tan claro.

Durante los últimos milenios, casi la totalidad de los generales del ejército cometieron el mismo error: considerar que el descifrado era un desafío a la inteligencia. «Mi código es inviolable, porque nadie en el mundo es tan inteligente como para comprender los arcanos»: esto era lo que pensaban. Y así, repetían un error monumental del que ya habían sido responsables generaciones de militares antes que ellos. Por suerte, un criptólogo holandés del final del siglo XIX nació para abrirles los ojos.

## Un curioso mensaje

El caso, conocido con el nombre de telegrama Zimmermann, me servirá para ilustrar el error cometido. El 23 de febrero de 1917, Arthur Balfour, ministro de Asuntos  Exteriores del Reino Unido, recibió al embajador de Estados Unidos en Londres y le entregó un telegrama alemán. La misiva transitó por la Western

Union, por entonces la sociedad internacional de radiocomunicaciones más importante, y fue interceptada por los británicos de manera rocambolesca, como lo precisaré más adelante. Si el telegrama estaba cifrado también contenía una parte comprensible, formada por la identidad del remitente (el embajador de Alemania en Estados Unidos) y del destinatario (la embajada de Alemania en México).

El resto del mensaje estaba formado por una serie de 153 números de tres a cinco cifras: «130 13042 13401 8501... 97556 3569 3670». No hay necesidad de ser un astuto estratega para comprender que, si el mensaje era auténtico, su contenido interesaría a los estadounidenses. Según los británicos, fue encontrado en los locales de la Western Union de México por su propio servicio de espionaje. Los británicos ya habían descubierto el código y entregaron al embajador estadounidense lo que pensaban que era su traducción correcta:

Nos proponemos comenzar el primero de febrero la guerra submarina, sin restricción. No obstante, nos esforzaremos por mantener la neutralidad de Estados Unidos. En caso de no tener éxito, propondremos a México una alianza sobre las siguientes bases: hacer juntos la guerra, declarar juntos la paz y aportaremos abundante ayuda financiera; y el entendimiento por nuestra parte de que México ha de reconquistar el territorio perdido en Nuevo México, Texas y Arizona. Los detalles del acuerdo quedan a su discreción [de Von Eckardt].

Queda usted encargado de informar al presidente [de México] de todo lo antedicho, de la forma más secreta posible, tan pronto como el estallido de la guerra con Estados Unidos sea un hecho confirmado. Debe, además, sugerirle que tome la iniciativa de invitar a Japón a adherirse de forma inmediata a este plan, ofreciéndose al mismo tiempo como mediador entre Japón y nosotros.

Haga notar al presidente que el uso despiadado de nuestros submarinos ya hace previsible que Inglaterra se vea obligada a pedir la paz en los próximos meses. Firmado: Zimmermann.

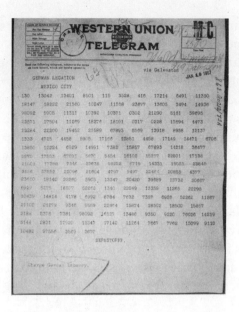

Texto original del telegrama Zimmermann.

Este texto, si bien provenía del ministro de Asuntos Exteriores alemán, Arthur Zimmermann, era adecuado para empujar a Estados Unidos a entrar en guerra junto a los aliados. Este enfoque hacía plausible una manipulación británica. Veremos más adelante cómo los estadounidenses consiguieron excluir esta hipótesis.

## Cifras y letras

¿Cómo pretendían los británicos haber descifrado el código? Según ellos, el primer número del telegrama (130) era una simple referencia de envío, mientras que el segundo (13042) proporcionaba el código utilizado, el de la diplomacia alemana. Hay que saber que, en esa época, los servicios de cifrado se fundaban en los diccionarios cifrados, es decir, en libros enteros que hacían corresponder las palabras en la lengua de origen del mensaje con números de cinco cifras, por lo menos. Evidentemente, cada servicio disponía de su propio diccionario cifrado. En Francia, desde la ley francesa del 13 de junio de 1866 sobre los usos comerciales que autorizaban la codificación de los mensajes privados, habían aparecido muchos códigos de ese tipo. Su uso no era solamente militar, porque su auge acompañó el desarrollo del telégrafo.

¿Cuántas palabras contenían esos diccionarios? Incluir las palabras con números de cinco cifras permitía, en teoría, codificar 100 000 palabras, pero la mayoría de esos diccionarios contaban solamente con alrededor de 11 000, lo que constituía un total ampliamente suficiente para comunicarse. Así, la cifra de la marina japonesa JN-25B (una apelación estadounidense, JN significaba Japanese Navy) durante la Segunda Guerra Mundial se basaba en un libro de 45 000 palabras o expresiones (de paso, hay que anotar que los diccionarios cifrados no se limitaban a los idiomas porque se escribían a través de los alfabetos).

| 総 隊 | | 海 上 部 隊 | | | |
|---|---|---|---|---|---|
| 20463 | 各隊隊 | 14806 | | 39948 | |
| 40811 | 各F、各艦、各署 | 71731 | | 34113 | |
| 86660 | 各F、各艦、各署、長官 | 17487 | 2F 各ア、ア | 51395 | |
| 04069 | 各F、各艦、各署、参謀長 | 91631 | 2F 附属部隊 | 33232 | |
| 12951 | | 13885 | | 09044 | |
| 44135 | GF | 84141 | | 12682 | |
| 58361 | GF ア | 57452 | | 74906 | 6F |
| 06217 | " | 41618 | | 26430 | 6F ア |
| 41269 | " | 14710 | | 70258 | " |
| 23623 | GF 参謀長 | 74807 | 3F | 16240 | 6F |
| 07384 | GF 参謀 | 31614 | 3F ア | 98351 | 6F |
| 84078 | | 42007 | " | 74770 | |
| 75220 | GF 各ア | 55380 | 3F 参謀長 | 63935 | |
| 06539 | GF 各参謀長 | 05271 | 3F 参謀 | 44182 | 6F |
| 77614 | GF 各ア、ア | 18519 | | 77036 | 6F |
| 73085 | GF 附属部隊 | 33492 | | 90544 | 6F |
| 81754 | GF 所属総潜水艇 | 19023 | 3F 各航空母艦 | 73973 | |
| 79515 | GF (潜水部隊) | 20908 | 3F 各ア、ア | 93782 | |
| 55433 | GF (潜水艦隊) | 63006 | 3F 附属部隊 | 20700 | |
| 71675 | GF (GKF 隊) | 31558 | | 54698 | |
| 59249 | GF 各ア (GKF 隊) | 60465 | | 27424 | 7F |
| 47520 | GF各ア、ア(GKF隊) | 77599 | | 70670 | 7F |
| 75332 | | 34511 | | 33755 | " |
| 54463 | | 27057 | 4F | 76827 | 7F |
| 45532 | 1S、1F | 15229 | 4F ア | 67050 | 7F |

Extracto del libro de código JN-25B.

## El código del señor Cualquiera

En Francia, el diccionario cifrado más conocido fue el código Sittler, obra de F.-J. Sittler del que no se sabe nada, aparte de que se trataba de un exfuncionario de los servicios telegráficos. La obra fue utilizada entre 1890 y 1920 tanto por particulares como por empresas y por el Estado. Era un libro pequeño y la parte «código» estaba compuesta por cien páginas. Cada hoja poseía un espacio virgen arriba para dejar al lector la libre elección de su numeración. Un largo preámbulo explicaba cómo utilizarlo. He aquí un extracto por su interés histórico:

> El diccionario cifrado, de F.-J. Sittler, compuesto con el objetivo de facilitar la redacción y la traducción de comunicados secretos, encierra casi todas las palabras y expresiones de uso frecuente. Para emplear el lenguaje secreto, por medio de este diccionario, basta indicar a su destinatario la página y la línea donde se encuentra la palabra o expresión que se le quiere transmitir. Para eso, se adopta de común acuerdo, una paginación convencional, empleando, en cualquier orden, los números desde el 00 al 99, y una combinación igualmente convencional de dos cifras de la página con las de la línea.
>
> Ejemplo: supongamos que la primera página recibe el número 82, la expresión «Aceptamos su oferta», línea 64 (ver el extracto de la primera página) será representado por 8264 o 6482 o 8624 o 6824, etcétera. Es decir que la página será representada, o por las dos primeras cifras o por las dos últimas, o por la 1.ª y la 3.ª, o por la 2.ª y la 3.ª, etcétera, y la línea por las otras dos. También es posible, de común acuerdo, aumentar o disminuir una o varias unidades, de cualquiera de las 4 cifras del grupo.

La operación descrita al final de ese pasaje (permutación de las cifras, aumento o disminución del código) se llama un supercifrado. Consiste en añadir una codificación suplementaria a la cifra inicial. Es un medio de reforzar la complejidad del conjunto. Los alemanes usaban a menudo esa trampa: una de las últimas cifras transmitidas indicaba entonces la corrección que había que hacer. Por ejemplo, el número 0183 indicado al final podía indicar «aumentar los códigos de 183». El código de Sittler poseía una ventaja con relación a los otros diccionarios cifrados, lo que explica su éxito comercial: permitía obtener mensajes más cortos, o sea menos onerosos.

| | | | |
|---|---|---|---|
| | Page | | |
| 00 | A (lettre). | 50 | Accabler, accablement. |
| 01 | A. | 51 | Accaparer, accaparement. |
| 02 | A en. | 52 | Accapareur. |
| 03 | A n'en. | 53 | Accélérer, accélération. |
| 04 | A y. | 54 | Accentuer, accent. |
| 05 | Abaisser, abaissement. | 55 | Acceptable. |
| 06 | Abandonner, abandon. | 56 | N'être pas acceptable. |
| 07 | Abattre, abattement. | 57 | Acceptation. |
| 08 | Abbé. | 58 | Accepter. |
| 09 | Abdiquer, abdication. | 59 | Accepter l'offre. |
| 10 | Abhorrer. | 60 | Acceptez. |
| 11 | Abimer, abîme. | 61 | Etre accepté. |
| 12 | Abjurer, abjuration. | 62 | Ne pas accepter l'offre. |
| 13 | Abnégation. | 63 | Ne pouvons accepter. |
| 14 | Abois. | 64 | Nous acceptons votre offre. |
| 15 | Etre aux abois. | 65 | Accès. |
| 16 | Abolir, abolition. | 66 | Avoir accès. |
| 17 | Abomination. | 67 | Trouver accès. |
| 18 | Abominable. | 68 | Accessible. — |
| 19 | Abondant, abondamment. | 69 | Accessoire. |
| 20 | Abonder, abondance. | 70 | Accident. |
| 21 | Vivre dans l'abondance. | 71 | Accidentel, accidentellement. |
| 22 | Abonner, abonnement. | 72 | Acclamer, acclamation. |

Extracto de la primera página del código Sittler. Atribuyéndole el número 62, el mensaje «Aceptamos su oferta» se codificaba 6264 (sin supercifrado).

Para obtener la cuenta de las palabras de un comunicado telegráfico cifrado, había que dividir en efecto la suma total de las cifras por 5. Por ejemplo, 25 grupos de 4 cifras contaban solo para 20 palabras. ¿Por qué, te preguntarás? Se trata solamente de la regla de corte de los mensajes telegrafiados. Se encontrará ese corte en 5 en todo este libro.

## Una afirmación radical

Al final de su texto de presentación, Sittler afirmaba con cierta rapidez que era «fácil convencerse de que así se puede crear un número infinito de claves absolutamente indescifrables». Esta alegación venía de la posibilidad de numerar las páginas y del supercifrado: incluso disponiendo del libro de códigos, ¿cómo una mirada indiscreta habría podido adivinar la numeración de las páginas y la permutación utilizada?, se decía Sittler. *A priori*, tenía perfectamente razón.

Salvo que Sittler olvidara que, mucho antes que él, un científico italiano del Renacimiento, Giambattista della Porta (1535-1615), considerado por algunos como el padre de la criptografía, había inventado justamente un método para determinar este tipo de florituras. Consiste en buscar una palabra cuya presencia sea probable en el mensaje. Siempre existen nombres propios, por ejemplo, que deben ser deletreados o divididos en sílabas o en palabras del diccionario. Para comprender cómo ponerlo en práctica, consideremos, por ejemplo, el mensaje siguiente, cifrado con el código de Sittler: «0726 0728 1564». Imaginemos que sabemos que concierne a una persona llamada Abélard. Ese nombre no figura en el diccionario, pero una hipótesis plausible es que esté codificado con dos palabras «abbé» (abad) y «lard» (tocino), o sea 08 en una página (la primera) y 14 en la otra. Un examen rápido de la serie de cifras del mensaje muestra que 08 y 14 se encuentran en el primer y el último lugar de los dos primeros grupos. Así, 72 y 56 serían los números de las páginas correspondientes. El sentido de la palabra 06 de la página codificada es entonces «abandonar».

## LO QUE DEBEMOS DESCIFRAR:

### Mensaje de Abélard

Usted intercepta el mensaje siguiente destinado a Abélard:

«0828 1234 6824»

Imagina que fue cifrado con el libro de códigos de Sittler. Con esta hipótesis, ¿sabrías descifrarlo?

Con esa hipótesis, se concluye que el mensaje significa «abandonar a Abélard». La técnica se llama, actualmente, el método de la palabra probable. Por supuesto, simplifiqué al extremo el ejemplo para la claridad de la demostración. El trabajo de los verdaderos descifradores militares era mucho más complejo, lo que nos mostrará a la perfección un célebre escándalo histórico: el caso Dreyfus.

Page. 23

| | | | |
|---|---|---|---|
| 00 | Faire courir le bruit. | 50 | Cachemire. |
| 01 | Des bruits inquiétants. | 51 | Cacher, cachette. |
| 02 | Brûler, brûlure. | 52 | Cacheter, cachet. |
| 03 | Brun. | 53 | Cachot. |
| 04 | Brusquer, brusquerie. | 54 | Cadastre. |
| 05 | Ne brusquez pas. | 55 | Cadavre, cadavéreux. |
| 06 | Brusque, brusquement. | 56 | Cadet. |
| 07 | Brut. | 57 | Cadrer, cadre. |
| 08 | Brutalité. | 58 | Caen. |
| 09 | Brutal, brutalement. | 59 | Café. |
| 10 | Bruxelles. | 60 | Cahier. |
| 11 | Bruyant, bruyamment. | 61 | Caïd. |
| 12 | Bu (syll.). | 62 | Caisse. |
| 13 | Bucharest. | 63 | À la caisse |
| 14 | Budget. | 64 | En caisse. |
| 15 | Bulgare. | 65 | Caissier. |
| 16 | Bulgarie. | 66 | Caisson. |
| 17 | Bulletin. | 67 | Calais. |
| 18 | Bureau. | 68 | Calamité. |
| 19 | But. | 69 | Calculable. |
| 20 | Dans le but de. | 70 | Calculer, calcul. |
| 21 | Dans quel but. | 71 | Calèche. |
| 22 | Dans un but. | 72 | Calibrer, calibre. |
| 23 | Butin. | 73 | Calicot. |
| 24 | Butte. | 74 | Calme. |
| 25 | En butte à, aux. | 75 | Calomniateur. |
| 26 | *Béziers* | 76 | Calomnie. |
| 27 | *Blois* | 77 | Calomnier. |
| 28 | *Bourges* | 78 | Avoir été calomnié. |
| 29 | *Brest* | 79 | Calvados (le). |
| 30 | *Berthier acostea* | 80 | Camarade. |
| 31 | *Berthion Cilici* | 81 | Camaraderie. |
| 32 | *Banque St. parthénia* | 82 | Camp. |
| 33 | *Bureau auxiliaire rue Riroli* | 83 | Camp de Châlons. |
| 34 | *Bureau A Sim* | 84 | Campagne. |
| 35 | *Bureau B Lyon* | 85 | À la campagne. |
| 36 | *Bureau C Lyon* | 86 | de campagne. |
| 37 | *Bureau auxiliaire Bayonne* | 87 | En campagne. |
| 38 | *Banque d'Escompte* | 88 | Camper, campement. |
| 39 | | 89 | Canaliser, canal. |
| 40 | | 90 | Candidat. |
| 41 | | 91 | Candidat du Gouvernement. |
| 42 | | 92 | Candidat de l'opposition. |
| 43 | *Bourges à Sion* | 93 | Candidat indépendant. |
| 44 | C (lettre). | 94 | Candidat libéral. |
| 45 | Ça (syll.). | 95 | Candidature. |
| 46 | Cabale. | 96 | Candie. |
| 47 | Cabine. | 97 | Canné. |
| 48 | Cabinet. | 98 | Canon. |
| 49 | Câble. | 99 | Canon rayé. |

Una página de un ejemplar (utilizado) del código Sittler. Se advertirá la paginación (23) así como el añadido de palabras importantes para el usuario: nombres de ciudades y de despachos, sin duda, los de una empresa.

## El código Baravelli y el caso Dreyfus

El caso Dreyfus revolucionó la Tercera República y reveló la cara sombría de aquella Francia. Sin abundar en los detalles de este caso, me limitaré a recordar el mínimo necesario para la comprensión de lo que sigue. En 1894, el capitán Alfred Dreyfus (1859-1935) fue acusado de espionaje en beneficio de Alemania y de Italia, entonces aliadas al Imperio austrohúngaro en el marco de la Triple Alianza. La única «prueba» material contra él era el parecido de su escritura con la del espía verdadero que fue descubierto más tarde. El caso causó gran impacto en la prensa, tanto que el agregado militar italiano se sintió obligado a dar cuenta a su gobierno. Dirigió entonces un telegrama a Roma, cifrado evidentemente porque pasaba por el correo francés. Era este:

> París, 2 de noviembre de 1894, 3 horas de la madrugada.
> Comando Stato Maggiore Roma.
> 913 44 7836 527 3 88 706 6458 71 18 0288 5715 3716
> 7567 7943 2107 0018 7606 4891 6165
> Panizzardi.

Como todos los telegramas cifrados de la época, una copia fue inmediatamente transmitida al Ministerio de Asuntos Exteriores francés. Su mejor descifrador era entonces Étienne Bazeries, de quien ya hemos comentado su genio (y seguiremos haciéndolo a propósito de sus mensajes cifrados de *Le Figaro* y del Gran Cifrado de Luis XIV). A causa de su corte en grupos de 1, 2, 3 o 4 cifras, los descodificadores del ministerio pensaron inmediatamente en un código comercial utilizado en Italia, el *Dizionario per corrispondenze in cifra* de Paolo Baravelli, cuya concepción difería ligeramente del código Sittler puesto que estaba dividido en cuatro secciones, la primera en una cifra, la segunda en dos, etcétera.

Más precisamente, la primera sección comportaba las diez cifras (de 0 a 9) que codificaban las vocales y los signos de puntuación. El usuario podía modificar la atribución de las cifras. La sección siguiente (de 00 a 99) correspondía a las consonantes, a las indicaciones gramaticales y a los verbos auxiliares. Era posible cambiar la distribución de las cifras de las decenas. La tercera sección contaba con diez páginas correspondientes a las sílabas y la cuarta sección a palabras y expresiones. Para estas dos secciones, la paginación era libre.

## Una duda que costó cara

Volvamos a nuestro mensaje y tratemos de descifrarlo aplicando el método de la palabra probable venida del Renacimiento italiano. Busquemos el nombre propio. Naturalmente, la palabra «Dreyfus» aparece. Que se traduce, con el código de Baravelli, por el número (sin cambio de paginación) 227 1 98 306. Esta serie de números evoca el paso 527 3 88 706 del mensaje. Procediendo de la misma manera y prosiguiendo también el razonamiento, los descifradores revelaron la totalidad del mensaje con el detalle de que no consiguieron aclarar una ambigüedad sobre un fragmento. Dudaban entre dos versiones. Desdichadamente para Dreyfus, el Ministerio de Asuntos Exteriores se inclinó por el primero y esta fue la traducción francesa:

> Si el capitán Dreyfus no tiene ninguna relación con ustedes, sería oportuno que el embajador lo afirme oficialmente. Nuestro emisario está prevenido.

Lo transmitió al Ministerio de la Guerra antes de rectificar y proponer esta nueva traducción:

> Si el capitán Dreyfus no tuvo relaciones con ustedes, convendría hacer que el embajador publicara un desmentido oficial para evitar los comentarios de la prensa.

La segunda versión es más fuerte e indica claramente que Dreyfus no había tenido ningún contacto con el agregado militar italiano, lo que lo transforma en inocente; mientras que la primera, comparable, puede dejar planear una duda.

Para eliminar la duda, el Servicio de Información del Ministerio de la Guerra tuvo la idea de convencer a los italianos de cifrar el mensaje: el resultado diría cuál de las dos soluciones era la buena, y aportaría informaciones complementarias sobre la paginación de su diccionario cifrado. Un agente doble fue encargado de comunicar al agregado italiano las informaciones militares que parecían de primera importancia, que se apresuró a cifrarlas

y a enviarlas por medio de un telegrama, rápidamente interceptado.

Gracias a ese subterfugio, los franceses supieron que la segunda solución era la apropiada: Dreyfus, desconocido por los italianos, era entonces inocente.

Lo que no impidió a la jerarquía militar mantener su posición
y seguir acusando equivocadamente al oficial. Sin embargo, al
mostrar la falta de objetividad de la jerarquía militar, este episodio fue más adelante un elemento decisivo de la rehabilitación
del capitán.

## Las debilidades de los diccionarios cifrados

¿Qué conclusiones hay que sacar del caso Dreyfus? Que a pesar
de lo que pretendía Sittler sobre la imposibilidad de descifrar su
código, vemos que utilizado tal cual, no es demasiado sólido. Esto
no impidió que las autoridades diplomáticas italianas y alemanas
emplearan códigos similares. Sobre este tema, podemos sorprendernos al saber que los servicios gubernamentales recurrieran a
un código comercial que cualquiera podía procurarse. Es sobre
todo más extraño que los mensajes diplomáticos o militares estén
llenos de palabras con probabilidades de desciframiento importantes: nombres propios, embajador, cónsul, general, coronel,
ejército, cuerpo, división, regimiento, hombre, fusil, cañón, etcétera. En caso de guerra, es ilusorio imaginar que un diccionario
cifrado pueda escapar al enemigo, como aprendieron a sus costas
los alemanes durante la Primera Guerra Mundial.

Agosto de 1914, Alemania acaba de entrar en guerra y el crucero ligero *Magdeburg* patrulla en el mar Báltico para colocar
minas. El 26, una densa neblina perturba la navegación y el navío encalla cerca de la isla de Odelsholm. Al comprender que su
barco está perdido, el comandante resuelve evacuar el navío y
ordena a un oficial que tome una barca y tire en el mar profundo
los libros de códigos. Sabia decisión, dado que dos cruceros rusos se perfilan en el horizonte. Pero para los alemanes el plan sale
mal. Los rusos comienzan a tirar y, tras una corta batalla, repes-

can a los vivos y a los muertos, entre los cuales está el oficial que sujeta los libros entre sus brazos.

El crucero *Magdeburg*, encallado cerca de la isla de Odelsholm, en el que se encontraron los libros de códigos de la marina alemana. Los soldados alemanes tenían orden de destruirlos en caso de situación desesperada, pero la intervención de la marina rusa no les dio tiempo.

Esos libros fueron entregados más tarde a Winston Churchill, entonces primer lord del Almirantazgo. Se trataba de diccionarios cifrados desordenados. Además, los códigos que correspondían a cada palabra no eran números, sino grupos de cuatro letras; finalmente, el orden (lexicográfico) de los códigos no seguía el de las palabras que codificaba. Incluso si poseerlos constituía una verdadera suerte para los británicos, a pesar de todo los criptoanalistas necesitaron varias semanas en la Cámara 40, el servicio de descodificación de la marina británica, para aprovechar el hallazgo.

De una complejidad superior a los códigos comerciales que hemos visto, los códigos alemanes estaban supercifrados por medio de una sustitución monoalfabética para la flota de superficie (ver capítulo 4) y por una transposición para los submarinos (ver el capítulo 6).

Gracias a esta pesca milagrosa, los británicos descifraron luego, regularmente, los mensajes de la marina alemana. De manera sorprendente, los alemanes no lo sospecharon y no cambiaron de código hasta después de la batalla de Jutland en 1916 cuando, a fuerza de encontrar sistemáticamente unidades de la marina británica en su camino, dejaron de creer en coincidencias.

## Un diccionario en una maleta

Otro inconveniente mayor de los diccionarios cifrados, cuando están ordenados como el 13040 —el del telegrama Zimmermann— es que permiten una descodificación progresiva. Por ejemplo, si sabemos que 23500 significa «juerga» y 23509, «jueves», el sentido de 23504 se encuentra entre los dos en el diccionario usual. Pero también es cierto que sin el libro de código 13040, un mensaje que ha sido cifrado con él, es difícil y arduo de descifrar.

En el episodio del telegrama Zimmermann (que contribuyó en 1917 a que Estados Unidos entrara en guerra), los británicos poseían un ejemplar. La anécdota que explica la razón es más rocambolesca que la desdichada aventura del *Magdeburg*. La evocaré rápidamente porque revela un error frecuente en materia de secretos. Pone en escena a Wilhelm Wassmuss, un diplomático alemán destinado en Persia a comienzos del siglo XX.

En aquella época, Persia era un territorio en principio neutro e independiente, pero en realidad, parcialmente, bajo influencia británica. Wassmuss trataba de fomentar una guerrilla antibritánica (como Lawrence de Arabia lo consiguió contra el Imperio otomano en los países árabes). Conscientes del peligro, en 1915, los británicos piden a los jefes de las tribus persas que se lo entreguen, a cambio de una prima, por supuesto. Lo capturan, pero consigue escaparse mientras negocian el precio del rescate. En su huida, abandona sus maletas, que esconden el famoso diccionario cifrado 13040. Gracias a este botín de guerra, más adelante fue descodificado el telegrama Zimmermann —vamos, según la versión oficial.

## Los diccionarios cifrados desordenados

Para comprender mejor, les recuerdo brevemente el caso del telegrama: en 1917, los británicos entregan a los estadounidenses un telegrama, presuntamente alemán, anunciando su intención próxima de librar una guerra submarina. Los estadounidenses creen que es una falsificación de los servicios de espionaje británicos, destinados a hacerlos entrar en la guerra, y no confían en ellos. Todos sabemos hoy que, incluso si el telegrama era auténtico, los británicos habían manipulado a sus amigos estadounidenses: lo habían interceptado mucho antes de lo que pretendían, espiando no a los alemanes o a los mexicanos, ¡sino a los propios estadounidenses!

Wassmuss
Photographed during the War

Wilhelm Wassmuss (1880-1931), apodado Wassmuss de Persia, era un héroe romántico del temple de Lawrence de Arabia. Como este último, hablaba la lengua del país donde actuaba y se vestía a la manera de los autóctonos. Los lazos que había creado con las tribus iraníes terminaron cuando se hizo evidente que los alemanes no ganarían la guerra. Cuando perdió los códigos diplomáticos de su país, permitió a los ingleses descifrar una parte de los mensajes enemigos.

En efecto, estos últimos permitieron a los alemanes comunicar a través de su red para facilitar las negociaciones de paz. Dado que durante la guerra los escrúpulos se dejaban de lado, los alemanes habían hecho transitar el telegrama Zimmermann por la embajada de Estados Unidos en Berlín, codificándolo por medio del código 0075, más reciente y considerado más seguro que el 13040 (el que contenía la maleta de Lawrence de Arabia persa). Las palabras estaban encriptadas en desorden, lo que impedía la interpolación entre dos palabras descubiertas.

| | |
|---|---|
| 18018 | **DISCRÉDIT** -er -é |
| 57794 | **DISCRET** -ement |
| 08953 | DISCRÉTion -ionnaire |
| 29147 | **DISCRIMIN**ation ~~ccg¡H DISCRIMINATOIRE~~ |
| 75637 | DISCRIMINer -é -ant |
| 45977 | **DISCULP**er -é -ation |
| 33883 | **DISCUSSION,** *de, d', du, de l', de la,* |
| | *des* |
| 04553 | —————— du projet, *de* |
| 19108 | **DISCUT**able |
| 79448 | DISCUTer -é |
| 64764 | **DISERT** |
| 87952 | **DISETTE** |
| 00367 | **DISGRAC**e -ier -ié -ieux |
| 39662 | **DISJOIN**dre -t |
| 00627 | **DISJONCT**eur -ion |
| 10011 | **DISLO**cation |
| 46884 | DISLOQUer -é |
| 58840 | **DISPACH**e -eur |
| 05145 | **DISPAR**aissant |

Una página del *Código Imperio*, modificado en 1967.

Esos libros de códigos desordenados fueron empleados hasta la década de 1970 en la diplomacia. Cada uno comprendía dos grandes libros, uno para la parte cifrada y otra para la parte de descifrado. Como ejemplo, he aquí una página del *Código Imperio*, modificado en 1967, que servía para los comunicados en el Imperio francés.

Se advierte que los números no están en orden y que era posible añadir palabras no previstas en origen. En el ejemplo siguiente, la palabra «discriminatorio» no estaba prevista y fue añadida en 1967.

## La inteligencia al servicio de los británicos

Cuando estalló el caso del telegrama Zimmermann, los británicos disponían de una parte del libro de código 0075, descubierto a bordo de un submarino enemigo a comienzos de la guerra. Gracias a ese saber, comprendieron el sentido general del telegrama en cuanto lo interceptaron, a finales de 1917. Sin embargo, dos razones les impedían divulgarlo de inmediato a sus amigos estadounidenses. En primer lugar, no querían revelar a los alemanes que sabían leer sus mensajes cifrados con el 0075. En segundo lugar, hubiera sido torpe mostrar a los estadounidenses que los espiaban. Veamos cómo los británicos supieron eludir esos obstáculos. El telegrama estaba destinado al embajador de Alemania en México, y no al de Washington, y pensaban que sería transferido por vía telegráfica de uno a otro. Un duplicado debía encontrarse en la agencia de la Western Union en México. Por eso pidieron a su espía que se lo procurara. Suerte increíble, pero previsible, porque no todas las embajadas disponían de los códigos modernos: esta versión del telegrama se reveló cifrado con el viejo 13040. No solamente no era necesario producir el texto codificado con el 0075 y revelar que los servicios británicos sabían parcialmente descifrarlo, sino que, además, ese mismo texto cifrado con dos códigos diferentes proveía una herramienta suplementaria para descubrir los secretos del código 0075.

## La piedra de Rosetta de los códigos

El telegrama Zimmermann tuvo así el papel que la piedra de Rosetta tuvo antes para descifrar los jeroglíficos egipcios (esta tabla de granito presentaba tres versiones del mismo texto en griego, en demótico y en jeroglíficos, y Champollion utilizó esta correspondencia para comprender la antigua lengua egipcia escrita). Durante la Segunda Guerra Mundial, los alemanes sistematizaron este error enviando los mismos mensajes meteorológicos según diversos canales, ofreciendo así una avalancha de piedras de Rosetta a los descodificadores británicos. Veremos que el ejército napoleónico lo hizo aún peor, enviando los mismos textos de los mensajes, cifrados y en claro.

## La clave del problema

Llegamos aquí al grave error que cometieron casi la totalidad de los generales desde hace milenios: creer que la descodificación es solamente un desafío a la inteligencia. «He aquí un mensaje cifrado, arránquense los pelos para descodificarlo», parecen decir los militares a sus enemigos. Salvo que al razonar de esta manera, olvidaban que la seguridad de un sistema criptográfico no puede reposar solamente sobre el secreto del método de cifrado. No hay que creer que un código es inviolable: esa es la regla a la que hubieran debido ceñirse. La historia del telegrama Zimmermann, como el mensaje de Panizzardi, muestra que un espía o los azares de la guerra pueden siempre revelar el algoritmo utilizado.

De hecho, para ser seguro, un sistema criptográfico debe depender de un parámetro fácilmente modificable: su clave. Ese principio fue definido por el criptólogo Auguste Kerckhoffs (1835-1903) en 1883, o sea antes de la Primera Guerra Mundial. No puedo resistirme al placer de citarles al mismo Kerckhoffs, que se mostraba de una clarividencia absoluta, treinta años antes de los fracasos rusos y alemanes. En la primera frase del texto que sigue, hace referencia a los diccionarios cifrados como el código Sittler, en boga en aquella época:

> Hay que distinguir entre un sistema de escritura cifrada, imaginada para un intercambio momentáneo de cartas entre dos personas aisladas, y un método de criptografía destinado a regular por un tiempo ilimitado la correspondencia entre diferentes jefes del ejército. Estos no pueden, en efecto, a su conveniencia y en un momento dado, modificar sus convenciones; y tampoco deben conservar con ellos ningún objeto o escrito que pueda esclarecer al enemigo sobre el sentido de los comunicados secretos que podrían caer en sus manos.
>
> En el primer caso, un gran número de combinaciones ingeniosas pueden responder al objetivo que se quiere obtener; en el segun-

do, hace falta un sistema que reúna ciertas condiciones excepcionales, condiciones que resumiré ahora en las seis claves siguientes:

1.  El sistema debe ser materialmente, sino matemáticamente, indescifrable.

2.  No debe exigir el secreto, para que pueda caer sin inconveniente entre las manos del enemigo.

3.  La clave debe poder comunicarse y recordarse sin necesidad de notas escritas y hay que poder cambiarla o modificarla según los interlocutores.

4.  Es necesario que sea aplicable a la correspondencia telegráfica.

5.  Debe ser portátil y que su utilización o su funcionamiento no requiera la presencia de muchas personas.

6.  Finalmente, es necesario, vistas las circunstancias que rigen su aplicación, que el sistema sea de uso fácil, sin exigir ni tensión de espíritu ni conocimiento de una larga serie de reglas.

La piedra de Rosetta es un trozo de estela del egipcio antiguo sobre la que estaba grabado un mismo texto en tres lenguas: griego, demótico (que será luego el copto) y jeroglíficos. Fue descubierta en la campaña de Egipto durante las obras de excavación en una antigua fortaleza turca, donde había sido empleada como material de construcción. Gracias a su excelente conocimiento del griego antiguo y del copto, Jean-François Champollion consiguió en 1822 descifrarla y descubrir el sentido de los jeroglíficos. La piedra se encuentra, actualmente, en el Museo Británico de Londres.

El primer emblema de la organización Volapük (hacia 1880) *Menad bal – Pük bal*, o sea «Una humanidad – una lengua». El brillante criptólogo, Auguste Kerckhoffs se apasionó por esta lengua construida con miras internacionales. Su autor consagrará un *Cours Complet* [un curso completo] y luego un *Diccionario*, antes de fundar la Asociación francesa para la difusión del Volapük.

¿Cómo traducir hoy estas reglas? La cuarta podría ser reemplazada por la correspondencia en internet o cualquier otra red pública. Las dos últimas podrían simplemente referirse a un funcionamiento automatizado. Aparte de esos detalles, el principio de Kerckhoffs sigue siendo de actualidad. Se podría resumir diciendo que, en un buen cifrado, la eventualidad de que el enemigo conozca el sistema no debe afectar su seguridad. Dicho de otra manera, cuando se concibe un algoritmo criptográfico, más vale partir de la hipótesis: «El enemigo conoce el sistema». Esta última formulación se la debemos a Claude Shannon (1916-2001), un gran matemático y criptólogo que volveremos a encontrar.

## Descifrar sin conocer el diccionario

El defecto principal de los diccionarios cifrados es justamente ese: cuantas más palabras del libro de códigos se conocen, más fácil es descubrir el secreto de los mensajes. A menudo, la gente piensa que únicamente la suerte o un acto de espionaje revelan la solución de un mensaje codificado con un diccionario. Como es raro que los descifradores se enorgullezcan en público, esta creencia es bastante corriente. La encontramos incluso en los escritos del gran escéptico que era Voltaire, en su *Diccionario filosófico* (aparecido en 1764) en el artículo «Correo». Voltaire explica primero el origen de la criptografía y el error que consiste en mezclar claro y cifrado:

> Para distraer la curiosidad ajena, primero decide reemplazar, en sus comunicados, ciertas palabras por cifras. Pero el texto en caracteres ordinarios servía algunas veces para delatar al curioso.

Lógicamente, explica luego que eso desarrolló el arte del cifrado como el del descifrado. No obstante, concluye considerando el descifrado como imposible cuando un cifrado está bien hecho, con un razonamiento que encontraremos a lo largo de toda la historia, en particular con Enigma: el gran número de posibilidades, en lo que Voltaire se equivoca porque los descifradores no necesitan intentar todas las posibilidades.

He aquí el texto de Voltaire, con todo el sabor de la lengua de la época:

> Esos enigmas fueron enfrentados al arte de descifrarlos. Pero se trata de un arte tan vano como equívoco. Solo ha servido para hacer creer, a gentes poco instruidas, que sus cartas habían sido descifradas, por el mero placer de inquietarlas. La ley de probabilidades está hecha de tal modo que en un cifrado bien hecho se puede apostar a doscientos, trescientos o cuatrocientos contra uno a que usted no adivinará qué sílaba representa cada número.
>
> La combinación de aquellas cifras hace crecer el número de interpretaciones posibles. Por eso, el descifrado es totalmente imposible cuando la cifra está hecha con un poco de arte. Quienes se enorgullecen de descifrar una carta sin estar al tanto de los asuntos que trata, y sin ayudas preliminares, son más grandes charlatanes que aquellos que se jactarían de comprender una lengua que nunca han aprendido.

Esta creencia de Voltaire pudo ser alimentada por la suerte del caballero de Rohan (1635-1674) que se jactaba de saber leer cualquier mensaje cifrado sin poseer la clave. Una fanfarronería que le hizo perder la cabeza, tras un grave error. Sospechoso de haber participado en una conspiración urdida contra Luis XIV, el caballero estaba encerrado en la Bastilla a la espera de juicio, cuando sus amigos le enviaron un paquete de camisas que contenían un mensaje cifrado escrito en la manga de una de ellas:

MG DULHXCCLGU GHJ YXUJ CT ULGE ALJ

El mensaje le prevenía de que no había ningún cargo en su contra y que el instigador había muerto sin haber revelado su complicidad. Pero, incapaz de traducir el mensaje por total incompetencia, Rohan sintió pavor. Se imaginó que querían informar del descubrimiento de pruebas contra él y al día siguiente confesó todo a los jueces. Fue condenado y decapitado. El mensaje solo había sido cifrado por una simple sustitución alfabética, un método muy simple de descifrar.

## El hombre de la máscara de hierro

Debemos repetirlo, no hay necesidad de suerte ni de encontrar un diccionario cifrado para descodificar un mensaje. Existen técnicas para descubrir el código. Ya vimos una de ellas: el análisis frecuencial, es decir, la observación de las repeticiones que se pueden poner en paralelo con las letras de un texto. El famoso criptólogo de finales del siglo XIX, Étienne Bazeries, utilizó otro con el cual consiguió descifrar la Gran Cifra de Luis XIV. Ese cifrado fue concebido trescientos años antes por ese gran maestro criptólogo que fue Antoine Rossignol. Empleado para los asuntos del reino como para la correspondencia secreta del rey, el código evitó todos los intentos de descodificación enemigos.

¿Cómo se presentaba la Gran Cifra? Se trataba de un diccionario cifrado donde las palabras corrientes tenían sus códigos y las palabras más raras estaban descompuestas en sílabas, codificadas cada una de manera reiterativa para evitar un análisis frecuencial. En total, se componía de 587 números. ¿Cómo consiguió Bazeries descubrirlo? Estudiando el conjunto de los mensajes conservados en los archivos, advirtió que la serie 142 22 125 46 345 se repetía y emitió la hipótesis que significaba «les-en-ne-mi-s», les ennemis [los enemigos]. Con esta única suposición, el código se deshizo progresivamente y Bazeries lo descodificó casi por completo.

De manera divertida, una de las cartas de los archivos descifrados por Bazeries ofrecía una solución posible al misterio del hombre de la máscara de hierro. La carta en cuestión contiene el siguiente mensaje:

> Su Majestad le ordena detener inmediatamente al general Bulonde y conducirlo a la fortaleza de Pignerol para ser encarcelado y vigilado durante la noche, autorizado a pasearse por las murallas durante el día, con el rostro cubierto por un 330 309.

Los dos números 330 y 309 no se encuentran en ninguna otra parte, por lo que Bazeries se limitó a suponer que se trataba de una máscara, sin duda (mal) influenciado por el enigma de la máscara de hierro. La tesis según la cual el general Bulonde habría sido el primer prisionero desconocido, muerto en la Bastilla en 1703 y conocido desde entonces con el nombre de «máscara de hierro» es, a pesar de todo, difícilmente defendible porque Bulonde, un lugarteniente general del ejército francés, estaba aún vivo en 1708. Este probable error no quita valor al descifrado de Bazeries. Su trabajo muestra las debilidades de los códigos de los diccionarios cifrados: pueden ser descubiertos progresivamente.

## Los *cabinets noirs* (servicios de inteligencia)

Otro ejemplo histórico va a iluminar al aprendiz descodificador que reside en ti sobre una segunda manera de romper los códigos simples. Nos deslizaremos un instante en la piel de los miembros del *Cabinet noir*, el servicio de descodificación de los reyes de Francia, encargado de «escuchar» los mensajes que transitaban por el correo.

Reservado a la realeza durante su creación en el siglo xv, el correo se puso a disposición del gran público rápidamente. Para enviar un comunicado, el usuario debía aceptar la posibilidad de que los agentes de Correos lo leyeran para asegurarse que no contenía nada ultrajante para el rey. A finales de la Edad Media, la censura no se escondía demasiado. El servicio de descodificación se convirtió en un gabinete negro propiamente dicho con Richelieu. Bajo Luis XV, tomó el nombre muy oficial de Gabinete del secreto de correos. Se abrían las cartas, las descifraban si era necesario y las volvían a cerrar.

Veamos cómo el *Cabinet noir* podía descifrar las cartas interceptadas. Para ello, inventamos un ejemplo más simple que los mensajes reales. Primero, notemos que el conocimiento del contexto es preferible para descifrar un mensaje del que no conocemos el código. Imaginemos entonces que interceptamos un comunicado que mezclaba partes en claro y partes cifradas —un error clásico—, sobre todo en un contexto de guerra. Sabemos que el comunicado está dirigido al señor mariscal Dumont y que proviene del general de división Durand, que nuestras fuerzas acaban de atacar en su flanco oeste. Helo aquí:

351 – 21 – 15 – 185 – 4.51.45.66.70.85 – je suis 3061 – 25 – 4035 – 460 – 66.51.5031 – je demande deux – 405 – en – 8921.9374 – 66.51 – je m'en vais – 205 – 38 – 405 – 4.51.95.351.70.4

(soy / pido dos / en / me marcho)

Podemos advertir los guiones y puntos. La manera en que están dispuestos invitan a pensar que los guiones separan las palabras y los puntos las letras o las sílabas de las palabras. El grupo de seis cifras 4.51.45.66.70.85, sin duda, significa «Dupont» y el grupo 4-51-95-351-70-85, «Durand». La coincidencia de los grupos 4.51 lo confirma. Se deduce entonces que los cuatro números (351 – 21 – 15 – 185) que preceden «Dupont» significan probablemente «al señor mariscal» puesto que 351 significa A. De la misma manera, lo que precede a «Durand» debe ser «general de división». El grupo 66.51 y lo que ya conocemos de la situación nos permiten reconstituir el mensaje:

> Al señor mariscal Dupont, soy atacado por el flanco oeste, pido dos divisiones de refuerzo o me marcho. General de división Durand.

## Bricolaje asumido

El método puede parecer muy poco riguroso, porque consiste en formular hipótesis que únicamente justificará el resultado final. De hecho, se trata del propio enfoque científico, que consiste en efectuar ensayos y observar sus consecuencias. La ciencia no progresa de manera deductiva, sino inductiva; no va de lo general a lo particular, sino a la inversa. En el caso de la descodificación, el enfoque deductivo solo sirve para controlar el resultado: si el mensaje final tiene un sentido, es muy probable que la descodificación sea correcta. No olvides además que, generalmente, el corpus de los textos no termina en un solo mensaje. Como en el caso Dreyfus, el descodificador dispondrá a menudo de otros elementos que confirmarán o refutarán sus hipótesis.

En nuestro ejemplo, el enemigo parece haber facilitado nuestra tarea por medio de frases convencionales desde el comienzo hasta el final. ¿Demasiado hermoso para ser cierto? En realidad, tal concurso de circunstancias es frecuente, como lo muestra la historia. Lo analizaremos en particular con los mensajes del ejército napoleónico (ver capítulo 5). Por otra parte, escogimos un mensaje corto, que se puede descifrar rápidamente. A pesar de que, en realidad, cuanto más largo sea el mensaje más fácil de descifrar será: estos fallos encierran más repeticiones que el descifrador tiende a investigar. Y lo mismo si cada misiva es corta, cuando el código se mantiene idéntico en los comunicados; si se leen todos, constituirán un texto largo. Espero haberlos convencido de que, por todas estas razones, los códigos que figuran en este capítulo resisten mal al análisis. En defensa de todos esos generales que utilizaron diccionarios cifrados, debemos reconocer que este error atravesó todas las épocas. Así, al comienzo de la Segunda Guerra Mundial se creyó que la máquina Enigma era indescifrable, a causa del número de posibilidades de claves diferentes que ofrecía. Sin embargo, tanto los polacos como luego los británicos, consiguieron descifrarla.

---

**LO QUE DEBEMOS DESCIFRAR:**

**Un cifrado para el letrado Tomás y Asunción**
El mensaje cifrado siguiente está visiblemente destinado al letrado Tomás y Asunción:

405 125 236 052 341 503 325 195 322 473 089 052
195 089 322 341 125 322 473 503 503 236 341

¿Sabrías descifrarlo?

---

## Los mensajes personales de la BBC

Para terminar con los diccionarios cifrados, es imposible no hablar de los famosos mensajes personales de la BBC durante la Segunda Guerra Mundial. Después de la llamada del 18 de junio lanzada en las ondas por el general De Gaulle, se creó una emisión cotidiana para dirigirse directamente a los franceses. Inaugurada como «Aquí Francia» el 14 de julio de 1940, se convirtió pronto en «Los franceses hablan a los franceses». Su célebre indicativo al son de percusiones «POM-POM-POMPOOOM» podía también escucharse como el comienzo estilizado de la V.ª sinfonía de Beethoven o como la «V» de la victoria en código Morse: *** -- (tres POM cortos y un POM largo).

Aparte de las noticias de la guerra, expurgadas de la propaganda alemana, esta emisión difundía mensajes personales destinados principalmente a las redes de la resistencia. Las frases poéticas o divertidas escondían preparaciones de paracaidismo de hombres o de armas, la organización de operaciones de guerrilla, etcétera.

| | |
|---|---|
| La queja sin fin de los violines del otoño acunan mi corazón. | Sabotear las vías del ferrocarril (en preparación del desembarco del 6 de junio de 1944). |
| Es evidentemente una equivocación. | Entreguen de inmediato antitanques a sus secciones. |
| Escucha mi corazón que llora. | Operación de aterrizaje del 15 de junio de 1943. |
| Federico era rey de Prusia. Decimos cuatro veces | Lanzamiento de paracaídas (4 aviones). |
| Gabriela le envía sus saludos. | Lanzamiento a recibir (20 de octubre de 1941). |
| Lloró de alegría. | Lanzamiento de armas y agentes. |
| Tiene una voz de falsete. | Desencadenamiento de la guerrilla. |
| Es severo pero justo (más código del departamento). | Comenzar los sabotajes esta misma noche. |
| Hace calor en Suez. | Desencadenamiento del plan verde en París. |
| No me gusta el guisado de ternera. | Lanzamiento hacia Donnemarie-Dontilly. |
| Juan tiene un bigote muy largo. | Hagan saltar las líneas de comunicación entre la zona de desembarco y los cuarteles generales alemanes. |
| El ácido enrojece al ruiseñor. | Mensaje acción guerrillas; sin excepción, los hombres deberán entrar en liza; la gran aventura comenzará. |
| La angora tiene pelos muy largos. | Lanzamiento de armas. |
| Llegará la hora de los combates. | Anuncia el desembarco y constituye la orden de lanzamiento de operaciones de sabotaje de las vías férreas por el oeste. |
| Mi mujer tiene mirada penetrante. | No se muevan. |
| Señores, comiencen el juego. | Orden de sabotajes (noche del 5 de junio). |

Algunos mensajes de la BBC con su significado.

Hay que indicar que, en el primer mensaje, contrariamente a la leyenda, no se trata del poema de Verlaine (ver en la página anterior) ya que, en él, los sollozos hieren, no acunan. De hecho, el texto se refiere a la canción de Charles Trenet. Sin conocer su sentido, los alemanes habrían podido comprender que los aliados desembarcarían hacia el comienzo del mes de junio de 1944, simplemente al constatar el aumento del número de mensajes las semanas precedentes. Ese número culmina en 200 el 5 de junio. Destinados a un único uso, estos mensajes no estaban cifrados. Se trataba, simplemente, de frases normales que permitían transmitir una señal de acción a la Resistencia. Incluso el más astuto y matemático de los criptólogos no hubiera sabido descodificarlo.

## Los códigos telepáticos

Para acabar este capítulo, les propongo dejar un poco el mundo de las intrigas militares o políticas y terminar de manera más ligera, con la aplicación de códigos secretos en la tarima de los cabarés. ¡Campo para los artistas del *music-hall* y su seudo don de telepatía! Para ambientarnos, lo mejor es recordar el *sketch* hilarante de Pierre Dac y Francis Blanche, *Le sâr Rabindranath Duval* (1957) que se convirtió en película de culto:

—Su Serenidad, ¿podría decirme... es muy importante, concéntrese, podría decirme cuál es el número de la cuenta del banco de este señor?
—Sí.
—¿Puede decirlo?
—¡Sí!
—¿Puede decirlo?
—¡Sí!
—¡Puede decirlo! ¡Bravo! ¡Es extraordinario, es verdaderamente sensacional!

El *sketch* estaba inspirado en la actuación de una pareja de artistas, Myr y Myroska, que se hicieron célebres gracias a un truco de «magia» de alto riesgo, *a priori*. Myroska se quedaba sobre el escenario, con los ojos vendados, mientras Myr descendía a la sala. El público le presentaba objetos variados, credenciales de identidad, monederos, etc. Invariablemente Myroska adivinaba lo que Myr tenía en las manos. En una de sus prestaciones, afirmó efectivamente, sobre el número de la cuenta del banco: «Puedo decirlo», como Pierre Dac más adelante. La diferencia fue que ella dio las cuatro últimas cifras. Y eran exactas.

Salvo si creemos en la transmisión de pensamiento, hay que imaginar un método físico en juego. Se emitieron varias hipótesis, como la comunicación por radio, pero parece que el sistema telepático de Myr y Myroska reposaba en un código. Por ejemplo, Myr repetía a menudo de maneras diferentes: «Myroska ¿estás conmigo?». ¿Esto bastaba a Myr para transmitir a Myroska informaciones? Difícil afirmarlo. Es posible que el mensaje estuviera distribuido en sus otras frases, sus pausas, etc. Muchos artistas recogieron el testigo con éxito, sin que nadie consiguiera jamás encontrar el sistema de Myr y Myroska. Esta idea no le quita nada a su actuación, e incluso si el código solo contenía algunas centenas de símbolos, como la Gran Cifra de Luis XIV, era necesario que los dos artistas lo recordaran, lo movilizaran muy rápidamente y de manera natural. Como decía Myr al final de cada uno de sus números:

> Si no hay truco es formidable, pero si hay truco reconozcan que es aún más formidable.

Sería extraordinario, o sea aún más formidable, descubrir el truco sin encontrar el librito donde seguramente lo habían consignado. Nadie duda que esta tarea reclamaría la materia gris de un criptoanalista de buen nivel, condenado a ver un gran número de sus espectáculos. Pero ¿para qué desencantar a la gente, que ya está bastante desencantada?

## Una receta para la telepatía

¿Deseas hacerte pasar por Myr y Myroska e intercambiar mensajes sin que quienes te rodean se den cuenta? Para esto, hay que convenir un código entre tú y tu compañero. He aquí una idea voluntariamente muy simple.

Una frase que comienza por «yo» significa 1, una frase que comienza por «tú» significa 2, una frase que comienza por «él» significa 3, lo mismo que «nosotros» vale 4 y «ustedes», 5. ¿Cómo continuar?

¿Myr y Myroska utilizaban un código secreto en su espectáculo de «telepatía»?

Retén una palabra —o varias, para engañar mejor al enemigo— que añadirás a la frase para obtener en orden 6, 7, 8 y 9. Si esa palabra es «pero» y quieres transmitir mentalmente 283 a tu cómplice, te bastará con decir, por ejemplo: «¿Tú me sigues, Sofía?». Ella responderá cualquier cosa y tú proseguirás: «En el teatro hace frío, pero voy a continuar», y luego: «El teatro no tiene calefacción».

Si Sofía comprendió el código sabrá que el número escondido es 283.

Queda un problema: ¿cómo trasmitir el número 0? La regla más simple es convenir que cualquier frase que salga del marco precedente significa 0. Por supuesto, si el tema te interesa, encontrarás códigos más refinados que permiten transmitir más pensamientos que un simple número. ¡Puedes crear el suyo!

---

LO QUE DEBEMOS DESCIFRAR:

**Transmisión de pensamiento**
Un número se esconde detrás de esta lista de frases:

El señor me dio su número.
　　Tú escucha bien lo que te voy a decir.
　　¿Tú piensas que ya lo sabes?
　　¿Ustedes piensan que lo conseguirá?

¿Sabrás encontrar el número?

---

# 3

# LOS CÓDIGOS DE LOS INICIADOS

Los militares y los reyes (pero también los telépatas, ver el capítulo precedente) no fueron los únicos adeptos a la ciencia criptográfica a lo largo de la historia. Otra categoría de personas necesitó disimular sus comunicaciones: las sociedades secretas. Atacadas por la prohibición, algunas tenían la necesidad vital de esconder al poder o a la Iglesia ciertas informaciones, aunque esta no era la única razón que los llevaba a cifrar sus mensajes.

De hecho, gran número de códigos históricos, como el de los Templarios o el de los francmasones, estaban ligados a una iniciación, a la utilización de símbolos extraños (que se considerarían de cabalística si esa palabra no tuviera un sentido preciso, ligado a la Cábala) que unían a sus utilizadores y les confería un sentimiento de pertenencia no solamente a un grupo, sino a una elite.

Esos códigos de iniciados parecen *a priori* indescifrables si no se conoce su principio. En realidad, existe un método sistemático que permite romperlos. Incondicionales del *Código Da Vinci* ¡este bloque es para ustedes!

## El enigma de los Templarios

La cruz de los Templarios adornaba sus escudos. De manera más secreta, su código estaba fundado en esta cruz.

¿Cuál de esas sociedades secretas es la más conocida por los adolescentes de hoy? Sin duda, la orden de los Templarios. En efecto, una de esas dos hermandades lucha en el videojuego de éxito *Assassin's Creed*. La orden del Templo fue fundada en 1129 durante las cruzadas. Al principio, reagrupaba a los monjes soldados encargados de ir a defender la tierra santa. Su potencia financiera como militar terminó por despertar los celos y la inquietud de los reyes de Francia, y tras un proceso por herejía, la orden fue disuelta por el papa en 1312. Sus principales dignatarios, entre ellos el maestre de la orden, Jacques de Molay, fueron quemados vivos en la isla de la Cité, en París. Según un cronista de la época, las últimas palabras del maestre fueron:

> Dios sabe quién se equivoca y ha pecado y la desdicha se abatirá pronto sobre quienes nos condenan equivocadamente. Dios vengará nuestra muerte. Señor, sepa que, en realidad, todos nuestros enemigos, por nosotros habrán de sufrir.

Efectivamente, la desgracia los fulminó: el papa y el rey murieron poco después del proceso y la hecatombe continuó los años siguientes entre sus comparsas. Esta serie de coincidencias alimentaron numerosos mitos incorporados luego a la realidad histórica, como el famoso tesoro que los Templarios habrían escondido antes de la disolución de la orden y que algunos, aún hoy, se dedican a buscar.

Si formas parte de esos infatigables buscadores, prospectores con detectores de metales, si deseas encontrar el tesoro de los piratas como Olivier Levasseur, apodado la Buse, que recorrió el océano Índico en el siglo XVIII, lo que sigue te interesará. No cito a Levasseur por casualidad, sino porque su nombre va muy unido a un criptograma y a un tesoro. El día en que fue ahorcado en la isla de la Reunión, tiró un papel a la multitud que asistía a su ejecución gritando: «¡Mi tesoro para quien sepa comprender!». Yo no les daré el criptograma que figuraba en ese papel, porque existen varias versiones cuya autenticidad es imposible de verificar, pero sí les daré la clave para descubrirlo porque es de la misma naturaleza que la de los Templarios y los francmasones (que veremos más adelante).

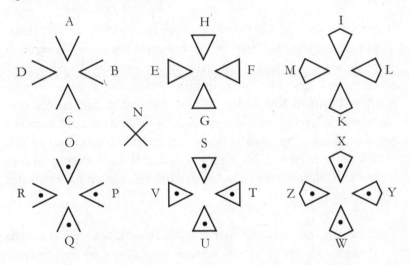

En el cifrado de los Templarios, cada letra (salvo la J que se confunde con la I) está reemplazada por un símbolo. Ese tipo de cifrado se llama «cifrado por sustitución alfabética» porque cada letra se sustituye por un símbolo.

Comencemos por el cifrado que empleaban los Templarios para comunicar. Es fácil de retener porque está fundado sobre la cruz. Así, para cifrar «El Temple será vencedor», escribiremos:

▷◇ ◁▷◇◁◇▷ ▽▷▷∨ ▷▷╳◁▷∨▷

Esta escritura parece indescifrable por la rareza de las letras. De hecho, ese código es fácil de romper, como veremos gracias a un rodeo por medio de una cifra del mismo tipo, porque ya dimos el secreto de los Templarios. Imaginemos que hemos interceptado el extraño mensaje siguiente:

⊔⌞∨∨⌞  ⌐⌞∨⌐⌐⊔⌞  ⊔⌞∨
⌞⌐⌞⌐▷⌞⌐⊔⌞∨  ⌞∨∨  ⊔▷⌞
⌟  ⌟⌞⌞  ⌞⊡⌐⌐⊔⊡

¿Cómo descifrarlo? Un rápido examen deja pensar en una sustitución de nuestro alfabeto latino habitual por otro. Aunque el corte de las palabras parece haberse conservado. La idea para encontrar un sentido a cada símbolo se remonta a un sabio árabe, Abu Yusuf Al-Kindi (801-873) que constató que, en dos textos bastante largos, las frecuencias de aparición de cada letra era próxima. Esta propiedad se encuentra en toda lengua escrita por medio de un alfabeto. He aquí cómo describió él mismo su método en su *Manuscrito sobre la descodificación de los mensajes criptográficos*:

> Una manera de elucidar un mensaje cifrado, si sabemos en qué lengua está escrito, es procurarnos otro texto claro en la misma lengua, de una página aproximadamente, y contar las apariciones de cada letra. Llamaremos a esta letra que aparece más a menudo la «primera», la siguiente la «segunda» y así para cada letra que figure en el texto. Luego, nos dedicaremos al texto cifrado que queremos revelar y buscaremos igualmente los símbolos. Reemplazamos el símbolo más frecuente por la letra «primera», la siguiente por la letra «segunda» y la que sigue por la «tercera» y así hasta

que hayamos llegado al final de todos los símbolos del criptograma que debemos resolver.

## Un santo al rescate

Así, calculando las frecuencias de aparición de cada símbolo en un texto cifrado como el que sigue, es posible encontrar las sustituciones comparando las frecuencias usuales.

| A | B | C | D | E | F | G | H | I | J | K | L | M |
|---|---|---|---|---|---|---|---|---|---|---|---|---|
| 8,4 | 1,1 | 3,0 | 4,2 | 17,3 | 1,1 | 1,3 | 0,9 | 7,3 | 0,3 | 0,1 | 6,0 | 3,0 |
| N | O | P | Q | R | S | T | U | V | W | X | Y | Z |
| 7,1 | 5,3 | 3,0 | 1,0 | 6,5 | 8,1 | 7,1 | 5,7 | 1,3 | 0,1 | 0,4 | 0,3 | 0,1 |

Cuadro de frecuencias de las letras en francés, expresadas en porcentajes. La E es la letra más frecuente. En español, las letras más frecuentes son la A y la E.

Un método mnemotécnico para retener las letras más frecuentes en francés es pensar que Saint Urlo es el santo patrón de los criptólogos, lo que aparecía en los viejos cantos militares hoy olvidados (no vayan a creer que Saint Urlo, por su nombre extraño, es imaginario, se trata realmente de un santo bretón). En efecto, después de la letra E, las letras más frecuentes son las de la expresión «Saint Urlo». Ellas solas componen el 80 % del contenido de los textos en francés moderno. Más adelante veremos cómo explotar esta propiedad para descifrar un texto cifrado, incluso si proviene de la novela *La disparition* redactado sin la letra E. (En España se publicó como *El secuestro* sin la letra A.)

En el caso del mensaje precedente, el mismo símbolo ⌊•⌋ (en segunda posición) aparece 10 veces sobre 39. Reemplazando ese símbolo por esta letra en el mensaje se obtiene:

71

⌣ E ⋁ ⋁ E    ⌐ E ⋁ ⌐⌐⌣ E    ⌣ E ⋁
⌞ ⌜ E ⌜ > E⌐ ⌣ E ⋁    E ⋁ ⋁    ⌣ > E
⌟ ⌟⌞ ⌞⊡ ⌞⊡⌐ ⌣⊡

Primera etapa del desciframiento. Las palabras comienzan a formarse, los espacios
entre ellas son de gran ayuda.

Después de ⌞ los símbolos más frecuentes son ⋁ y ⌣ (en tercera y onceava posición). Están representados cuatro veces. La posición duplicada del primero y enmarcada por dos E implica que se trata de una consonante. Los candidatos verosímiles son N, R, S y T. Veamos entonces esa eventualidad. La posición del segundo en una palabra de tres letras delante de una vocal E sugiere también una consonante L, M o D, puesto que T queda excluida en nuestra hipótesis.

Antes de continuar, detengámonos un instante en lo que puede parecer falta de rigor. Como ya hemos visto en el ejemplo de Étienne Bazeries, seleccionar una hipótesis entre varias posibles es muy corriente entre los descifradores. Únicamente el resultado final nos dirá si tuvimos razón o no. El descifre de textos pasa a menudo por ensayos de ese tipo. Sin embargo, no contabilizaremos nuestros eventuales ensayos infructuosos porque la regla es simple: cuando llegamos a una imposibilidad, damos marcha atrás. Si intentamos T y D, obtenemos:

⌣ E T T E    ⌐ E T ⌐⌐ D E    D E ⋁
⌞ ⌜ E ⌜ > E⌐ ⌣ E ⋁    E ⋁ T    D > E
⌟ ⌟⌞ ⌞⊡ ⌞⊡⌐ D⊡

Segunda etapa del descifrado.

La descomposición del mensaje en palabras es una gran ayuda. Un juego de adivinanzas permite encontrar el valor de algunos símbolos. Por ejemplo, la primera palabra es seguramente «cette» [esta] la última de la primera línea «des» y las dos últimas de la segunda «est due» [se debe]. Finalmente, el símbolo aislado ⌐ es probablemente la A. Entonces tenemos:

C E T T E     ⌐ E T  ⌐·⌐ D E     D E S

L· ⌐ E ⌐ U E ⌐ C E S     E S T     D U E

A   A ⌐· ⌐·⌐·⌐ ⌐ D ·⌐

*Tercera etapa de descifrado.*

Llegados a este punto, la solución es asunto de imaginación, la frase es muy corta para desplegar el método de las frecuencias en letras poco usuales. Aquí, de todas maneras, es fácil rellenar lo que falta. El mensaje significa:

> Cette méthode des frequences est due a Al-Kindi.
> [Debemos a Al-Kindi este método de frecuencias.]

Este pequeño ejemplo que inventamos muestra que basta con poseer algunas frases codificadas por ese tipo de cifrado para descubrirlo.

---

## LO QUE DEBEMOS DESCIFRAR:

**Mensaje de un criptólogo**
Un matemático te envía un mensaje:

> 2%& 573I?H%& M%I &9&E7E957%P C%P%?23?-
> G4E75? P% &%P &4D9I%&

Con la hipótesis de que sabes que el remitente habla de métodos de sustitución, ¿esta información te basta para romperlo?

---

## El más célebre

Este capítulo reagrupa algunos códigos que nunca se utilizaron en escenarios de guerra. Curiosamente, el cifrado más utilizado en la historia pertenece a esta categoría de códigos «pacifistas». ¿Sabes de qué código se trata? Una pista: seguro que sabes codificar la palabra SOS. Hablamos del Morse. La presencia del Morse en estas páginas podría parecer incongruente, porque no es un cifrado destinado a esconder el sentido del mensaje, pero a pesar de todo se trata de un código como cualquier otro.

| 1 | • E 12 % |
|---|---|
| 3 | • • I 7 % — T 9 % |
| 5 | • • • S 7 % • — A 7 % — • N 7 % |
| 7 | • • • • H 5 % • • — U 3 % • — • R 6 % — • • D 4 %— — M 3 % |
| 9 | • • • — V 1 % • • — • F 2 % • — • • L 4 % — • • • B 2 %• — — W 2 % — • — K 1 % — — • G 2 % |
| 11 | — • — • C 3 % • — — • P 2 % — • • — X 0,2 %— — • • Z 0,1 % |
| 13 | • — — — J 0,1 % — — • — Q 0,1 % — • — — Y 2 % |

Los códigos según su longitud. Las letras más frecuentes en inglés se encuentran todas en las tres primeras líneas. Luego, se encuentran algunas raras anomalías (C, L y Y).

Actualmente, el código Morse parece no tener ningún interés histórico, aunque se le reservaba parte del espectro radio. ¿Por qué? Simplemente, porque exige menos equipamiento que otras formas de comunicación por radio y es explotable con un ruido de fondo importante o una señal débil. Fue inventado por Samuel Morse (1791-1872) para transmitir mensajes por medio de señales eléctricas u ópticas. Utiliza dos señales: una larga y una breve, escritas como guion corto y guion largo. El más largo valía tres veces el pequeño y, en una misma letra, cada señal está separada de la siguiente por un silencio del largo de una señal breve. Así, la señal más breve (el punto, escrito *) vale una unidad de tiempo arbitraria (como una nota negra en música puede valer 1 punto), el más largo (el guion escrito __) vale 3 y dos breves seguidos de un largo valen 5.

La elección del código se realizó teniendo en cuenta esas longitudes: los caracteres más frecuentes en inglés son codificados por las señales más cortas. Así la vocal E, cuya frecuencia es de 12,56 % en inglés, corresponde a la señal más breve (*). Luego viene la letra T cuya frecuencia es del 9,15 % (--). El código se explica bastante bien construyendo el cuadro de códigos posibles según la longitud. Para que el cuadro sea leíble, nos limitamos a las letras del alfabeto.

## La escritura secreta de los francmasones

Volvamos ahora a los códigos secretos o, en todo caso, ¡a los que creyeron ser secretos! Un apartado sobre los códigos de los iniciados no podría eludir la hermandad más sospechosa de tener lazos con lo oculto y lo secreto: los francmasones. Los hermanos se comunicaban entre ellos por medio de un cifrado simple, tan rudimentario como el de los Templarios, hasta el siglo XIX. Sin embargo, algunas frases escritas con ese cifrado bastaban para romperlo. Es sorprendente que la hermandad haya tomado consciencia tan tardíamente, a pesar de que el método de las frecuencias databa del siglo IX. La razón es que resulta raro que los rompedores de códigos se enorgullezcan de sus hazañas (tampoco los espías dejan sus imprentas digitales en el objeto de su crimen) y, como vimos con el caballero de Rohan, los fanfarrones raramente son verdaderos descodificadores.

Los francmasones llamaban a su código tan poco secreto Pig-Pen, el «corral de los cerdos» en inglés. Se fundaba en figuras geométricas simples, cuadrículas con apariencia de cercado para cerdos, de ahí su nombre, que también era un guiño al Big Ben, la gran campana del palacio de Westminster. Ese cifrado, como el de los Templarios, tenía la ventaja de ser fácil de recordar.

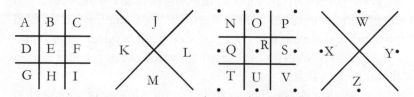

Cifrado de los francmasones, llamado Pig-Pen.

---

LO QUE DEBEMOS DESCIFRAR:

**Un mensaje masónico**
He aquí un mensaje masónico:

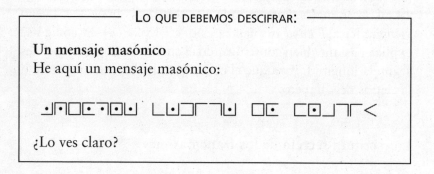

¿Lo ves claro?

---

Los diversos archivos, como el de la ciudad de Estrasburgo —tuve un acceso privilegiado, para una valoración, de su rico fondo de documentos cifrados—, contienen códigos un poco más elaborados, aunque del mismo tipo, donde la grafía semeja a los cifrados de los Templarios y de los francmasones. El que les presentamos data de 1627: concierne al proceso por brujería de Séraphin Hénot (sí, para fabricar una defensa en justicia, puede hacer falta el secreto), secretario íntimo del archiduque Leopoldo de Austria, obispo de Estrasburgo. Como podrás constatarlo tú mismo, aparte de las letras del alfabeto, el cifrado prevé también la codificación de algunos dígrafos, como FF y algunas palabras o nombres corrientes (cuyo conjunto constituye lo que se llama nomenclátor, ver aquí abajo). Añadir esos signos mejora la solidez de ese tipo de cifrado, pero no por ello lo hace indescifrable, faltaba más. Esos cifrados «mejorados» siguen siendo muy frágiles, como veremos más adelante.

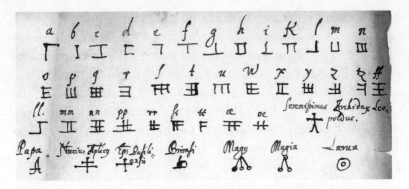

El cifrado del caso Hénot, fechado en 1627 y conservado en los archivos de Estrasburgo: una sustitución alfabética simple, con cifrado de dígrafos y nomenclátor (las dos líneas de abajo).

La ventaja del cifrado de los francmasones es que el descifrado de un mensaje resulta fácil. ¡El problema es que romperlo es apenas más complicado! Creamos un cifrado del mismo tipo para convencerte: los puntos están reemplazados por cuadrados, círculos y estrellas (ver aquí abajo *Un mensaje para ti*). Por supuesto, el trabajo exige un poco de tiempo y cálculos para aplicar el método de las frecuencias.

---

### LO QUE DEBEMOS DESCIFRAR:

**Un mensaje para ti**
He aquí un mensaje escrito con un método digno de los francmasones:

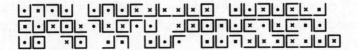

¡Te toca descifrarlo!

---

## El misterio del escarabajo de oro

Una isla cubierta de densa maleza, un viejo pergamino escrito con tinta invisible, un tesoro escondido: todos los ingredientes de una buena y antigua historia de piratas que huele a ron están reunidas en el cuento *El escarabajo de oro*, de Edgar Allan Poe. Además ¡hay un código por descifrar! ¿Por qué citar aquí a Edgar Poe? Porque su cuento contribuyó mucho a popularizar los códigos secretos a mediados del siglo XIX y a extender su aura de misterio. Poe (1809-1849) dominaba a la perfección el arte de descifrar los códigos como los de los capítulos precedentes, sin duda, herencia de sus estudios en West Point, la Academia Militar de Estados Unidos.

Cuando colaboraba con un periódico de Filadelfia, el *Alexander's Weekly Messenger*, lanzó un desafío a los lectores, ¡afirmando que sería capaz de descifrar todos los textos codificados! Cientos de lectores le enviaron criptogramas y los únicos que no consiguió descifrar fueron aquellos donde las letras simplemente estaban dispuestas al azar. Explicó luego su método en *El escarabajo de oro*. Consiste en una mezcla de análisis de las frecuencias y de la búsqueda de las palabras probables. He aquí el mensaje secreto del cuento:

53‡‡†305))6*;4826)4‡.)4‡);806*;48†8
¶60))85;1‡(;:‡*8†83(88)5*†;46(;88*96
*?;8)*‡(;485);5*†2:*‡(;4956*2(5*—4)8
¶8*;4069285);)6†8)4‡‡;1(‡9;48081;8:8‡
1;48†85;4)485†528806*81(‡9;48;(88;4
(‡?34;48)4‡;161;:188;‡?;

Este mensaje contiene 20 símbolos diferentes, y el héroe calcula primero las frecuencias para compararlas con las frecuencias medias en inglés.

| 8 | ; | 4 | ‡ | ) | * | 5 | 6 | ( | † |
|------|------|-----|-----|-----|-----|-----|-----|-----|-----|
| 16,3 | 12,8 | 9,4 | 7,9 | 7,9 | 6,4 | 5,9 | 5,4 | 4,9 | 3,9 |
| 1 | 0 | 2 | 9 | 3 | ? | ¶ | : | . | — |
| 3,9 | 3,0 | 2,5 | 2,5 | 2,0 | 2,0 | 1,5 | 1,0 | 0,5 | 0,5 |

Frecuencias de los símbolos en el texto.

| A | B | C | D | E | F | G | H | I | J | K | L | M |
|---|---|---|---|---|---|---|---|---|---|---|---|---|
| 8,1 | 1,7 | 3,2 | 4,0 | 12,6 | 2,2 | 1,8 | 5,3 | 7,2 | 0,1 | 0,6 | 4,0 | 2,6 |

| N | O | P | Q | R | S | T | U | V | W | X | Y | Z |
|---|---|---|---|---|---|---|---|---|---|---|---|---|
| 7,4 | 7,5 | 1,9 | 0,1 | 6,4 | 6,6 | 9,1 | 2,8 | 1,0 | 1,9 | 0,2 | 1,6 | 0,1 |

Frecuencias de las letras en inglés.

Esta comparación no es concluyente más que para la letra más frecuente, E (8). El personaje de Poe explota entonces el método de la palabra probable, remarcando que la palabra inglesa más utilizada es el artículo «THE». Busca entonces las repeticiones de tres símbolos que terminan por 8. Encuentra la serie de tres símbolos «;48» siete veces:

53‡‡†305))6*;4826)4‡.)4‡);806*;48†8
¶60))85;1‡(;:‡*8†83(88)5*†;46(;88*96
*?;8)*‡(;485);5*†2:*‡(;4956*2(5*—4)8
¶8*;4069285);)6†8)4‡‡;1(‡9;48081;8:8‡
1;48†85;4)485†528806*81(‡9;48;(88;4
(‡?34;48)4‡;161;:188;‡?;

La descodificación propiamente dicha puede comenzar:

53‡‡†305))6*THE26)H‡.)H‡)TE06*THE†E
¶60))E5T 1‡(T:‡*E†E3(EE)5*†TH6(TEE*96
*?TE)*‡(THE5)T 5*†2:*‡(TH956*2(5*—H) E
¶E*TH0692E5)T)6†E)H‡‡T1(‡9THE0E1TE: E‡
1THE†E5TH)HE5†52EE06*81(‡9THET(EETH
(‡?3HTHE)H‡ T161T:1EET‡?T

El héroe comienza entonces con las secuencias en las que se conocen la mayoría de las letras, como «THEET(EETH)». Algunos intentos le muestran entonces que el símbolo " ( " designa la letra R. El mensaje se precisa, lo que lo lleva a realizar otros intentos y así continúa. Finalmente, llega a la solución:

A good glass in the bishop's hostel in the devil's seat forty-one degrees and thirteen minutes northeast and by north main branch seventh limb east side shoot from the left eye of the death's-head a bee line from the tree through the shot fifty feet out.

Es decir, en la traducción española del texto:

Una buena copa en el hotel del obispo en la silla del diablo cuarenta y un grados y trece minutos nordeste cuarto de norte principal tallo séptima rama lado este tire del ojo izquierdo de la calavera una línea de abeja del árbol a través del tiro cincuenta pies afuera.

---

## LO QUE DEBEMOS DESCIFRAR:

### Los bailarines

He aquí un mensaje escrito con el código de los bailarines de Conan Doyle:

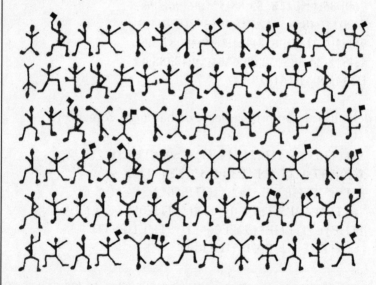

¿Qué significa?

---

Encontraremos a menudo entre los criptólogos este método que asocia cálculos matemáticos y conjeturas lingüísticas. En *Los bailarines* de Conan Doyle, Sherlock Homes recurre a la misma técnica para descifrar un mensaje codificado por sustitución alfabética, sabiendo que el detective dispone además de un índice: una banderita que marca el final de cada palabra. En ese caso, la sustitución tiene, además, una virtud esteganográfica. Al ver el mensaje codificado, se podría creer a primera vista (como el doctor Watson en la novela) que son dibujos de un niño.

Entre los escritores que se interesaron por la criptografía, debemos citar a Julio Verne, que utilizó en sus textos métodos más elaborados, como lo muestra el capítulo 8 sobre las sustituciones polialfabéticas y el capítulo 6 sobre los cifrados por transposición.

## Acrósticos y otras fantasías crípticas

Como los novelistas, los poetas también intentaron disimular mensajes en el interior de sus obras. Si, en realidad, no manipularon los códigos secretos, su método se inspira en ellos (de hecho, semeja más directamente a la técnica de la esteganografía). Fíjate, por ejemplo, cómo ese famoso panfleto de la Segunda Guerra Mundial esconde su verdadera intención, detrás de estas loas dirigidas a Hitler.

| | |
|---|---|
| Amemos y admiremos | al canciller Hitler |
| A la eterna Inglaterra | es indigno de vivir |
| Maldiguemos, aplastemos | al pueblo de ultramar |
| El nazi en la tierra | será el único sobreviviente |
| Seamos el sostén | del Führer alemán |
| De esos navegantes | la raza será maldita |
| Solo a ellos pertenece | ese justo castigo |
| La palma del vencedor | responde al verdadero mérito |

La lectura, línea por línea, da un mensaje colaboracionista. «¡Amemos y admiremos al canciller Hitler!», pero leído por columna es un apoyo a la corona británica. «Amemos y admiremos a la eterna Inglaterra.»

Para librar un mensaje, los poetas también han practicado el acróstico, un tipo de poema en el que las primeras letras de cada verso pueden leerse verticalmente. El más célebre es de Pierre Corneille, en *Horacio*:

> S'attacher au combat contre un autre soi-même,
> Attaquer un parti qui prend pour défenseur
> Le frère d'une femme et l'amant d'une soeur,
> Et rompant tous ces noeuds, s'armer pour la patrie
> Contre un sang qu'on voudrait racheter de sa vie,
> Une telle vertu n'appartenait qu'à nous;
> L'éclat de son grand nom lui fait peu de jaloux,

> *Salir a combatir contra otro que es uno*
> *Atacar a un partido que tiene defensores:*
> *La amante de una noche, el hermano de otra*
> *Elegir la renuncia y armarse por la patria*
> *Contra una sangre que te quema la vida*
> *Una virtud tan grande y que nos pertenece*
> *La gloria de su nombre aleja a los celosos.*

La presencia de ese «sale cul» [culo sucio] al comienzo de los versos es difícil de atribuir a la casualidad, sobre todo porque reviste un sentido en el contexto del poema y la actitud de Horacio era inhumana. Su pareja más cómica se la debemos, sin duda, a Henry-Gauthier-Villars, apodado Willy, ese periodista, crítico musical y novelista que fuera el primer marido de Colette. Después de tener problemas con el director del periódico ginebrino llamado Charles Hubacher (su identidad tiene importancia), que lo había tratado de «bellaco del Moulin-Rouge», Willy tomó la revancha enviando bajo seudónimo el siguiente soneto a un periódico pacifista francés, que lo publicó de inmediato. Sin pedir la autorización del autor, Hubacher lo reprodujo en su periódico, cayendo, sin saberlo, en la trampa del periodista.

Hélas! À chaque instant, le mal terrible empire!
Un cyclone de haine et de férocité
Bouleverse les champs, ravage la cité,
À flots coule le sang sous les dents du vampire.
Cruauté d'autrefois! Cet ancestral délire,
Honnis soient les bandits qui l'ont ressuscité,
Et honte à ceux dont la cruelle surdité
Refuse d'écouter la pacifique lyre.
C'est assez de combats, de furie et de deuil,
Rien ne demeurera si nul ne s'interpose
Entre les ennemis qu'enivre un même orgueil.
Toute raison à la Raison est-elle close?
Impuissante, se peut-il que sur l'âpre écueil,
Nous laissions se briser notre nef grandiose?

*¡Horror! A cada instante el mal terrible crece*
*Un ciclón de odio y de ferocidad*
*Barrena las llanuras, asuela la ciudad*
*A borbotones escupen sangre los dientes del vampiro*
*Crueldad de un tiempo antiguo ese ancestral delirio*
*Herejes los bandidos que lo han resucitado*
*El desdén por aquellos cuya crueldad sorda*
*Rechaza hasta el sonido de la lira pacífica*
*Colmada de combates, de furias y de duelo*
*Raro que algo perdure si nadie se interpone*
*Entre dos enemigos ebrios de un mismo orgullo*
*Toda razón a la razón ignora*
*Impotentes, ¿es posible que contra un áspero escollo*
*No seamos capaces de salvar nuestra nave?*
*¡Oh!*

Charles Hubacher acababa de publicar un poema cuyas iniciales formaban el mensaje: «Hubacher cretino». Y, sin inquietarse por la verdadera identidad del autor, aportaba la prueba de esta afirmación. Para terminar con el asunto de los acrósticos, he aquí una adaptación sobre el tema de este libro.

Hackers, décodeurs, décrypteurs,
Espions, anonymes masqués,
Redoutables chapardeurs,
Voilés d'opaques étiquettes,
Énigmatiques, et quantiques, vos réseaux
Libèrent aussi les mauvais chiffres
Égarent les sots et même les oiseaux.
Hachant à coups de griffes
Nombres, pétroglyphes et argots
Isolant au coeur le message
Nébuleuse d'asymétriques codages
Génie acquis ou vieil héritage?[1]

*Hackers, descodificadores, descifradores*
*Espías, enmascarados anónimos*
*Renombrados ladronzuelos*
*Velados tras etiquetas opacas*
*Enigmáticas y cuánticas, sus redes*
*Liberan también las cifras equivocadas*
*Equivocan a tontos e incluso a pájaros, con*
*Hachazos que parecen la obra de unas garras*
*Números, petroglifos y germanía*
*Individualizan en su núcleo el mensaje*
*Nebuloso por su codificación asimétrica*
*Genialidad aprendida ¿o antigua herencia?*

Un corto desvío por los cómics: Hergé utiliza un procedimiento comparable en *El loto azul*. Tintín capta por radio el mensaje *a priori* incomprensible que sigue:

Entrada viajero mosca merced cancán cianuro a lata estera cubierto chato seta maza nada? encuentro tranvía tela.

Tintín acaba por encontrar la clave para descifrar ese mensaje: basta con tomar las dos primeras letras de cada palabra. Al ha-

1 Acróstico del nombre del autor de este libro.

cerlo, él obtiene: «Enviamos mercancía, a la escucha la semana entrante».

Por supuesto, es fácil de imaginar muchos códigos de ese tipo, unos más frágiles que otros.

---

### LO QUE DEBEMOS DESCIFRAR:

**Tintinofilia**
He aquí un mensaje digno de Tintín:

> De Charles Ifrah,
> Desde siempre francamente R estábamos unidos transversalmente B ajonjolí largos bonitas risas O sonámbulos.

¿Qué está diciendo?

---

## Los códigos de los enamorados

Es difícil terminar este tema sin citar el célebre poema atribuido a George Sand y destinado a Alfred de Musset. De hecho, se trataría de un canular de finales del siglo XIX, pero eso no quita su eficacia.

> Cher ami,
> Je suis très émue de vous dire que j'ai
> bien compris l'autre soir que vous aviez
> toujours une envie folle de me faire
> danser. Je garde le souvenir de votre
> baiser et je voudrais bien que ce soit
> une preuve que je puisse être aimée
> par vous. Je suis prête à vous montrer mon
> affection toute désintéressée et sans calcul,
> et si vous voulez me voir ainsi
> vous dévoiler sans artifice mon âme
> toute nue, venez me faire visite.
> Nous causerons et en amis, franchement,
> je vous prouverai que je suis la femme

sincère, capable de vous offrir l'affection
la plus profonde comme la plus étroite
amitié, en un mot la meilleure épouse
dont vous puissiez rêver, puisque votre
âme est libre. Pensez que l'abandon où je
vis est bien long, bien dur et souvent bien
insupportable. Mon chagrin est trop
gros. Accourrez bien vite et venez me le
faire oublier. À vous je veux me sou-
mettre entièrement.
Votre poupée.

*Muy emocionada se lo digo: tengo
entendido que la otra noche usted tuvo
siempre unas ganas locas de hacerme
bailar. Recuerdo su manera de
enlazar y me gustaría mucho que fuera
una prueba de que yo puedo ser amada
por usted. Estoy dispuesta a exhibirme
con afecto desinteresado y sin cálculo,
y si usted quiere verme
desvelar sin artificios mi alma
desnuda, decídase a visitarme.
Charlaremos como amigos, abiertamente.
Me verá tal como soy: una mujer
sincera, presta a ofrecerle una afección
de lo más profunda, pero también la más estrecha
amistad, en una palabra la mejor esposa
que usted pueda soñar. Porque su
espíritu es libre. Piense en mi abandono que, lo re-
pito es bien largo, tan duro y a menudo tan
insoportable. Mi dolor es muy
grande. Venga a mí sin demora, para
que olvide y pueda, del amor
penetrarme.
Su muñeca.*

La carta romántica se vuelve muy distinta si se lee una línea de cada dos. Por supuesto, el canular no termina allí: la respuesta de Alfred de Musset es igualmente interesante, sobre todo porque él mismo precisa cómo descifrarla.

Quand je mets à vos pieds un éternel hommage,
Voulez-vous qu'un instant je change de visage?
Vous avez capturé les sentiments d'un coeur
Que pour vous adorer forma le Créateur.
Je vous chéris, amour, et ma plume en délire
Couche sur le papier ce que je n'ose dire.
Avec soin, de mes vers lisez les premiers mots
Vous saurez quel remède apporter à mes maux.
Alfred de Musset

*Cuando yo me prosterno en eterno homenaje,*
*¿Quieres que en un momento modifique mi rostro?*
*Tú que has turbado los sentidos de un hombre*
*Que dios sembró en su corazón, solo para quererte*
*Yo, que muero de amor con mi pluma en delirio*
*Te escribo con palabras que no puedo decirte*
*Haga tu vista caso de la primera; el verso, vale para*
*Gozar, reunidos, del único bálsamo a mis males.*

La respuesta de George Sand es corta y utiliza la regla dada por Musset:

Cette insigne faveur que votre coeur réclame
Nuit à ma renommée et répugne à mon âme.
George Sand

*Esta valiosa ayuda que su corazón reclama*
*Noche a noche me altera y repugna a mi alma.*
*George Sand*

## El código de los abanicos

Los códigos secretos pueden convertirse también en un medio de comunicación, en el mundo físico. En la época en que las jovencitas de la corte de España estaban muy vigiladas, inventaron un código fundado en la posición y los movimientos de sus abanicos, que entonces se convertían en instrumento de seducción. Colocar un abanico sobre el corazón significaba «Te ganaste mi amor», mientras que colocarlo sobre los labios indicaba «Bésame».

*Dama con abanico*, Gustav Klimt (1862-1918). La manera de sujetar el abanico significa «Te ganaste mi amor». La historia no cuenta si Klimt lo colocó así voluntariamente.

| | |
|---|---|
| abanicarse lentamente | Estoy casada |
| ...rápidamente | Estoy comprometida |
| Dejar el abanico reposar sobre la mejilla izquierda | Sí |
| ... sobre la mejilla derecha | No |
| Mantener el abanico sobre la oreja izquierda | Déjame tranquila |
| Girar el abanico con la mano derecha | Amo a otro |
| ...con la mano izquierda | Nos vigilan |
| Tocar con el dedo la parte de arriba | Quisiera hablarte |
| Bajar el abanico, dejarlo colgando | Seremos amigos |
| Colocarlo delante del rostro con la mano izquierda | ¿En qué piensas? |
| ...con la mano derecha | Sígueme |
| El abanico colocado cerca del corazón | Te ganaste mi amor |
| Esconder los ojos detrás del abanico abierto | Te quiero |
| Dejar el abanico cerrado | ¿Me quieres? |
| Deslizarlo sobre la mejilla hasta el mentón | Te amo |
| Llevar el abanico abierto en la mano derecha | Estoy muy enamorada |
| Colocar el abanico sobre los labios | Bésame |
| Girar el abanico con la mano izquierda | Nos miran |
| Cerrarlo completamente abierto, lentamente | Te prometo casarme contigo |
| Cerrarlo tocándose el ojo derecho | ¿Cuándo podré verte? |
| El número de varillas abiertas da | la respuesta a la pregunta |
| Movimiento amenazante, abanico cerrado | No seas imprudente |
| Colocarlo abierto delante de la oreja izquierda | Esconde nuestro secreto |
| Acercar el abanico alrededor de los ojos | Lo siento mucho |
| Abrir y cerrar el abanico varias veces | Eres muy cruel |
| Las manos juntas sobre el abanico abierto | ¡Olvídame! |
| El abanico detrás de la cabeza, dedos tensos | Hasta pronto, adiós |
| Mover el abanico entre las manos | Te detesto |

Algunos códigos del abanico.

Existían una treintena de códigos, los suficientes para demostrar sus sentimientos y sus deseos. El conocimiento de esos códigos es útil para comprender algunas películas, aun si las mímicas sugieren a veces el mensaje. Se trata de una especie de criptología gestual.

## Las germanías y las jergas

De un tipo diferente, las germanías y las jergas constituyen una especie de criptología oral. Se trata de comunicar dentro de una comunidad profesional, estudiantil, religiosa, étnica o familiar, con la ambición de esconder una parte del sentido de sus palabras a las personas de fuera. Por ejemplo, «¡Llueve!» significa en algunos argots «¡Cuidado, peligro!» (ese sentido parece natural porque hay que cubrirse en caso de lluvia). En el argot masónico, esta expresión, por el contrario, expresa un rechazo (la relación con la lluvia está más alejada en este caso). La idea puede servir a una pareja para comunicar discretamente en una velada con amigos, como Myr y Myroska, que vimos en el capítulo anterior. Cada uno es libre de inventarse sus códigos y su germanía para un uso restringido.

Una de las formas de finales del siglo xx fue el *verlan*, que consiste en pronunciar las palabras al revés, invirtiendo el orden de las sílabas. Los monosílabos como «fou» (loco, en francés) se convierten en «ouf». Todas las palabras no se dan vuelta, como en «laisse beton» que significa «laisse tomber» [déjalo correr] en francés. La clave de ese idioma es tan simple que todo el mundo lo comprende. Su uso es más bien un marcador identitario antes de una verdadera voluntad de ocultarse.

Algunas palabras al revés, como «beur», derivado de «árabe» casi han llegado a la lengua cotidiana. Sin duda, ese deslizamiento se explica por la inexistencia de un término equivalente en francés corriente. Efectivamente, «beur» ha tomado el sentido de «joven árabe nacido en Francia de padres magrebíes inmigrantes», y no árabe a secas.

Con este ejemplo, vemos que el francés es permeable a la jerga y que esta última no tiene un papel críptico. Para ser una lengua

LOS CÓDIGOS DE LOS INICIADOS

escondida, tiene que ser móvil. El hermetismo se encuentra mezclando palabras de origen diverso, árabe o inglés con frecuencia en nuestros días, y jergas con clave, como el javanés.

## El javanés

El javanés es otra lengua con clave —nada que ver con la lengua de Java. Se trata de una germanía francesa, inventada en la segunda mitad del siglo XIX. Según algunos historiadores, habría sido empleada en la calle por las prostitutas y los maleantes. Se construye insertando la silaba suplementaria «av» entre vocales y consonantes, así como delante de la palabra que comienza por una vocal. Así, «grosse» [gorda] se vuelve «gravosse», como lo saben los lectores de San-Antonio. Aquí, la «e» muda es desdeñada como se debe. Esta regla sufre de una excepción con la «y». Si está seguida por una vocal, se le trata como una consonante; «moyen» se vuelve «mavoyaven». Si bien se pronuncia como una «i», se le trata como una consonante seguida de la vocal «i»: la palabra «pays» [país] queda codificada «pavayavis». Así, «parler en javanais est une façon de cifrer son message» [hablar en javanés es una manera de cifrar su mensaje] se convierte en «pararlaver aven javavanavais avest avunave favaçavon dave chaviffraver savon mavessavagave».

---

#### Lo que debemos descifrar:

### La lengua de fuego

He aquí un mensaje escrito en un javanés modificado, la lengua de fuego:

Cafomprafendafer lafa lafengafua dafe fafuegafo afes dafifaficafil

¿Conseguiste descifrarlo?

---

91

Las variantes son innumerables. Una posibilidad es mezclar *verlan* y javanés o, peor aún, la zorglangue inventada por André Franquin (1924-1997), el padre de Spirou y de Gaston Lagaffe (personajes del cómic francés), para su personaje del sabio loco, el innoble Zorglub. Consiste en escribir las palabras completamente al revés. Así «viva Zorglub» se convierte en «aviv Bulgroz». La combinación de las dos es el sianavaj (javanés al revés), lengua difícil de dominar. Existen otras combinaciones como el largonji. Largonji significa «jargon» [jerga] en largonji. Esa palabra describe por sí misma el procedimiento del cifrado: la primera letra, si es una consonante, se reemplaza por una «l», la inicial se desplaza al final y sirve de punto de partida a un sufijo que parte de la palabra de la letra («ji» por «j», «be» por «b»). De esa manera «fou» [loco en francés] se dice «louf», lo que ha dado «loufoque» [estrafalario], que entró en la lengua francesa corriente.

---

### LO QUE DEBEMOS DESCIFRAR:

**El sianavaj**

He aquí un mensaje escrito en sianavaj:

Ravalbavah lave javavavanaves save odavacavilaved, olravednaverpmavoc aivavadavot savam

¿Sabes traducirlo en claro?

---

## El navajo, el choctaw... y el bretón

A veces es inútil inventar nuevas lenguas para comunicar secretamente: bastan las lenguas que ya existen. Cada uno de nosotros lo ha vivido un día u otro: la mejor manera de no ser comprendido en medio de la multitud es hablar en una lengua extranjera. El ejército norteamericano utilizó ese principio durante la Segunda Guerra Mundial: tuvo la idea de contratar a 400 indios navajos para las transmisiones en el campo de batalla. Incluso los indios de otras etnias eran incapaces de comprender el navajo. Además, las autoridades notaron que ningún lingüista extranjero había viajado a suelo norteamericano para aprenderlo. Por eso era poco probable que alguien pudiera comprenderlos, aparte de los mismos navajos y un puñado de lingüistas estadounidenses.

El ejército tuvo que enriquecer la lengua de los navajos con términos militares como «cañón», «tanque», «bomba», etcétera.

Puesto que se expresaban en su propia lengua, los navajos constituían codificadores mucho más eficaces en las situaciones de combate que cualquier otra persona ocupada en el cifrado, que debía primero cifrar sus mensajes antes de enviarlos en Morse, mensajes que debían ser traducidos en el otro punto de recepción. Sin tener en cuenta que, con la angustia del campo de batalla, los cifradores tradicionales cometían errores. El tiempo ganado gracias a los codificadores navajos podía ser vital para las unidades de combate. Fueron desplegados en la guerra del Pacífico contra el ejército japonés, que no comprendía su lengua. Su acción estaba cubierta por el secreto de defensa y, como siempre en este tema, solo se les reconoció tardíamente.

Dos indios navajos alistados por el ejército estadounidense transmiten por radio las órdenes en su lengua materna (julio de 1943). Por su complejidad, el idioma navajo sirvió como código secreto a los estadounidenses durante la Segunda Guerra Mundial.

Sobre este punto, el uso de locutores especializados en tiempos de guerra no tiene nada de original. El ejército francés utilizó a los bretones durante la guerra de Indochina. Asimismo, los estadounidenses utilizaron a los choctaw, una tribu amerindia que vivía al sudeste de Estados Unidos, durante la Primera Guerra Mundial y luego en la Segunda, pero la historia ha retenido en ese papel, sobre todo, a los navajos.

## La lengua de los pájaros

Si reflexionamos bien, no hay necesidad de apelar a las lenguas extranjeras o a los dialectos para cifrar los mensajes. Si jugamos con las homofonías, es decir con la sonoridad de las palabras, es posible disfrazar los mensajes en el interior mismo de la lengua corriente. Esta práctica antigua —los alquimistas recurrieron a ella— lleva el nombre de lengua de los pájaros. ¿Por qué una referencia a estos animales? Porque, en la antigüedad, los pájaros eran vistos como mensajeros de los dioses. Se observaba su vuelo y se escuchaba su canto para predecir el futuro.

¿Algunos ejemplos de la lengua de los pájaros? Toma la frase en francés «Ce message ne peut être compris que par des saints» [Este mensaje solo pueden comprenderlo los santos]. Su final se puede escuchar de diferentes maneras: saints [santos], dessins [dibujos] o desseins [intenciones]. De la misma forma, la expresión «au-delà des mots» [más allá de las palabras] puede escucharse como «au-delà des maux» [más allá de las enfermedades] y «la mère l'oie» [la madre gansa] como «l'amère loi» [la ley amarga].

El francés está lleno de homofonías posibles: mal, mâle, maux, mots [mal, macho, enfermedades, palabras]; seins, seing [senos, firma]; sot, seau, sceau [tonto, cubo, sello]; chat, chas, shah [gato, ojo de la aguja, sha], etc. Es así como en la Edad Media se utilizó la palabra chat [gato] para el sexo femenino, por identificación con el chas [ojo de la aguja] que designa el agujero de la aguja. La palabra chat se feminizó e incluso se familiarizó (en chatte), como ilustran las declaraciones de cierto presidente estadounidense.

Podemos multiplicar hasta el infinito los ejemplos de lo que puede ser un juego, con o sin voluntad de esconder, como el nombre del hotel Au Lyon d'Or [El León de Oro], que puede leerse «au lit on dort» [en la cama se duerme]. O ese texto «un mets sage se crée» [una comida sana o se crea un mensaje] o el art goth, todo salvo arte gótico [en germanía]. Esta manera de jugar con las palabras nos hace pensar en Jacques Lacan (1901-1981) para quien el inconsciente se expresaría a través de ese tipo de doble sentido. El mejor ejemplo fue esa conversación entre él y un paciente: «Je persevère... Vous avez dit père sévère?» [Lo intento o persevero... ¿ha dicho usted un padre severo?]. Entre los pájaros mensajeros de los dioses y el inconsciente, solo hay un paso y el anuncio de un tumeur [«tumor», pero en francés también, «te mueres»] no puede hacerse a la ligera.

## Los SMS

¿Estás leyendo este libro con tu celular cerca? Si es así, ¿cuántas veces has interrumpido la lectura para responder a un mensaje? Hay muchas posibilidades de que, al hacerlo, hayas hablado el «pájaro» sin saberlo. El lenguaje SMS (Short Message Service) se inspira en parte en la lengua de los pájaros.

No para las abreviaturas simples como NS (no sé), ADV (asco de vida) o NTC (no te creo), sino para las que se entienden por su pronunciación, «k» (qué), «d» (de), «pk» (por qué), «akí» (aquí), «h» (hora), «sy» (soy), «kja» (caja), «lgo» (luego), «hbmos» (hablamos), «Xo» (pero), «dcs» (dices), «dnd» (donde), «xa» (para), «stoy» (estoy), «stas» (estás), «kieres» (quieres) o «kien» (quién), con las que podríamos obtener intercambios sibilinos como: «dnd stas, pk yo ya stoy akí xo si kieres hbmos lgo» (¿Dónde estás? porque yo ya estoy aquí, pero si quieres hablamos luego). El colmo de la elegancia concierne a los SMS de ruptura, hasta el punto que se han organizado concursos sobre el tema, pero quizá más vale ser claro y breve para que el final sea menos doloroso: «jtm+by» (je t'aime plus, bye bye) [ya no te quiero, adiós].

# 4

# LOS CIFRADOS POR SUSTITUCIÓN

Los capítulos precedentes eran un aperitivo, un panorama histórico y plural de los métodos de cifrado. ¡Ahora se terminó el recreo! Para convertirse en un verdadero descifrador aficionado llegó el momento de entrar un poco más en el secreto de los códigos secretos. Particularmente, los que más nos interesarán serán los cifrados por sustitución. ¿Recuerdan a César cifrando sus mensajes para que no cayeran en manos de los bárbaros germánicos? Los diferentes cifrados que veremos son extensiones más o menos sofisticadas de su código, que consiste en reemplazar cada letra por un símbolo. Pero no te preocupes, el placer del juego intelectual nunca se alejará de nuestro camino. Incluso cuando un asesino en serie nos desafíe.

## Ave César

La idea de sustituir símbolos por letras viene de la antigüedad, puesto que Julio César ya cifraba con este método, como ya hemos visto. Si lo generalizamos, el cifrado de César consiste en desplazar las letras del mensaje de una manera convenida anteriormente. El método de las frecuencias de Al-Kindi permite descifrarlo rápidamente, si partimos del principio de que la letra más frecuente es la vocal E (en francés y en inglés, en castellano es la A). Precisemos esta idea en el mensaje siguiente:

QFGQYQZFNVQQFRAOUXPQPQFOURENE

La letra más frecuente es la Q, que debe representar la E, si ese mensaje fue cifrado por un César (el cifrado, no la persona). El desplazamiento es entonces de 13 letras. Aplicando la regla al revés, encontramos:

ESTEMENSAJEESFACILDEDESCIFRAR

El hecho de que esta frase tenga un sentido muestra que nuestra hipótesis es correcta. Ese cifrado se llama Rot13 (rotación de 13), porque se trata de una rotación, más que un desplazamiento, de 13 letras. ¿Por qué una rotación? Para comprenderlo, representa las letras en un círculo. Las 26 letras corresponden al ángulo total de 360° (ver la figura siguiente).

Rot13 equivale a la simetría con relación al centro. ¿Comprendido?

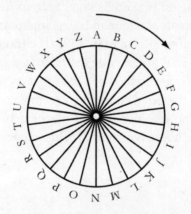

El desplazamiento en el cifrado de César corresponde a una rotación. Si las letras están escritas en un círculo dividido en 26 partes iguales, un desplazamiento de 1 corresponde a una rotación de una parte, un desplazamiento de 2 a una rotación de 2 partes, etc. Una rotación de 13 corresponde a la simetría con relación al centro. Si se le aplica dos veces, se vuelve a la letra inicial. Cifrado y descifrado se realizan de la misma manera.

Puesto que Rot13 vuelve a la simetría de una letra en el círculo, para descifrar un mensaje habrá que aplicarla otra vez. Dos simetrías centrales llevan al punto de partida. La ventaja del Rot13 con respecto a cualquier otra rotación es evidente: el cifrado y el descifrado se realizan de la misma manera.

Esta particularidad hace que ese cifrado, fácil de descodificar, sea utilizado para esconder algunos mensajes en internet. Por supuesto, no puede servir seriamente para guardar un secreto, pero es interesante para no desvelar demasiado pronto las soluciones de un juego, el final de una película o revelar la intriga de una serie. Su uso es entonces idéntico a las indicaciones que damos al final de este libro, como solución a los juegos LQDD.

---

LO QUE DEBEMOS DESCIFRAR:

**Los cifrados de Hervé y Hèléne**

Hélène y Hervé tienen un cifrado cada uno. He aquí uno de sus intercambios:

GMXEIOHSPMQKSEOEWSQGIFIWSW.
HIEGYIHSFIWSW

¿Qué se dicen?

---

LO QUE DEBEMOS DESCIFRAR:

**El cifrado de Cassis**

El criptograma que sigue fue cifrado por medio del código de Cassis:

24041522 22 072214 2404092410 0009 0007 0710242207

¿Sabrás leerlo?

---

**El gran lío**

¿Y si el alfabeto de sustitución no fuera el alfabeto clásico bien ordenado?

¿Y si se reemplazaran las letras del alfabeto echándolas en una bolsa de *scrabble* y tomándolas una a una al azar? Ese cifrado seguiría siendo una sustitución alfabética? Imaginemos que nuestro alfabeto de reemplazo fuera MOTIZNGYLWFH-JCSXRBDKVPQAUE (advertirás que cada letra figura exactamente una sola vez, ni más ni menos). La regla de sustitución asociada es la siguiente: a A hacemos corresponder M, a B la O, etcétera. Puede escribirse así en un cuadro.

| A | B | C | D | E | F | G | H | I | J | K | L | M |
|---|---|---|---|---|---|---|---|---|---|---|---|---|
| M | O | T | I | Z | N | G | Y | L | W | F | H | J |
|   |   |   |   |   |   |   |   |   |   |   |   |   |
| N | O | P | Q | R | S | T | U | V | W | X | Y | Z |
| C | S | X | R | B | D | K | V | P | Q | A | U | E |

Una sustitución alfabética consiste en escribir el alfabeto en un orden diferente.
Aquí, las letras de la primera línea corresponden a las de la segunda.

La regla de aplicación de ese cifrado es que cada letra de la primera línea debe ser reemplazada por la letra correspondiente de la segunda línea. El cifrado de la frase «voici comment coder» [así se puede cifrar] puede hacerse en un cuadro:

| A | S | I | S | E |   |   |   |   |   |
|---|---|---|---|---|---|---|---|---|---|
| X | O | M | O | K |   |   |   |   |   |
|   |   |   |   |   |   |   |   |   |   |
| P | U | E | D | E | C | I | F | R | A | R |
| V | Y | Z | S | Z | N | D | K | Q | X | Q |

Ejemplo de cifrado: el texto en claro figura en la primera línea,
el texto cifrado en la segunda.

Para descifrar el mensaje, basta con leer el cuadro al revés, lo que es más simple aún si construimos un nuevo cuadro:

| A | B | C | D | E | F | G | H | I | J | K | L | M |
|---|---|---|---|---|---|---|---|---|---|---|---|---|
| X | R | N | S | Z | K | G | L | D | M | T | I | A |
|   |   |   |   |   |   |   |   |   |   |   |   |   |
| N | O | P | Q | R | S | T | U | V | W | X | Y | Z |
| F | B | V | W | Q | O | C | Y | U | J | P | H | E |

Cuadro de descodificación del cifrado precedente.

Para crearlo, hemos buscado la A en la segunda línea del primer cuadro y escrito la letra encontrada en la segunda línea de ese nuevo cuadro y seguimos así. El descifrado se convierte entonces en el mismo que el cifrado.

| C | V | Z | P | S | L | C | K | Z | C |
|---|---|---|---|---|---|---|---|---|---|
| N | U | E | V | O | I | N | T | E | N |
|   |   |   |   |   |   |   |   |   |   |
| K | S | I | Z | T | S | I | L | G | S |
| T | O | D | E | C | O | D | I | G | O |

Ejemplo de descifrado.

---

Lo que debemos descifrar:

## Un mensaje para el caballero de Rohan

En una de las camisas para el caballero de Rohan estaba escrito:

MG DULHXCCLGU GHJ YXUJ LM CT ULGE ALJ

¿Cuál es la versión clara del texto?

---

## Un método mnemotécnico

Aún persiste un obstáculo: no es fácil retener una serie de letras desordenadas como:

MOTIZNGYLWFHJCSXRBDKVPQAUE

Para aprenderla, más vale memorizar algo que la resuma, como un pequeño texto o una poesía, por ejemplo, *El albatros* de Baudelaire:

> Souvent, pour s'amuser, les hommes d'équipage
> Prennent des albatros, vastes oiseaux des mers,
> Qui suivent, indolents compagnons de voyage,
> Le navire glissant sur les gouffres amers.

> *Por distraerse, a veces, suelen los marineros*
> *Dar caza a los albatros, grandes aves del mar,*
> *Que siguen, indolentes compañeros de viaje,*
> *Al navío surcando los amargos abismos.*

(TRADUCCIÓN DE LUIS LÓPEZ NIEVES)

Escribimos las letras del poema suprimiendo las repeticiones y añadimos luego las letras que falten.

Obtenemos la lista:

SOUVENTPRAMLHDQIGBXCYFJKWZ

Y la correspondencia (diferente del ejemplo anterior):

| A | B | C | D | E | F | G | H | I | J | K | L | M |
|---|---|---|---|---|---|---|---|---|---|---|---|---|
| S | O | U | V | E | N | T | P | R | A | M | L | H |
| | | | | | | | | | | | | |
| N | O | P | Q | R | S | T | U | V | W | X | Y | Z |
| D | Q | I | G | B | X | C | Y | F | J | K | W | Z |

Cuadro de cifrado a partir de *El albatros*.

---

**Un mensaje cifrado por medio de *El albatros***

El siguiente mensaje fue cifrado por medio de *El albatros*:

DQEXU QHILR USVQE XCEUR NBSVQ

¿Serás tan poeta como su autor?

---

¿Cómo hacer si deseamos que nuestro cifrado alfabético sea reversible como Rot13, es decir, que si A se cifra como P, entonces P se cifra como A? El beneficio de los cifrados reversibles es economizar espacio de memoria mental. Pueden construirse fácilmente eligiendo una primera pareja de letras al azar (como A, F), luego otra entre las letras restantes (como S, H) y continuar así. Esto daría, por ejemplo:

| A | S | B | U | D | L | E | I | T | O | C | R | Q |
|---|---|---|---|---|---|---|---|---|---|---|---|---|
| F | H | G | J | M | X | V | N | P | W | Z | K | Y |

Así, «estén listos mañana a las ocho» se cifraría como:

VHPVI XNHPW HDFIF IFFXF HWZSW

El inconveniente de todos estos métodos es que una letra nunca está cifrada por sí misma, lo que debilita el código con respecto a un ataque por el método de la palabra probable, como veremos más adelante en el caso de la máquina Enigma, en la que este fallo era una de sus debilidades. Para corregir ese defecto, podemos escoger primero un número par de letras que se cifren por sí mismas, y luego continuar eligiendo parejas de letras al azar.

## Las correspondencias personales de Le Figaro

Ya hemos expuesto los principios de los códigos de sustitución y ahora nos ejercitaremos con ejemplos. ¿Y si usáramos las páginas «Correspondencias personales» de Le Figaro, de finales del siglo XIX? Recuerden que esas páginas servían a las parejas ilegítimas para comunicarse y fueron el origen de la vocación del célebre criptólogo Étienne Bazeries. He aquí la rúbrica del primero de enero de 1890. Escogí esta fecha porque deja esperar la presencia de palabras probables como «felicidades» o «feliz año».

Entre un gran número de mensajes escritos en estilo telegráfico, encontramos dos manifiestamente codificados. En el primero, «feliz año» se ha convertido en cpoof booff. Dicho de otra manera, se trata de un simple cifrado de César y significa: «Bon année d'un ami bien malheureux» [Feliz año de un amigo bien desdichado].

**Correspondances personnelles**

M. c. Mer! Ai tor. N. sou.t.2. beau.d.n.repro.récip. N.par.do.jam.d.bris.lie.q.n.ratta., hël!. si peu. Ec.souv.; vi. si du., p.v.surt.pa.c. 89 fin.d:l.larm! W. .V.H.Mes meilleurs souhaits.Pense beaucoup à vous MYOSOT. Entour milie. Ai. inef! Souv. fid. ét! Ame.

L U. V. A toi mes v. sois h. moi ma vie est bri- L, sée car je toujours autant à toi. Je souf. et s. atrocem, malh. Pense qqfois à moi.

M H Cpoof booff e'vo bnj cjfo nbmifvsfvy.

L ILI — 1. w. m2. qs2n32s n2t w25y c100. 100. w45e. L 2us2. u. qs2t e w. o. q20t r s2w.

Extracto de la rúbrica «Correspondencias personales», del 1 de enero de 1890 en *Le Figaro*.

El mensaje siguiente (con el indicativo LILI) es mucho más interesante de descifrar. En primer lugar, podemos pensar que la cifra 2 representa la E, al menos si el método de cifrado movilizado es una sustitución alfabética puesto que se trata del símbolo mayoritario. Por suerte, si hojeamos *Le Figaro* de los días siguientes, encontramos un gran número de mensajes con el mismo indicativo LILI. El 12 de enero se publica un mensaje cifrado a medias, un error clásico del cifrado.

**Correspondances personnelles**

B leuet : Dínqm. s2ulcm. S2ous. 1 Q1s3t t2n. qs4di. B T2s. i25s. r3 q45w. w⁴ w. n2sds2e. 4 h. Mil. amit. Man. Chér. prends lett. rue M. A toi. F.

I ILI. Vot pens ne me quitte pas est tout mon L bonh. voud. vs v. 32. u. 13. n2.

V H. — Ai écrit 2 fois. Ma pensée ne varie pas. Tout à vous de cœur. Supplie répondre.

La misma rúbrica, el 12 de enero de 1890.

Escrito en estilo telegráfico, el mensaje comienza por «votre pensée ne me quitte pas, est tout mon bonheur, voudrais vous voir» [no dejo de pensar en ti, eres mi felicidad, quisiera verte], lo que se quiere esconder es «32. U. 13 n2». La disposición de los dos 2 nos hacen pensar en «je t'aime» [te quiero], si i y j están iguala-

LA BIBLIA DE LOS CÓDIGOS SECRETOS

das como en latín. Las cifras 1, 2 y 3 representan las vocales A, E y I, las letras U y N representan T y M. El método de cifrado parece representar cada vocal por su número de orden y cada consonante por la letra que le sigue. Para verificar esta hipótesis, volvamos al mensaje del primero de enero:

> 1.w. m2. qs2n32s n2t w25y c400. 100. w45e. 2us2. u. qs2t
> e w. o. q20t r s2w.

Si lo desciframos según el método que acabamos de exponer, se obtiene una frase en estilo telegráfico:

> a v le premier mes veux bonn ann voud etre t pres d v n pens
> q rev

Lo que probablemente significa:

> À vous le premier, mes voeux de bonne année. Je voudrais être tout près de vous. Ne pense qu'un rêve!

> *A ti el primero, mis felicitaciones de año nuevo. Quisiera estar a tu lado. ¡No pienses que es un sueño!*

Aun si se ha podido deslizar un error en la primera frase, el sentido de las dos primeras demuestra que nuestra hipótesis es correcta. De manera sorprendente, el método de desciframiento funciona para otro mensaje del 12 de enero, con el indicativo *Bleuet*:

> Complètement rétabli. Rentre à Paris semaine prochaine, je serai heureux de pouvoir vous voir mercredi 4 h. Mille amitiés.

> *Completamente restablecido. Vuelvo a París la semana próxima, me encantaría poder verte el miércoles 4. Mil abrazos.*

La mayoría de los textos cifrados utilizan estas dos formas: desplazamiento de César o código Lili. Hay que esperar hasta el 23 de enero para encontrar otra cosa, bajo el indicativo Y7.

**Correspondances personnelles**

80 — Pens ne vs quitte pas. Le soir, la nuit même, je vs écr.seul moyen causer av.maman.— Amit. H. J. 94. Vais b. mieux ; vous ai écrit à C. demandez, Y7. fh. qli. Jzq.huxe.nuf.jhk3.f.zv.F.uxh.Dulv.yzq. Girou ferai mêm voyag. s. seule. A. bie. 10.

Rúbrica del 23 de enero de 1890.

Leemos mensajes igualmente etiquetados el 30 y el 31 de enero:

Y7. gqn. utth. Fhu3y. lked. 3zn. Fzxr. uxh. Hud. dqf.
Y7. julg. qlxqv. ufhzlsud.z.lg.Nuf.l.jhked.j.ugjqkl. Jnefk. rkm.
ve. 3klv. Gkq. Xzn3, jz. Qli. – F.z.

La ausencia de las primeras letras del alfabeto (a, b y c), la predominancia de la letra u y el estudio de las frecuencias de las letras sugieren el cifrado «atbash», que revierte el alfabeto: z representa a, y a b, etc. Sin embargo, es necesario asimilar v y w en nuestro caso, lo cual es un clásico.

Ese cifrado es muy antiguo porque lo encontramos en la Biblia hebraica —su nombre, por otra parte, viene del hebreo. Designa las iniciales de las dos primeras y las dos últimas letras del alfabeto puestas en el orden en el que se corresponden en el cifrado, es decir: aleph, tav, beth, shin. Además, aquí el número 3 se ha añadido para codificar la «m» que, de lo contrario, se codificaría a sí misma, lo que, sin embargo, no sería una fragilidad particular, sino todo lo contrario.

El descifrado no se limita a esta simple sustitución porque luego hay que traducirlo al estilo telegráfico. Por eso, el mensaje del 31, aunque se descifra primero de esta manera, sigue siendo enigmático, con términos como espía y hombre mundano:

Pens incid etrange v a ns let n prouv p espion pluto hom du mond sov calm pa inq - T.a.

107

---
LO QUE DEBEMOS DESCIFRAR: ─────

## Las correspondencias del 20 de febrero de 1890

Aquí les presentamos las «Correspondencias personales» de *Le Figaro* del 20 de febrero de 1890:

### Correspondances personnelles

B. M. A. — 3.111,555 et même 9.5511111. G.

Esp. êt. b. rentr. Vend. va. Ser. gent. rest. déjᵣ. Rost.

C 21. dz. hfwgh. e, xoa. h'sbj. a. zsjf. d. ib. zcbu. powg.

MIN^tto c^te demie rupt^re est u. imm. chag. pʳ m. ˢ j. m'ét. tant attaché à v !

Soit calme, raisonnable, dimanche, amitiés. E. T.

M. tr. d. n. pou. s'exp. tonmê. sen. es. v. v. bi. A.5.

LILI. — 15d502 d40t4m k2 02 w25y s320 r52 n40 Lili ! g4m32 30d5s1cm2 ! Q20t Cm r53 t45g.

A Madame D...,
Désirerais bien vous dire que vous m'avez charmé par Figaro espè nouvelles de vous lundi gras.

¿Sabrías descifrar los mensajes con indicativo C21 y LILI?

---

## Las cartas a Léa

Para terminar de convencerlos de que la sustitución alfabética simple no encarna el método ideal para proteger un secreto, aquí tenemos una tarjeta postal, enviada a una jovencita que residía en casa de sus padres y fechada el 1 de enero de 1905. Esta tarjeta fue descubierta en un mercadillo por un apasionado, miembro como yo, de la ARCSI (Asociación de Reservistas del Cifrado y de la Seguridad de la Información), Daniel Tant. Está seguramente cifrada para evitar la lectura de los padres de la muchacha, aun si el procedimiento solo podía despertar sus sospechas. Les mostraré cómo hubieran podido leerla sin dificultad alguna.

─────── Lo QUE DEBEMOS DESCIFRAR: ───────

## El epílogo de las cartas a Léa

La colección de cartas a Léa tiene tres misivas más:

1 de febrero
25.23    13.24.22    22.19.2.4.22.19.22    18.24    12.9.23.24.4.2
5.2.20  18.2.19.22  25.23      22.13.25.22      6      8.9.10.4.2
13.24.17.2.8      19.24  18.23  18.9  10.2.18.2  24.8.18.22  24.20
13.22      5.22.15.24.5.24.4.22  19.24  25.23  5.22.25.22  25.23
7.4.23.25.24.4.22        25.23.4.22.19.22        7.2.4        13.22
25.22.20.22.20.22  24.8      7.22.4.22      18.23      12.9.24
18.22.20.18.2    18.24    12.9.23.24.4.2   22.19.23.2.8   25.23
22.20.21.24.13          15.23.24.20.22.25.22.19.2          9.20
25.23.13.13.2.20 19.24  15.24.8.2.8


9 de febrero
25.23    22.25.2.4    24.8.18.2.6    23.25.7.22.5.23.24.20.18.24
7.2.4    14.24.4.18.24    7.24.4.2    7.2.4    12.9.24    18.24
22.15.9.4.4.24.8   18.22.20.18.2   4.24.5.9.7.24.4.22.4.24.25.2
.8  24.13  18.23.24.25.7.2  7.24.4.19.23.19.2  5.9.22.20.19.2
24.8.18.24   13.23.15.4.24   5.2.25.2   24.8   7.2.8.23.15.13.24
12.9.24    4.24.5.23.15.22.8    25.23.8    5.22.4.18.22.8    22
13.22    20.2.5.3.24    25.23.24.20.18.4.22.8    12.9.24    6.2
13.22.8    4.24.5.23.15.2    7.2.4    13.22    25.22.20.22.20.22
9.20    21.4.22.20    15.24.8.2

18 de febrero
25.23    12.9.24.4.23.19.22    13.24.22    24.8.18.2.6    25.9.6
18.4.23.8.18.24    18.4.22.8    13.24.24.4    18.9    5.22.4.18.22
20.2   7.24.20.8.22.15.22   3.22.15.24.4   4.24.5.23.15.23.19.2
13.2.8   4.24.7.4.2.5.3.24.8   12.9.24   25.24   3.22.5.24.8   6
8.23  20.2  18.24  15.24.8.2.24  24.20  14.24.4.18.9.8  10.9.24
7.2.4.12.9.24      20.2      24.8.18.9.14.23.25.2.8      8.2.13.2.8
25.9.5.3.2    18.23.24.25.7.2    20.2    8.24.4.22    7.2.4    20.2
3.22.15.24.4.18.24          24.8.7.24.4.22.19.2          24.13
19.2.25.23.20.21.2        24.8.18.22        24.8        13.22
4.24.5.2.25.7.24.20.8.22  22.19.23.2.8

El texto está constituido de números entre 2 y 25, que representan seguramente las letras del alfabeto separadas por puntos y guiones. Los guiones aíslan probablemente las palabras. Aquí vemos la reproducción del texto, en el que los guiones fueron reemplazados por espacios:

12.9.24.4.23.19.22    7.24.4.19.2.20.22.25.24    13.2    12.9.24
18.24 24.8.5.4.23.15.23 20.2 3.22.15.23.22 4.24.5.23.15.23.19.2
20.22.19.22    24.20   2   19.23.22.8    4.24.5.23.15.23    18.9.8   2
5.22.4.18.22.8       24.8.18.22       25.22.20.22.20.22       8.23
8.9.7.23.24.4.22.8   12.9.24   23.25.7.22.5.23.24.20.18.24  25.24
8.23.2420.18.2    5.9.22.20.19.2    14.23.24.20.24.20    5.2.20
4.24.18.4.22.8.2       3.22.8.18.22       7.4.2.20.18.2       25.23
22.20.21.24.13   24.20.18.24.4.22.25.24.20.18.24   8.9.6.2

Rápidamente advertimos que el número 24 es mayoritario entre los números, seguido del 22. Representan, sin duda, la E y la A. La palabra 12.9.24 deducimos que ha de ser «que», lo que nos permitirá dar sentido a la palabra que encabeza la carta «Querida». Con cuatro vocales y la R será relativamente sencillo atacar ahora el resto del mensaje.

110

El cifrado cae progresivamente y, finalmente, se obtiene el texto que sigue:

> Querida, perdóname lo que te escribí, no había recibido nada en dos días. Recibí tus 2 cartas esta mañana. Si supieras qué impaciente me siento cuando vienen con retraso. Hasta pronto mi ángel. Enteramente tuyo.

## Los dígrafos lo dicen todo

¿Cómo descifrar los códigos más complejos? En los ejemplos precedentes, el descifrado queda simplificado porque se respeta el corte entre las palabras. Transmitir su mensaje de manera estructurada constituye un error importante, cometido por los aprendices. ¿Y si el mensaje fuera enviado en bloque? Esto haría la tarea del descifrador un poco más ardua, pero no imposible: de manera general, cualquier sustitución alfabética es descifrable gracias al método de las frecuencias, siempre que se tenga un texto cifrado lo suficientemente largo.

Lo demostramos con el siguiente mensaje:

BTUFM ZBZFS YWUFK FSFSC BTVYU FZFZF SYFWU
KFJUB VYMBJ RVUWY VZVMF UZBAF YCRKF KFMDU
FGWFN SFMTR WUKFS RKFUK FMAFM MBPFM
SRKFM BJFSW NFMWH MYVYW YVRNB ZTCBH
FYVGW F

111

Este mensaje fue redactado de un jalón (las letras estaban pega-
das unas a otras), pero yo lo separé en grupos de cinco letras,
como era lo habitual en el caso de los telegramas (la razón era
que los telegramas se facturaban por un número de «palabras»
de cinco letras). Advertirás que ese corte permite cierta facilidad
para que el operador lo transmita. Para descifrar el mensaje, cal-
culemos el número de ocurrencia de cada letra, luego sus frecuencias dividiendo el número total de letras, que es de 136. La
comparación entre esos dos cuadros muestra que F corresponde
a la E. Las otras letras frecuentes son B, K, M, S, U, V, W e Y.
Entre estas seguramente se encuentran A, I, N, R, S y U. Como
todavía nada es evidente, reemplacemos simplemente la F por la
E. El análisis de las frecuencias de las letras no basta para descifrar un texto tan corto. Es necesario tener en cuenta los grupos
de dos letras (los dígrafos) más frecuentes.

Como ya descubrimos la E, estudiemos los dígrafos que contienen esta letra.

| ES | DE | LE | EN | RE | ER | TE | EL | SE | ET |
|----|----|----|----|----|----|----|----|----|----|
| ME | EM | IE | ED | NE | EC | EE | UE | CE | EU |

Dígrafos que contienen la E, la más frecuente en francés, en orden. Las primeras
son tres veces más frecuentes que las últimas.

En el texto cifrado encontramos ocho veces KF y FM, seis veces FS y
cuatro veces UF, las otras ocurrencias son demasiado reducidas para
ser interpretadas. Esto nos deja suponer que K es D, lo que la frecuencia de K no contradice porque aparece en 5,88 % del texto codificado, contra 4,18 % de D en un texto corriente. El mismo tipo de razonamiento conduce a pensar que M es S. Con la hipótesis probable de
que B es A, obtenemos en negritas la parte descifrada del mensaje:

**A**TUES ZAZ**ES** YWU**ED** **ESESC** **A**TVYU **E**Z**EZE** **S**Y**E**WU
**DE**JUA VY**S**AJ RVUWY VZV**SE** UZA**AE** YCR**DE** **DESD**U
**E**GW**EN** **SES**TR WU**DES** R**DE**U**D** **ESAES** **SA**P**ES** **S**R**DES**
**A**J**ES**W N**ES**WH **S**YVYW YVRNA ZTCAH **E**YVGW **E**

Es lógico pensar que S representa N, porque corresponde bien a las frecuencias de dígrafos como a las frecuencias de letras. Sin embargo, esta hipótesis llega a un callejón sin salida a causa de los tercero y cuarto grupo de letras del texto que darían EDE-NEN, una serie poco creíble. Después de este intento, vamos a tratar con la letra C. De la misma manera, la continuación EZEZE hace pensar que Z representa L, lo que es creíble a nivel de las frecuencias. Obtenemos entonces:

> ATUES LALEC YWUED ECECC ATVYU ELELE
> CYEWU DEJUA VYSAJ RVUWY VLVSE ULAAE YCRDE
> DESDU EGWEN CESTR WUDES RDEUD ESAES SAPES
> CRDES AJESW NESWH SYVYW YVRNA LTCAH EYVGW E

## Las consonantes en su lugar

En este comienzo de descifrado no aparece ninguna palabra de manera evidente. Sin embargo, la primera palabra deja pensar que T representa a una consonante. Su frecuencia es del 3 % lo que nos lleva a probar P. Sería entonces lógico que U sea R, lo que formaría la palabra APRES [después]. Palabras coherentes aparecen entonces en el comienzo del mensaje:

> APRES LA LEC YWRE DE CE CC APVYR ELELE
> CYEWR DEJRA VYSAJ RVRWY VLVSE RLAAE YCRDE
> DESDR EGWEN CESPR WRDES RDERD ESAES SAPES
> CRDES AJESW NESWH SYVYW YVRNA LPCAH
> EYVGW E

Podemos comenzar a jugar a las adivinanzas, por supuesto, teniendo en cuenta las frecuencias. Aparece que Y es probablemente T y W, U, lo que forma la palabra LECTURE [lectura] y de ahí:

> APRES LA LECTURE DE CE CCAPVTRE LE LECTEUR
> DEJRAVT SAJ RVRUT VLVSE RLAAE TCRDE DESDR
> EGUEN CESPR URDES RDERD ESAES SAPES CR DES
> AJESU NESUH STVTU TVRNA LPCAH ETVGU E

113

En este punto, partes enteras del código se hunden. Así, la palabra **CCAPVTRE** es CHAPITRE [capítulo], las palabras DEVRAIT, SAVOIR, METHODE, FREQUENCES, DECODER, MESSA-GES y SUBSTITUTION [deberían, saber, método, frecuencias, descifrar, mensajes, sustitución] aparecen luego sucesivamente, por lo cual el mensaje descifrado es:

> Après la lecture de ce chapitre, le lecteur devrait savoir utiliser la méthode des fréquences pour décoder des messages codés avec une substitution alphabétique.
>
> *Después de la lectura de ese capítulo, el lector debería saber utilizar el método de las frecuencias para descifrar los mensajes codificados con una sustitución alfabética.*

El ejemplo que acabamos de detallar es típico de la manera en que un cifrado por sustitución monoalfabética se rompe progresivamente, como un muro minado. Cualquier texto cifrado de la misma manera, será descifrado rápidamente.

--- **LO QUE DEBEMOS DESCIFRAR:** ---

### Un mensaje literario

Hemos interceptado el siguiente mensaje de un famoso director de cine:

```
TZAQO  ZISLY  HKSMG  KQLYH  TLQTB  ZHTGT
YGWKS  MZSTC  HKHMC  GQKLZ  TYHKS  MGKQL
YQVQC  ZBZHK  IGTBZ  LZTYH  KSMGK  QLNGH
YVHCH  TBHTL  HVYZY  GKQVH  LSTCH  TCQTS
TCHVH  LQVQK  HLYHM  CQBZV  YZVMZ  LQLYH
VCHTH  MSHTC  HLQKQ  IWSCZ  BHKZL  LHTCS
ISHTC  ZLKQL  HIZMS  ZTHLU  KQQRH  MCSPS
BQB
```

¿Serás capaz de descifrarlo sabiendo que dicho director está opinando sobre sus películas en general?

## Cifrar con dígrafos

Encontré el ejemplo que sigue en un registro un poco más complejo. No es un ejemplo para entrenarse, sino para mostrarte un tipo de cifrado atípico: su originalidad reside en recurrir a los dígrafos (grupos de dos letras). Forma parte de la correspondencia entre el secretario de Estrasburgo y los agentes de la ciudad de París, y está fechado en 1642.

Este extracto, que forma parte de los archivos de Estrasburgo, ilustra la evolución de los títulos: estos personajes (secretarios y agentes) tenían importantes funciones en la época. Además, Estrasburgo no era entonces una ciudad francesa (lo fue en 1648), pero tenía agentes en París para informarse sobre la evolución de la situación. El texto relata la llegada de un diplomático a la corte de Francia.

Incluso si el contexto histórico es interesante, me limitaré a la evolución de la criptografía. Desde ese punto de vista, la misiva, descubierta en los archivos de Estrasburgo, demuestra que en la época, algunos diseñadores de cifrados se dieron cuenta de que los símbolos esotéricos no servían de nada, lo que prefiguraba el paso al cifrado con ayuda de los números. Algunas partes cifradas de la carta están descifradas, lo que me permitió reconstituir el cuadro de códigos.

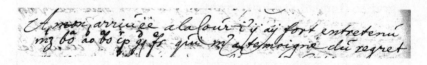

Carta parcialmente cifrada (arriba).

Ese cifrado está acompañado de un nomenclátor (es decir, de un código para designar otros elementos aparte de las letras; por ejemplo, nombres propios enteros) que funcionan igualmente con parejas de cifras. Figuran 25 y 39, que designan a personajes de la Corte al parecer, como un tal Noyers (para el 25). La idea era buena, pero fastidiada por una mezcla de claro y cifrado, así como por el corte entre las letras. Hubiera sido preferible agrupar las letras de otra manera. Además, el comienzo de la frase «a mi llegada a la Corte, conversé ampliamente con xxxxxxx que me testimonió su pesar», que invita a buscar quién es ese personaje, cuyo nombre tiene siete letras.

| claro | a | b | c | d | e | f | g | i | l |
|-------|----|----|----|----|----|----|----|----|----|
| cifrado | bo | ao | rp | gp | fs | es | lg | tx | mz |
| | | | | | | | | | |
| claro | m | n | o | p | r | s | t | u | |
| cifrado | lz | hw | ab | rc | cp | ef | ix | ky | |

Reconstitución del cuadro de cifrado de una carta descifrada; cada letra debe cifrarse con el dígrafo situado debajo.

---

LO QUE DEBEMOS DESCIFRAR:

## Un mensaje de París a Estrasburgo

Interceptamos el siguiente mensaje que utiliza el cifrado digráfico (fundado en los dígrafos):

> Bien llegado a la Corte donde todo es fiesta y felicidad,
> Gq fsefr pabhwes txf shwgq fsmzb olgb ocpgqfs
> Su devoto servidor.

¿Sabrás descifrarlo?

---

## Perfectamente cuadrado

Cualquier aspirante a criptólogo debe conocer sus clásicos. ¿Sabes que el cifrado de César no es el único cifrado de sustitución de la antigüedad que nos ha llegado? También tenemos el cuadrado de Polibio, que tiene este nombre por un general, pero esta vez griego. Después de haber contribuido a la destrucción final de Cartago, Polibio (200-155 antes de nuestra era, aproximadamente) escribió un tratado de estrategia, en el que encontramos un sistema de transmisión conocido en nuestros días con su nombre. Desde entonces, ha sido utilizado como sistema de criptografía. Empleaba naturalmente el alfabeto griego al principio, pero aquí lo describiré con el alfabeto latino para simplificar. Para dibujar el cuadrado de Polibio, se forma un cuadrado de 5 x 5 casillas que se llenan con las 26 letras del alfabeto, salvo una. Esta letra que falta es generalmente la J o la W, porque pueden confundirse con la I y V (más precisamente, I y J se confunden en latín y a menudo en alemán, V y W en francés, pero jamás en alemán). Se enumeran luego las líneas y las columnas. Se atribuye así a cada letra una pareja de números. Por ejemplo, M está codificada por la pareja (3, 2). Polibio se servía de este código para transmitir los mensajes por medio de un juego de antorchas. Aquí, para significar la letra M, dirá a un soldado que muestre tres antorchas con su brazo izquierdo y dos con su brazo derecho.

|  | 1 | 2 | 3 | 4 | 5 |
|---|---|---|---|---|---|
| 1 | A | B | C | D | E |
| 2 | F | G | H | I | K |
| 3 | L | M | N | O | P |
| 4 | Q | R | S | T | U |
| 5 | V | W | X | Y | Z |

El cuadrado de Polibio. Cada letra (salvo la J que se confunde con la I) está referenciada por una pareja de números. Por ejemplo, M por (3, 2), línea y columna donde se encuentra la M en el cuadrado.

El cuadrado de Polibio permite también cifrar si se le completa en un orden diferente al alfabeto clásico. Veámoslo. Lo más simple es utilizar una frase bastante larga, pero fácil de retener como

117

«Desde Vercingétorix, César y Alejandro, la disciplina es la fuerza principal de los ejércitos». Rellenemos el cuadrado en orden, suprimiendo los duplicados, y añadamos las letras que faltan:

|   | 1 | 2 | 3 | 4 | 5 |
|---|---|---|---|---|---|
| 1 | D | E | P | U | I |
| 2 | S | V | R | C | N |
| 3 | G | T | O | X | A |
| 4 | L | F | M | B | H |
| 5 | K | Q | W | Y | Z |

Cuadrado obtenido con la frase «depuis Vencingétorix, César et Alexandre, la discipline est la force principal des armées» [desde Vercingétorix, César y Alejandro, la disciplina es la fuerza principal de los ejércitos]. Para esto, escribimos en orden comenzando de arriba a la izquierda y saltando las letras ya escritas.
Se completa luego con las letras que faltan, siempre en orden.

---

LO QUE DEBEMOS DESCIFRAR:

## Un mensaje filosófico

Interceptamos el siguiente mensaje enviado por un «filósofo»:

11 22 33 22 23 12 52 14 23 22 11 32 15
12 15 15 14 23 12 23 51 55 14 45 45 51
21 14 13 32 22 13 12 23 12 15 14 23 45
12 34 32 15 22 31 12 34 31 12 41 14 34
31 14 21 12 13 14 11 14 25 13 32 23 23
12 34 31 14 12 34 31 14 45 15 14 21 12
13 14 11 14 13 32 33 25 14 11 32 23

Teniendo en cuenta que nuestro filósofo es más bien sarcástico y que su expresión favorita es «imbécil», ¿podrás encontrar el sentido de la frase?

---

El cifrado de Polibio descrito así es un cifrado por sustitución alfabética. Su única ventaja es permitir una memorización simple de la clave. Gracias a esta propiedad, el cifrado de Polibio responde a uno de los principios de Kerckhoffs, según el cual la seguridad del sistema no debe quedar asegurado por el secreto de su algoritmo. En efecto, si la clave no necesita ser escrita, tampoco pueden espiarla. Con la clave precedente «je vous ai compris» [le he comprendido], se escribe: 12 22 33 14 21 35 15 24 33 43 13 23 15 21.

Incluso si tiene sus raíces en la antigüedad, el cifrado de Polibio sigue siendo un clásico y se utilizó a finales del siglo XIX por los nihilistas rusos para comunicarse en la cárcel. Estos últimos formaban, en realidad, una organización política que rechazaba toda coacción de la sociedad sobre el individuo. Los anarquistas, preconizaban el terrorismo y asesinaron al zar Alejandro II quien, a pesar de todo, trataba de hacer menos autoritario su régimen. El asesinato envió a gran número de nihilistas a la cárcel. Para comunicarse de una celda a la otra, los nihilistas golpeaban los muros o las tuberías de sus prisiones según un código derivado del cuadrado de Polibio. Por ejemplo, si se utiliza el cuadrado precedente, «Le tsar est mort» [el zar ha muerto] proporciona esta serie de golpes:

4 1 1 2 3 2 2 1 3 5 2 3 1 2 2 1 3 2 4 3 3 3 2 3 3 2.

Efectivamente, 41 significa L, 12 E, etcétera.

El método es simple y, sin duda, fue empleado tal cual, pero los nihilistas lo complicaron para hacer que el cifrado fuera más difícil de descifrar. Supercifraban su código con la ayuda de palabras clave como «nihil». «Nihil» se cifra en 25 15 45 15 41. Los nihilistas repetían esta clave en la serie encontrada y añadían las cifras obtenidas, lo que daba:

| 41 | 12 | 32 | 21 | 35 | 23 | 12 | 21 | 32 | 43 | 33 | 23 | 32 |
|----|----|----|----|----|----|----|----|----|----|----|----|----|
| 25 | 15 | 45 | 15 | 41 | 25 | 15 | 45 | 15 | 41 | 25 | 15 | 45 |
| 66 | 27 | 77 | 36 | 76 | 48 | 27 | 66 | 47 | 84 | 58 | 38 | 77 |

Supercifrado del código de los nihilistas con una palabra clave. Si un número sobrepasa el 100, se suprime la cifra de las centenas.

119

Con este método, «el zar ha muerto» se traduce ahora con una serie de 6, 6, 2, etc. golpes. Cifrar y descifrar de memoria exige una buena gimnasia mental. Un buen medio para conservar sus capacidades intelectuales intactas en un medio tan hostil.

## El cifrado bilítero de Francis Bacon

El filósofo Francis Bacon (1561-1626), que algunos piensan que fue el autor de las obras de Shakespeare, inventó un cifrado entre criptografía y esteganografía. Se funda en el recurso a dos maneras de escribir las letras del alfabeto, en redonda y en cursiva, por ejemplo, lo que nosotros anotaremos como A y B. La idea del cuadrado de Polibio, con su sistema de coordenadas, es subyacente, pero el sistema de Bacon aprovecha las fuentes de los caracteres de manera astuta, lo que hace que el sistema sea difícil de manejar. Lo citamos porque algunos autores como Elizabeth Wells Gallup (1848-1934), defensora de la paternidad baconiana de las obras de Shakespeare, lo utilizan para leer mensajes imaginarios en diversos textos, como lo veremos más adelante.

|  | AAA | AAB | ABA | ABB | BAA | BAB | BBA | BBB |
|---|---|---|---|---|---|---|---|---|
| AA | a | b | c | d | e | f | g | h |
| AB | i | k | l | m | n | o | p | q |
| BA | r | s | t | u | w | x | y | z |

Las 24 letras del alfabeto están anotadas por sus coordenadas, como en un cuadrado de Polibio: de esta manera, 1 está anotado ABABA. Se puede ver una escritura en binario atribuyendo el valor 0 a A y el valor 1 a B, pero, sin pruebas suplementarias, sería imprudente convertir a Bacon en un precursor del sistema binario. Elegimos entonces un texto cuyo sentido importe poco porque el mensaje está en la tipografía. Si A designa la redonda y B la cursiva, el mensaje «rendez vous à cinq heures à la Bastille» [cita a las cinco en la Bastilla] que contiene 32 caracteres se cifra primero como:

BAAAA AABAA ABBAA AAABB AABAA BABBB BAABB
ABBAB BAABB BAAAB AAAAA AAABA ABAAA ABBAA
ABBBB AABBB AABAA BAABB BAAAA AABAA BAAAB
AAAAA ABABA AAAAA AAAAB AAAAA BAAAB BAABA
ABAAA ABABA ABABA AABAA

Si elegimos entonces un texto que tenga al menos el mismo número de caracteres, por ejemplo, el comienzo del poema *Le pont Mirabeau* de Guillaume Apollinaire, escribiendo las letras ya sea en redonda o en cursiva, para pasar el mensaje:

Sous le pont M*irabeau c*oule la *Seine*
*Et* nos a*mours*
Fa*ut-i*l qu'*il* m'en souv*ienn*e
La j*oie* ve*nait* tou*jours* après *la p*eine.
V*ienne* la n*uit* sonne l'*heure*
Les jou*rs* s'en vont j*e demeure.*
Les m*ains* d*ans* les *m*ains, restons face à face.

*El puente Mirabeau mira pasar el Sena*
*y nuestros amores.*
*Tengo que recordar*
*Que la alegría siempre viene tras de la pena*
*Viene la noche suena la hora*
*Y los días se alejan y aquí me dejan*
*Quedemos frente a frente.*

Por ejemplo, las cinco primeras letras («Sous l») transmiten el código BAAAA, B para cursiva y A para redonda, y así sucesivamente.

121

## ¡Inútil, pero mejor!

Como has podido constatar tú mismo desde el comienzo de este bloque, no hay necesidad de tener el IQ de Einstein para descifrar los cifrados por sustitución. A lo largo de los siglos, incluso si los criptólogos continuaban recurriendo a ese método, se tomó consciencia de la debilidad de esos códigos y se trató de mejorarlos «haciendo bazofias». Un primer intento fue introducir en el seno de las sustituciones ordinarias símbolos que no significaban nada, «nulos» en el lenguaje de los criptólogos. Otro añadido consistió en un nomenclátor para designar a los personajes importantes. Aquí tenemos un ejemplo que data de 1619-1620, conservado desde entonces en los archivos de Estrasburgo (ver página siguiente).

Aun si se trata siempre de un cifrado por sustitución alfabética simple, este cuadro de cifrado es particularmente interesante porque introduce «nulos» (por ejemplo, e, j, p, t, u, 2, 4, 5) además de un nomenclátor para personas importantes como príncipes-electores, obispos y reyes. Además, este cuadro contiene un ejemplo «urai5hyomagtp» que, cuando se suprimen los nulos se transforma en «rahyomag», que se descifra por medio del alfabeto invertido como «besuchen».

Para sus promotores, este intento de mejora era insuficiente. Cualquiera que sea el método de sustitución monoalfabética empleado, es descifrable con un análisis de las frecuencias y el método de la palabra probable. ¿Cómo hacer entonces? La idea más simple, para eludir esos métodos de descifre, es proponer varios cifrados de las letras más corrientes como E, A, etc. Por supuesto, esto no es posible con letras, pero sí lo es con números o símbolos, como los de los Templarios. Sin embargo, es una falsa buena idea, porque tales cifrados, que fueron utilizados en el Renacimiento, se desmontan frente a la técnica de la palabra probable.

En aquella época, además, un detalle facilitaba el trabajo de los descodificadores: las misivas de mayor interés se enviaban en varios ejemplares hasta la recepción de una respuesta. Esto puede parecer una tontería, pero así aparecían equivalencias que daban índices. Tomemos un ejemplo. Supongamos que interceptamos dos mensajes que tienen el mismo remitente y el mismo destinatario:

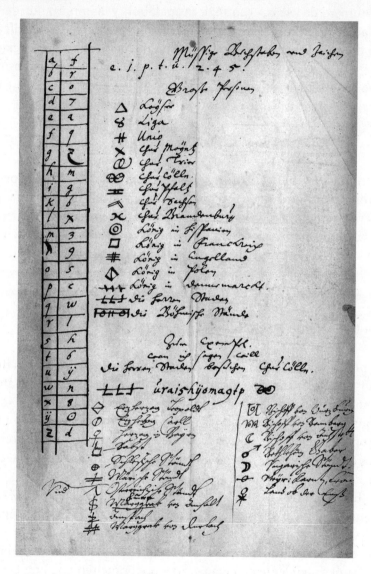

Esta tabla de cifrado, conservada en los archivos de Estrasburgo data de 1619-1620. Contiene un alfabeto cifrado (a la izquierda), nulos (arriba), un nomenclátor (a la derecha) y un ejemplo (en el centro). Todo está escrito en alemán en el grafismo de la época.

Vx kεosyrmmx fx yrnlγ ex aϳγluffx ex ljβdõkrm
Vγ krosyεmmγ fx yεnlγ ex ajxluffx eγ ljzdukrm

El número de letras, el corte de las palabras y la importante identidad de las letras sugieren que se trata del mismo mensaje, cifrado de forma diferente. Así se pueden deducir las equivalencias: $x = γ$, $r = ε$, $u = δ$ y $z = β$. Un recuento de los signos $x$ e $y$ muestra que esos dos símbolos representan probablemente la letra E y el mensaje, parcialmente descifrado, se convierte en:

VE kEosyEmmx fx yrnlE eE ajEluffE eE ljzdukrm

El texto es demasiado corto para ir más allá sin palabra probable, pero podemos ver que la ventaja de la homofonía se pierde rápidamente si se interceptan varias misivas que cifran el texto de manera diferente. Es el fallo que habría aprovechado sobre todo François Viète para descifrar los comunicados de Felipe II.

## En la corte de Francisco I de Francia

A pesar de todo, esos cifrados homofónicos fueron elegidos durante el Renacimiento, donde se les asociaba a un nomenclátor —un corto diccionario cifrado. Los símbolos eran de estilo «cabalístico», aunque no sirviera de nada. A título de ejemplo, te propongo descubrir un cuadro de cifrado auténtico de los archivos de Estrasburgo, y luego un cuadro reconstituido que concierne al rey Enrique II de Francia.

Este cuadro de cifrado de la página que sigue es típico del Renacimiento. Ese cifrado es del nivel del de los reyes de la época. Como lo muestra el cifrado de Philibert Babou de la Bourdaisière hijo, a continuación. Su padre, que tenía el mismo nombre, fue superintendente de Finanzas del rey Francisco I de Francia y, luego, su criptoanalista.

CODE de 1558 affaires Étrangères
Correspondance du Roy Henri II
avec Philibert Babou de la Bourdaisière, son Ambassadeur à Rome

| A | B | C | D | E | F | G | H | I/J/Y | L | M | N | O | P | Q | R | S | T | U/V | X |
|---|---|---|---|---|---|---|---|---|---|---|---|---|---|---|---|---|---|---|---|

| | EE | FF | | | LL | MM | NN | | PP | | RR | SS |
|---|---|---|---|---|---|---|---|---|---|---|---|---|

**Nomenclateur**

| L'église | | |
| Le Roy d'Espaigne | | |
| Mons.r | | |
| Royne | | |
| Sa Saincteté le Pape | | |

Nulles

**Vocabulaire**

| con | | le | | que | |
| de | | | | qui | |
| ent | | mais | | | |
| est | | ont | | sa | |
| et | | par | | si | |
| faire | | pour | | | |
| fait | | nous | | vous | |

Reconstrucción del código de Philibert Babou de la Bourdaisière hijo. Se trata de un cifrado por sustitución, al que se han añadido varias equivalencias para cada letra y un corto nomenclátor.

La pequeña historia cuenta que el padre pasaba tanto tiempo descifrando los mensajes interceptados por los servicios del rey que desatendía a su esposa. Valiente noble, el rey cumplía el deber conyugal en su lugar. Disponemos del cifrado gracias a su hijo, cardenal y embajador de Enrique II en Roma.

Esos cifrados eran vulnerables, a pesar de la invención de los nulos e incluso de la última perversidad que era incluir símbolos que anulaban el símbolo siguiente o precedente. Efectivamente, se rompían en cuanto se descubría un número suficiente de equivalencias. Por el contrario, el método de las frecuencias no sirve en absoluto para atacarlos. Más vale privilegiar el método de la palabra probable. Los dos cifrados históricos fueron rotos de esa manera.

Cuadro de cifrado múltiple con nulos y nomenclátor más un símbolo arriba a la derecha, destinado a anular una parte del texto. La existencia de ese tipo de instrucciones explica la dificultad para descifrarlo, aun conociendo el cuadro. El lector interesado por la historia de Alsacia descodificará la inscripción latina arriba en el cuadro y encontrará a un personaje célebre a nivel local: Jean Sturm, porque un instituto de Estrasburgo (el gimnasio) lleva su nombre.

## El cifrado de María Estuardo

Educada en la corte de Francia en la época de Enrique II, es lógico que María Estuardo, reina de Escocia convertida en reina de Francia, haya privilegiado un cifrado del tipo de Philibert Babou hijo. Utilizaba incluso varios, en función de sus contactos. Pero esos cifrados le hicieron perder la cabeza, literalmente.

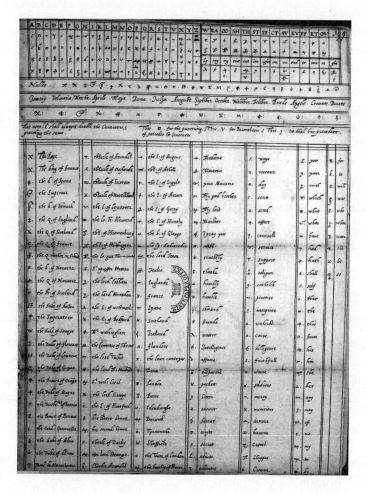

Cifrado de María Estuardo. Como era corriente en la época, incluía múltiples correspondencias para las letras, cifras particulares para los dígrafos corrientes en inglés y un nomenclátor.

Prisionera en el castillo de Chartley, al norte de Inglaterra, se define su destino. Su único contacto con el mundo exterior se realizaba por medio de cartas cifradas por su secretario y sacadas de la prisión clandestinamente, escondidas en toneles de cerveza. Pero la persona encargada de esta tarea resultó ser un agente doble, al servicio de la reina de Inglaterra, Isabel I. Las cartas fueron transmitidas al criptoanalista Thomas Phelippes, que las descifró al parecer con el método de las palabras probables. La abundancia de mensajes, seguramente, le facilitó la tarea.

Un hermoso día de 1586, María Estuardo recibió una carta donde su antiguo paje (el noble bajo sus órdenes) le anunciaba que se preparaba un complot contra la reina de Inglaterra y le pedía su acuerdo. La respuesta de María selló su destino. Además de ser un buen descifrador, Thomas Phelippes era también un falsario sin igual. Cuando hubo descifrado la carta de María, la copió y añadió una posdata pidiendo al destinatario los nombres de todos los conspiradores. Así, el joven noble entregó a todos sus cómplices, que fueron ejecutados.

---

LO QUE DEBEMOS DESCIFRAR:

### Un mensaje de Henri a Claire

R52s3 e1dm13 s2d3u1 2tu 1o4di2 1m1i4s 1i1
c3u51m2om1q m1a1 e2m1c1t u3mm 1i2os3

¿Saber que Henri comienza siempre sus mensajes por «Querida Claire» y firma siempre al final con su nombre te bastará para saber descifrarlo?

---

## El desafío del asesino del zodiaco

A pesar de su fragilidad (y de la muerte de María Estuardo), los cifrados homofónicos no fueron descartados. En el siglo xx, se convirtieron en noticia gracias a un asesino en serie. El asesino del zodiaco causó estragos en California a finales de la década de 1960.

Todo nos lleva a pensar que por entonces murió, porque cesaron sus crímenes y sus reivindicaciones, aunque nada lo confirme porque nunca fue arrestado. Como deseaba mostrar su inteligencia, envió varios mensajes cifrados a la policía y a la prensa. En un texto que acompañaba al primer mensaje, el Zodiaco pedía su publicación (y una carta donde asumía algunos asesinatos) en la primera página de los periódicos, amenazando con cometer más asesinatos si no respetaban sus exigencias. Finalmente, el *San Francisco Examiner* publicó la carta en la página 4.

El proceso de María Estuardo (A, arriba a la derecha) en octubre de 1586. La reina fue traicionada por su sistema de codificación demasiado frágil, como todos los de su época.

129

Inicio del mensaje cifrado enviado por el asesino del zodiaco.

El mensaje parecía estar cifrado a través de un método por sustitución. Fue descodificado por un maestro y su esposa, Donald y
Betty Harden. Tuvieron la idea de entrar en la psicología de un
asesino en serie que, según ellos, debía de tener un ego super-
desarrollado. Para ellos, el mensaje debía de comenzar con la
letra «I» que en inglés significa «Yo». Luego, la pareja buscó las
palabras «kill» y «killing» [matar]. El código cayó poco a poco.
Para engañar a los descifradores, el asesino había cometido numerosas faltas de ortografía. He aquí el mensaje descifrado:

I LIKE KILLING PEOPLE BECAUSE IT IS SO MUCH FUN IT IS
MORE FUN THAN KILLING WILD GAME IN THE FORREST
BECAUSE MAN IS THE MOST DANGEROUS ANAMAL OF
ALL TO KILL SOMETHING GIVES ME THE MOST THRI-
LLING EXPERIENCE IT IS EVEN BETTER THAN GETTING
YOUR ROCKS OFF WITH A GIRL THE BEST PART OF IT IS
THAT WHEN I DIE I WILL BE REBORN IN PARADICE AND
ALL THE I HAVE KILLED WILL BECOME MY SLAVES I WILL
NOT GIVE YOU MY NAME BECAUSE YOU WILL TRY TO
SLOI DOWN OR STOP MY COLLECTING OF SLAVES FOR
MY AFTERLIFE EBEORIETEMETHHPITI

Lo podríamos traducir así:

Me gusta matar gente porque me da placer, más que matar
una presa en el bosque porque el hombre es el animal más peligroso de matar. Es excitante, más que pasar un buen rato con
una chica. Lo mejor será cuando muera. Renaceré en el paraíso
y todos aquellos a quienes maté se convertirán en mis esclavos.

No daré mi nombre porque intentarán disminuir o frenar mi cosecha de esclavos para el más allá. Ebeorietemethhpiti.
Su firma permanecerá incomprensible...

---

LO QUE DEBEMOS DESCIFRAR:

### El tirador de tartas enmascarado

Un individuo, sin duda psicópata, llamado el tirador de tartas enmascarado envió el siguiente mensaje:

4 P G Π Σ   Ξ Q X E P   Q E Φ Σ Ω   Q Σ X I Δ   M N Ω I W   X
Q Ω E P X E P Q P   Q Ξ E Ξ W   8 Π Ξ B Ω   Q X Π P I   V Q G
Σ Φ   M W Ξ P ΙΡ I J 8 Δ   M P I S P   3 Ξ G Q M   Ω M P I Φ   5
X W Δ M   Π Π Ω N X Q V G Q I   P M Ω Π Ξ   E X E Φ I   I P
M 8 M   Σ Ξ N P 9   Ξ 9 Ω M Π X I Σ Ω Q   Σ X I

La hipótesis es que comienza por: «Yo, el tirador de tartas enmascarado...», ¿te bastará para descifrarlo?

---

## El cifrado de los exiliados

En la categoría de los cifrados homofónicos que analizamos desde la mitad de este apartado también figura el empleado en 1793 por el ejército de los exiliados. Se trataba de un grupo contrarrevolucionario compuesto de los nobles que habían huido de Francia y que conspiraban desde el extranjero para restablecer la monarquía. Para cifrar sus comunicaciones, utilizaban una versión más compleja del cifrado de César.

El desplazamiento transformaba A en D, B en E, etc. Además, algunos cifrados codificaban las vocales, a saber, 38, 39, 40 y 41 por A; 22, 23, 24 y 25 por E; 26, 27, 28, y 29 por I; 30, 31, 32 y 33 por O, 34, 35, 36 y 37 por U. A esto se añadían dígrafos para algunas palabras, desde «aa» para Anjou hasta «bn» para Woronzoff, pasando por «ab» para dinero y «ai» para exiliados. A pesar de esas modificaciones, ese cifrado no era mucho más sólido que los de las correspondencias personales de *Le Figaro*.

131

## El cifrado de Playfair

Para que el método de las frecuencias fuera más difícil de aplicar, el físico e inventor inglés Charles Wheatstone (1802-1875), más conocido por el montaje eléctrico que inventó precisamente para medir las resistencias eléctricas, tuvo la idea de construir un cifrado por sustitución cambiando las letras no por otras letras, sino por dígrafos con dígrafos. Efectivamente, si las letras son 26, los dígrafos (de AA a ZZ) son 26 por 26, es decir 676. Para distinguir un símbolo entre 676 gracias al análisis de las frecuencias, hay que poder tratar centenares de mensajes. ¿El inconveniente de este método? La necesidad de retener un libro consecuente de códigos. Para facilitar esta etapa, Wheatstone propuso desviar el cuadrado de Polibio de su primera utilización. Wheatstone era inglés, pero optemos por un poema francés, ya citado aquí, para ilustrar su método:

> Les sanglots longs des violons de l'automne
> Blessent mon coeur d'une langueur monotone.
> Tout suffocant et blême, quand sonne l'heure,
> Je me souviens des jours anciens et je pleure,
> Et je m'en vais au vent mauvais qui m'emporte
> Deçà, delà pareil à la feuille morte.

> *La queja sin fin  del flébil violín otoñal*
> *hiere el corazón de un lánguido son letal.*
> *Siempre soñando y febril cuando suena la hora,*
> *mi alma refleja la vida vieja y llora.*
> *Y arrastra un cruento perverso viento a mi alma incierta*
> *aquí y allá igual que la hoja muerta.*

[Traducción al castellano de Emilio Carrère, *Poemas saturnianos*, Ed. Mundo Latino, Madrid, 1921.]

Ahora rellenamos el cuadrado como ya vimos, evitando las repeticiones.

| L | E | S | A | N |
|---|---|---|---|---|
| G | O | T | D | V |
| I | U | M | B | C |
| R | F | Q | H | J |
| P | K | X | Y | Z |

Se rellena el cuadrado con el poema elegido, luego se completan las letras que faltan (la W se confunde con la V).

Este cuadrado permite cifrar los dígrafos por otros dígrafos. El caso general es simple y muy geométrico y consiste en construir un rectángulo en el cuadrado.

| L | E | S | A | N |
|---|---|---|---|---|
| G | O | T | D | V |
| I | U | M | B | C |
| R | F | Q | H | J |
| P | K | X | Y | Z |

Para cifrar el dígrafo OJ, se construye el rectángulo cuyos vértices opuestos corresponden a O y J. Los dos otros vértices (en el mismo orden) dan el código VF (en el orden de las líneas de O y J).

El inconveniente es que este algoritmo de sustitución contiene tres casos particulares. En primer lugar, podemos tener dos veces la misma letra. La convención es entonces intercalar una letra convenida de antemano, a menudo la X. En el caso poco probable en que el dígrafo sea XX, se intercala otra letra, Y, por ejemplo. Se cifran entonces los nuevos dígrafos. Los otros casos particulares son los casos en donde las letras están en una misma línea o en la misma columna. La regla sigue siendo geométrica y se adapta en las columnas.

133

| L | E | S | A | N |
|---|---|---|---|---|
| G | O | T | D | V |
| I | U | M | B | C |
| R | F | Q | H | J |
| P | K | X | Y | Z |

| L | E | S | A | N |
|---|---|---|---|---|
| G | O | T | D | V |
| I | U | M | B | C |
| R | F | Q | H | J |
| P | K | X | Y | Z |

Si las letras están sobre una misma línea, se les reemplaza por las que siguen en la línea (en orden). Así, IB se convierte en UC. Si la segunda está en la última columna, se le reemplaza por la de la primera columna.

## Imbéciles de embajada

Wheatstone presentó ese código al Ministerio de Asuntos Exteriores británicos, que lo rechazó porque lo encontraba demasiado complejo. El científico propuso entonces mostrar que su sistema podían dominarlo en menos de quince minutos las tres cuartas partes de los chicos de una escuela vecina. A lo que el subsecretario del Ministerio respondió: «Es posible, pero no conseguirá usted enseñarlo a los miembros de la embajada». Es difícil saber si esta historia es verídica, incluso si debemos reconocer que ese cifrado tiene dificultades de uso. Un amigo de Wheatstone, lord Lyon Playfair, consiguió, sin embargo, que las autoridades militares lo aceptaran, bajo el nombre con el cual se lo designa todavía hoy. El cifrado de Playfair fue utilizado por los británicos en 1914. El criptólogo estadounidense Joseph Mauborgne (1881-1971) mostró ese mismo año cómo descifrarlo y, de hecho, los alemanes también lo consiguieron en pocas horas. Los británicos no lo emplearon entonces más que para proteger las informaciones que exigían un secreto de corta duración, como el anuncio de un tiroteo masivo para cubrir un avance hacia las líneas enemigas.

Antes de que les explique cómo descodificarlo, veamos cómo hicieron los británicos para descifrar este tipo de mensajes. Para esto, imaginemos que recibimos el siguiente mensaje cifrado:

XGUNS VLSFK UVIEA OSOFG MGIAN BEOMS DVOFS QR-
GES TSETU SFLEM SFMUY LOLVT CKAOS UNLOA CLKUQ
ISDUG SZ

Para descifrarlo, se aplican las reglas precedentes al revés. Se comienza entonces por la pareja XG, que da PT (ver el cuadro precedente). De la misma forma, UN da CE, etc. El significado aparece al final de nuestro trabajo: «P 109 coulé. Détroit Blackett. Deux milles Sud-Ouest Meresu. Équipage 12. Demande information» [PT 109 hundido. Detroit Blackett. Dos millas sudoeste Meresu. Tripulación 12. Pide información].

---

**LO QUE DEBEMOS DESCIFRAR:**

### Un cifrado Playfair conocido

Cuando la noche en el frente donde permanecemos está en calma, el general Sanche envía el siguiente mensaje de madrugada:

Nuit calme sur le front est de Nancy. Général Sanche.
[Noche calma en el frente este de Nancy. General Sanche.]
Al despertar el día, se intercepta el mensaje cifrado:

FPDSN LERTM PMETC UAFOT ISKTH PCBVJ
ABLML EPTCB KA

Y luego el siguiente mensaje:

LOOLV STLQD AXOMM LPQUP CRLNA OLBAB
OQFCD OFLEA BAAJL PJQ

¿Puedes descifrarlo?

---

Este mensaje se refiere a un acontecimiento histórico ligado al futuro presidente de Estados Unidos, John Kennedy, cuando era oficial de marina durante la Segunda Guerra Mundial. Al tratar-

135

se de un mensaje verídico, es en la singularidad de su redacción donde reside el interés criptográfico, por lo que no lo adaptamos al castellano. En 1943, dirigía un patrullero (el PT 109) cuando su barco fue dañado y partido en dos por un destructor japonés. Con los supervivientes, consiguió agarrarse a la proa y llegar a nado hasta una isla desierta. Gracias al radio de a bordo que habían conservado, Kennedy envió entonces el mensaje siguiente, versión inglesa del que damos más arriba.

> KXJEY UREBE ZWEHE WRYTU HEYFS KREHE GOYFI
> WTTTU OLKSY CAJPO BOTEI ZONTX BYBWT GONEY
> CUZWR GDSON SXBOU YWRHE BAAHY USEDQ

Los guardacostas australianos utilizaban corrientemente el cifrado Playfair, cosa que John Kennedy sabía. También conocía visiblemente las claves corrientes, porque los australianos descifraron su mensaje: fue socorrido diez horas después. Años más tarde se hizo una película de ficción, muy alejada de la realidad —el mensaje estaba grabado en una cáscara de coco y era transportada por los indígenas. El código, sin duda, fue considerado demasiado complicado para el público.

---

#### LO QUE DEBEMOS DESCIFRAR:

**El mensaje de Kennedy**

He aquí el mensaje del futuro presidente:

> KXJEY UREBE ZWEHE WRYTU HEYFS KREHE
> GOYFI WTTTU OLKSY CAJPO BOTEI ZONTX BYBWT
> GONEY CUZWR GDSON SXBOU YWRHE BAAHY
> USEDQ

La clave que servía para cifrar su mensaje era «Royal New Zealand Navy».
¿Podrás socorrer al náufrago?

Por el mismo motivo que en el caso anterior, no lo adaptamos al castellano. Los japoneses no estaban lejos, pero por suerte para Kennedy y su tripulación, fueron incapaces de descifrar su mensaje. Sin embargo, era posible gracias al análisis de las frecuencias de los dígrafos. Los más corrientes en francés son ES, EN, ON, OU, TE, NT y DE.

El futuro presidente de Estados Unidos, John Kennedy
a bordo del patrullero PT 109, en 1943.

## El código de Hill, o la irrupción de las matemáticas

El cifrado de Playfair invitaba a una generalización de trigramas y tetragramas y más aún, de manera general, a los poligramas. Tras varios fracasos de la vía geométrica de Wheatstone, un matemático estadounidense, Lester Hill (1891-1961), recuperó el asunto con ayuda del álgebra y la aritmética modular. Esa palabra complicada «modular» recubre, de hecho, una realidad muy simple. Las letras del alfabeto latino pueden reemplazarse de varias maneras por números, ya sea en orden o en desorden. Por ejemplo, se puede convenir de la correspondencia siguiente, donde los números están escogidos entre 0 y 25:

137

| A | B | C | D | E | F | G | H | I | J | K | L | M |
|---|---|---|---|---|---|---|---|---|---|---|---|---|
| 15 | 7 | 2 | 14 | 23 | 9 | 25 | 21 | 13 | 8 | 16 | 11 | 1 |

| N | O | P | Q | R | S | T | U | V | W | X | Y | Z |
|---|---|---|---|---|---|---|---|---|---|---|---|---|
| 3 | 10 | 24 | 12 | 5 | 4 | 0 | 18 | 20 | 19 | 22 | 17 | 6 |

Este cuadro permite codificar cualquier dígrafo por una pareja de números entre 0 y 25. Así, EN y (23, 3) pueden considerarse como una misma entidad. El cifrado de los dígrafos se opera entonces por medio del cálculo y no por medio de la geometría, como en el cifrado de Playfair. La clave está constituida por cuatro letras que corresponden a cuatro números *a, b, c, d*. El cifrado de un dígrafo *(u, v)* es el dígrafo *(x, y)* donde *x* e *y* son las dos ecuaciones:

$$x = a\,u + b\,v \text{ e } y = c\,u + d\,v$$

sabiendo que las operaciones se realizan en módulo 26, es decir que sus resultados son sistemáticamente reemplazados por sus restos en la división por 26.

Si la clave es RFZH, es decir (5, 9, 6, 21), el cifrado de EN (23, 3) corresponde a los cálculos: $x = 5.23 + 9.3 = 142$, es decir, 12 módulo 26, o sea Q e $y = 6.23 + 21.3 = 201$ o sea 19 módulo 26, o sea W. El cifrado del dígrafo EN es QW. Para descifrar, es necesario calcular *u* y *v* en función de *x* e *y*. El cálculo aporta una sorpresa: el cifrado de QW es EN como lo demuestran los cálculos:

$5.12 + 9.19 = 231$ o sea 23 módulo 26, es decir E y
$6.12 + 21.19 = 471$ o sea 3 módulo 26, es decir N.

Ese resultado es general, pero corresponde a nuestra elección particular de la clave. Se descifra igual que se cifra. Ya hemos visto esta particularidad con el Rot13 y los alfabetos reversibles. Cuando cifrado y descifrado se confunden, se habla de cifrado involutivo, vocabulario de los matemáticos, donde una función se llama involutiva si es su propia recíproca. En el caso del cifrado de Hill esta obligación de involutividad posee un gran número de claves posibles.

El método se extiende a los trigramas, tetragramas, etc. El cifrado de Hill liga entonces la criptografía a las matemáticas y abre la vía a la utilización de grupos y cuerpos terminados como en el sistema RSA o las curvas elípticas, que veremos más adelante (ver capítulo 13). Aquí, uno de los defectos del cifrado que hemos propuesto es la utilización del número 26, puesto que el conjunto de los números entre 0 y 25 dotado de la adición y la multiplicación módulo 26 no tiene las propiedades algebraicas de los números reales. Así es como algunos números no nulos no son irreversibles, puesto que $2.13 = 0$ módulo 26.

---

LO QUE DEBEMOS DESCIFRAR:

## Un cifrado afín

Se intercepta el mensaje:

RMYNS KVORI DMORM VHLDU EFOVH FUDSR
HRHBN RHVSL DUEFO VHYVE HNHKD KNLDV
SRHKR PRSHF QRRHR SKVSL RHUFL DMORO
RHLDU EFE

Sabemos que fue cifrado por medio de un cifrado afín, es decir que cada letra primera se convirtió en un número $x$ entre 0 y 25, y luego se le reemplazó por el resto en la división por 26 del número a $x$ + b donde a y b son dos números, que luego se convierten en letra con la conversión del principio.

¿Estos elementos te permitirán descifrarlo?

---

Para paliar ese tipo de problema, más vale reemplazar 26 por un número primo, 29 por ejemplo, añadiendo algunos símbolos adicionales a las letras del alfabeto. Veremos más adelante esta irrupción de los números primos en criptografía con el método RSA. Desde ese punto de vista, el cifrado de Hill tiene un interés más teórico que práctico, por su complejidad. Pero tiene el mérito de vincular con firmeza la criptografía a las matemáticas. Gracias a esa conexión muchos matemáticos tuvieron un puesto en los servicios de cifrado durante la Segunda Guerra Mundial.

## 5

## LA REVOLUCIÓN DE ROSSIGNOL
## Y UNA PIZCA DE DESORDEN

Más allá de las consideraciones alrededor de la seguridad, la complejidad de un método de cifrado es un punto clave. Ahora bien, si cifrar los dígrafos era una buena respuesta frente a la debilidad de los cifrados por sustitución monoalfabética, la dificultad disuadió, sin duda, a los criptólogos. Y es que la verdadera invención que hizo dar un salto hacia delante a la criptografía y volvió los cifrados mucho más seguros fue la llegada de Antoine Rossignol, el fundador del *Cabinet noir* que ya encontramos al comienzo de este libro. Rossignol fue el primero en utilizar los diccionarios cifrados desordenados, y uno de sus mejores ejemplos fue la Gran Cifra de Luis XIV. Con éxito porque, como una fortaleza impresionante, la Gran Cifra resistió tres siglos al asalto de los descodificadores.

### Un eslabón intermedio

Las tablas de cifrado que hemos encontrado hasta aquí corresponden a sustituciones alfabéticas, eventualmente provistas de nomenclátores. Sin embargo, como ya hemos visto en los primeros capítulos, el comienzo del siglo xx estará marcado por la utilización de diccionarios cifrados (recuerda que se trata de una larga letanía de correspondencias entre los números y las palabras). ¿Cómo se efectuó la transición entre unos y otros? Volvamos a los archivos de Estrasburgo: el primer cuadro que semeja a un diccionario cifrado está fechado en 1636. Servía para la correspondencia entre el soberano de Baviera y su general sobre el terreno (el feld mariscal Goetz, para los apasionados de la historia). Se trata de una especie de intermediario entre las cifras homofónicas y los diccionarios cifrados desordenados. Las cifras no son números, como en el caso de los diccionarios cifrados, sino símbolos seguidos de números.

Protodiccionario cifrado de los archivos de Estrasburgo, fechado en 1636 (detalle).

¿Cuál es la ventaja de este método? Muy simple: permite descifrarlos con facilidad, puesto que basta con el cuadro de cifrado. Pero su mayor inconveniente es que las cifras de las palabras que comienzan por la misma letra están ordenadas entre ellas. Me explico: si se descubre que 910 significa *ab* y 920 *alb,* las cifras entre 911 y 919 corresponden a palabras entre *ab* y *alb* en orden alfabético. Consciente de esta debilidad (que se convierte en fallo entre las manos de un descifrador), el gran Antoine Rossignol fue el primero en modificar esos cuadros y elaborar diccionarios cifrados desordenados, lo que condujo al Gran Cifrado. Además, por prudencia, Rossignol siempre guardaba un cifrado nuevo en reserva en un sobre sellado. Así, si advertía que un cifrado ya no era seguro, podía cambiarlo de inmediato (estos problemas de logística con relación al secreto compartido, siguen siendo muy actuales).

Parece que la debilidad subrayada por Antoine Rossignol se generalizó durante la primera mitad del siglo XVII. Se le encuentra, totalmente o en parte, en cierto número de cifrados que datan del reino de Luis XIV, donde todas las palabras que comienzan por a o b están cifradas en orden, por números que terminan en 1, así como las palabras que comienzan por «da» con un número que termina en 2, etc. Esos cifrados están acompañados de una lista de términos que sirven para esconder los nombres propios (personalidades, lugares o materiales). Así, las «naranjas» son «bombas», los «limones», «granadas», la «Selva negra», «zurzach», etc. De manera general, se cambian los nombres de las ciudades.

Instrucciones para dar el nombre de regimiento de dragones y de infantería (que se convierte en «paquetes de hilo»).

143

| A | B | C | D | E | F | G | H | I | K | L | M | N | O |
|---|---|---|---|---|---|---|---|---|---|---|---|---|---|
| 31 | 41 | 51 | 61 | 71 | 81 | 91 | 101 | 111 | 121 | 131 | 141 | 151 | 161 |
| 8 | 11 | 16 | 13 | 10 | | 9 | | | 15 | 18 | 7 | | |

| | | | | | | | | | |
|---|---|---|---|---|---|---|---|---|---|
| an | 23 | de | 24 | general | 25 | Lo | 26 | Manage | |
| au | 32 | di | 33 | guerre | 34 | Lu | 35 | Monsieur | |
| auec | 40 | do | 42 | Ha | 43 | Leur | 44 | Mgr | |
| ainsy | 49 | du | 50 | he | 52 | luy | 53 | Madame | |
| aussy | 58 | dans | 59 | hi | 60 | Les | 62 | Ministre | |
| alliance | 67 | des | 68 | ho | 69 | leRoy | 70 | Mantoue | |
| auec | 76 | En | 77 | hu | 78 | leB. de Conty ou | | Modene | |
| ambassade | 85 | elle | 86 | homme | 87 | leR. de Pologne | 79 | Madrid | |
| allemans | 93 | est | 94 | honneur | 95 | Elec de saxe | 96 | Milan | |
| Autriche | 102 | eux | 103 | hollande | 104 | le Cal Radziwski | 105 | Na | |
| Allemagne | 110 | ens | 112 | hongrie | 113 | le pape | 114 | ne | |
| | | enc | 120 | Ja | 122 | le Cal de Spada | 123 | ni | |
| Da | 119 | | | je | 130 | le Cal panciatici | 132 | no | |
| fe | 128 | Eminence | 129 | ji | 139 | le Cal Albani | 140 | nu | |
| | | Excellence | 138 | jo | 148 | le Cal Barberin | 149 | nous | |
| bo | 146 | Espagne | 145 | ju | 157 | Umpire | 167 | nostre | |
| bu | 155 | Electeur | 156 | jl | 166 | l'Empereur | 176 | Naples | |
| bien | 164 | Fa | 165 | in | 175 | le gd Duc | 184 | negociation | |
| bon | 173 | fe | 174 | interest | 183 | la Reyne | 192 | neanmoins | |
| beaucoup | 180 | fi | 182 | intention | 190 | les Turcs | 199 | Nonce | |
| bulles | 188 | fo | 189 | Italie | 198 | les tartares | 207 | On | |
| Brandebourg | 196 | fu | 197 | Imperiaux | 206 | les Moscovites | 215 | ont | |
| Ca | 204 | faire | 205 | Ka | 214 | Ma | 223 | oit | |
| ce | 212 | fait | 213 | Ke | 222 | Me | 230 | orient | |
| ci | 219 | faut | 220 | Ki | 229 | Mi | 238 | ons | |
| co | 227 | Ga | 228 | Ko | 237 | Mo | 246 | ordre | |
| cu | 235 | ge | 236 | Ku | 245 | Mu | 254 | ou | |
| cour | 243 | gi | 244 | La | 253 | mais | 262 | ordinaire | |
| contre | 293 | go | 252 | Le | 260 | ment | 269 | Pa | |
| comme | 250 | gu | 259 | Li | 268 | | | | |
| camps | 292 | grand | 267 | | | | | | |
| Cardinal | 258 | | | | | | | | |
| Da | 266 | | | | | | | | |

Cuadro de cifrado para la correspondencia entre el marqués de Huxelles y el marqués de Villard. Los cifrados están desordenados y presentan las instrucciones de nulidad para complicar la tarea de los descifradores. Así, en la penúltima

| P | Q | R | S | T | V | X | Y | Z | & | m | n | st |
|---|---|---|---|---|---|---|---|---|---|---|---|---|
| 171 | 181 | 191 | 201 | 211 | 221 | 231 | 241 | 251 | 261 | 271 | 281 | 291 |

| | | | | | | | | | | |
|---|---|---|---|---|---|---|---|---|---|---|
| 27 | pe | 28 | Regale | 29 | Vous | 30 | Nuls | | | |
| 36 | pi | 37 | Rome | 38 | Vostre | 39 | 21. 22. 301 | | | |
| 45 | po | 46 | Republique | 47 | un | 48 | Annulans | | | |
| 54 | pu | 55 | Sa | 56 | Voir | 57 | | | | |
| 63 | pour | 64 | Se | 65 | vr | 66 | 311. 321. 331 | | | |
| 72 | paix | 73 | Si | 74 | Venise | 75 | | | | |
| 80 | pas | 82 | So | 83 | Vienne | 84 | Ce qui est entre | | | |
| 88 | Prince | 89 | Su | 90 | Xa | 92 | ces chiffres ne sert | | | |
| 97 | pologne | 98 | Sans | 99 | xe | 100 | de rien | | | |
| 106 | personne | 107 | Ses | 108 | xi | 109 | 341. 351. | | | |
| 115 | particulier | 116 | Son | 117 | xo | 118 | | | | |
| 124 | | | Sur | 126 | xu | 127 | | | | |
| 133 | pendant | 125 | | | Za | 136 | | | | |
| 142 | Parme | 134 | Sa sainteté | 135 | Ze | 145 | | | | |
| 150 | qua | 143 | Sam te | 144 | Zi | 154 | | | | |
| 159 | que | 152 | Sauoye | 153 | Zo | | | | | |
| 168 | qui | 160 | Suede | 162 | Zu | 172 | | | | |
| 177 | quo | 169 | Ta | 170 | | | | | | |
| 185 | quu | 178 | te | 179 | Angleterre | 274 | | | | |
| 193 | quand | 186 | ti | 187 | Prusse | 275 | | | | |
| 200 | quoy | 194 | to | 195 | le C. de Briord | 360 | | | | |
| 208 | quil | 201 | tu | 209 | le C. de Kinski | 361 | | | | |
| 216 | quille | 209 | tou | 210 | le P. de salms | 362 | | | | |
| 224 | Ra | 217 | tant | 218 | le P. Pietristein | 363 | | | | |
| 232 | re | 225 | troupes | 226 | le C. Parach | 364 | | | | |
| 239 | ri | 233 | tion | 234 | le m. de Villars | 365 | | | | |
| 247 | ro | 240 | Va | 242 | le m. de Pries | 366 | | | | |
| 255 | ru | 248 | Ve | 249 | M. des Thomas | 367 | | | | |
| 263 | vient | 256 | Vi | 257 | M. le D. de sauoye | 368 | | | | |
| 270 | vont | 264 | Vo | 265 | M. de Carignan | 369 | | | | |
| | Roy | 272 | vu | 273 | M. d'harcourt | 370 | | | | |
| | | | | | M. de Callard | 371 | | | | |
| | | | | | Me Royalle | 372 | | | | |
| | | | | | M. la D. Royalle | 373 | | | | |
| | | | | | M. la D. de Bourg | 374 | | | | |
| | | | | | M. le C. de bouillon | 375 | | | | |

columna vemos que además de nulos y «anulantes» (la cifra siguiente), dos símbolos sirven para rodear las partes enteramente nulas.

145

## La seguridad nace del caos

Esos diccionarios cifrados, para ser verdaderamente sólidos, tienen que ser desordenados. A partir de la década de 1680, la mayoría de los cifrados que se encontraban en los archivos de Estrasburgo lo eran, como el que sirvió para la correspondencia entre el marqués de Huxelles y el marqués de Villard.

Para descifrarlo, no basta con leer los cuadros de cifrado al revés, lo que equivaldría a utilizar un diccionario francés/alemán para traducir un texto alemán al francés. La búsqueda de palabras sería extremadamente fastidiosa. Para facilitar el trabajo de traducción de cifras/palabras, aparecieron los cuadros de descodificación, ordenados según las cifras. En el cuadro que presentamos aquí, vemos rápidamente que 258 significa «cardenal».

Extracto de un cuadro de descifrado para la correspondencia entre los marqueses de Huxelles y de Villard.

En aquella época, se solía descifrar el mensaje directamente sobre el papel como lo ilustra el extracto de una carta que venía de San Petersburgo, recibida por el secretario de la Marina, el conde de Maurepas, en 1744. Podemos observar que la misiva solo está cifrada en parte, lo que es una debilidad más, puesto que corre el riesgo de ofrecer un montón de palabras probables.

Extracto de una carta parcialmente cifrada, fechada en 1744. Enviada desde San Petersburgo y destinada al conde de Maurepas.

Estos cuadros iban acompañados de instrucciones para utilizarlos. Aquí podemos ver las del cuadro de Puisieulx de 1750. Destinadas a la diplomacia francesa, contenían 12 000 números.

> Señores, encontrarán en este paquete tres nuevos cuadros de cifrado, a saber: uno ordinario, uno de reserva y otro de correspondencia, con una instrucción sobre la manera de usarlo. Comprenderán fácilmente la importancia de que recomienden a sus secretarios respetar escrupulosamente esta instrucción.

Como podemos comprobar, estaba previsto un cuadro de reserva, precaución que ya tomaba Rossignol. Luego, seguían un cierto número de reglas imperativas. La primera era:

> No hay que poner en los artículos cifrados ninguna palabra en claro y hay que estar muy atento para que el cifrado no parezca

tener ninguna razón con lo que precede o sigue en claro o que pueda proporcionar alguna luz sobre los artículos cifrados (...)

Después de haber escrito en la primera línea 6 o 7 números al azar, se comienza el comunicado o el artículo que debe cifrarse: se cifrará lo que debe serlo hasta el final; entonces se utilizará el número que marca el final y se agregarán luego algunos números al azar (...).

Solo se utilizará el cifrado de reserva cuando se sospeche que el cifrado ordinario no es seguro. Entonces no se utilizará en absoluto el cifrado ordinario y los informes quedarán cifrados con el cifrado de reserva.

Este último punto estaba destinado a evitar ofrecer a un eventual interceptor del cifrado ordinario una piedra de Rosetta que le permitiera descubrir el cifrado de reserva.

## La regresión de la Revolución y del Imperio

La excelencia francesa en materia de criptografía terminó con la Revolución. Sin duda, una de las razones fue la disolución del *Cabinet noir*, que era uno de los agravios importantes de 1789. Se perdió entonces una experiencia que se transmitía de generación en generación. En particular, la debilidad de cifrar solo las partes que se querían guardar en secreto se volvió casi sistemática en el ejército revolucionario como en el ejército imperial que le sucedió. Se distinguían dos tipos de cifrados, los pequeños y los grandes (los grandes se suponían más sólidos que los pequeños), incluso exageraríamos si decimos que todos fueron pequeños para sus utilizadores, como lo demuestra el examen de los papeles de George Scovell (1774-1861), el descodificador del general británico Wellington (el vencedor de Waterloo).

Los británicos, de la misma manera que harían luego durante las dos guerras mundiales, sistematizarán la intercepción y la descodificación de los mensajes creando, bajo las órdenes de Scovell, cuerpos de exploradores. Tenían el encargo, además de la misión habitual de guiar al ejército, de transportar mensajes, interceptar los del enemigo, pero también descifrarlos. Estos exploradores eran escogidos por su conocimiento del francés, el español y el inglés, más allá de sus cualidades propiamente militares. Recordemos que al comienzo del siglo xix, Europa del Oeste estaba desgarrada por una guerra que oponía Francia a las fuerzas aliadas que reunían a la mayoría de los otros países, como la Corona de Inglaterra, Alemania y España.

---

LO QUE DEBEMOS DESCIFRAR:

### El mensaje del comandante Pulier

En 1796, durante la campaña de Italia, mientras se encontraba en Liguria, el comandante Pulier, envió a su general el siguiente mensaje, conservado en los archivos del ejército:

11 00 05 09 02 03 00 07 21 04 17 00 19 00 07 05 11 20 14 00
00 11 09 00 24 03 01 04 24 14 05 07 21 04 16 05 21 05 11 11
04 19 09 00 17 07 05 19 05 09 00 07 04 13 25 05 07 00 24 03
16 03 09 04 11 05 04 07 09 00 19 09 00 09 03 07 03 17 03 07
13 00 01 05 19 05 19 05 05 06 03 05 11 00 05 13 03 24 04 01
04 00 11 12 07 03 01 00 07 16 05 21 05 11 11 04 19 09 00 24
05 23 05 09 04 07 00 13 05 14 19 20 14 00 00 11 09 00 13 21
05 24 05 01 00 19 21 04 20 14 00 00 13 21 05 16 05 00 19 13
12 04 21 04 07 19 04 19 04 13 00 05 09 00 01 03 09 03 02 03
13 03 04 19 11 04 25 00 25 00 24 25 04 07 00 11 00 02 05 07
12 04 07 01 03 13 21 07 04 12 05 13 11 00 07 14 00 17 04 09
05 07 01 00 04 07 09 00 19 00 13 12 05 07 05 00 11 07 00 00
01 12 11 05 23 04 09 00 00 13 00 09 00 13 21 05 24 05 01 00
19 21 04 12 05 07 05 20 14 00 00 11 04 21 07 04 02 14 00 11
02 05 01 00 19 05 07 09 13 00 09 03 07 03 17 00 05 13 05 02
04 19 00 09 04 19 09 00 07 00 21 03 16 03 07 05 01 03 13 19
14 00 02 05 13 04 07 09 00 19 00 13 21 04 14 07 00 21 07 00
00 01 12 11 05 23 05 05 09 14 12 14 03 13 00 19 06 03 19 05
11 00

Suponemos que habla de las ciudades de Liguria como Finale, Savona y Spotorno.
Con esas indicaciones ¿sabrás descifrar el mensaje?

---

Las cifras pequeñas podían ser simples sustituciones alfabéticas, como en el mensaje emitido por el comandante francés Pulier durante la primera campaña de Italia (ver el LQDD precedente). Pero también podía tratarse de diccionarios cifrados de una centena de palabras con pasajes en claro. En ambos casos, los secretos que escondían no eran difíciles de descubrir. Scovell necesitó solo dos días para romper el pequeño cifrado del ejército francés de Portugal en 1811.

En principio, las cifras grandes eran comparables a los cuadros de cifrado anteriores. Sin embargo, para ganar tiempo, se tomó la mala costumbre de escribir en claro y no esconder más que lo que se consideraba secreto. Por supuesto, el descifre exige conocer bien la situación, pero sigue siendo fácil para un buen lingüista. Aquí tenemos un ejemplo que figura en los archivos de Scovell. La ciudad fortificada de Rodrigo estaba asediada por los británicos cuando el general Montbrun, que comandaba la división de la caballería francesa, envió un mensaje que fue interceptado por los hombres de Scovell. En el primer parágrafo, Montbrun tomaba conocimiento del precedente mensaje de la víspera y continuaba así:

> Me apresuro a transmitir el contenido a 25. 13. 8. 9. 38. 19. 18. 37. 14. 10. 33. 28. 17. 34. 14. 17. 26. 5. 19. 21. 23. 31. 32 que me ordenaron comunicarme con usted.

Veamos el razonamiento de Scovell. ¿Quién podía ordenar algo a un general de división, sino el general que dirigía el ejército, en este caso, el mariscal Marmont? La longitud misma de la parte cifrada (¡23 números!) incitaba a pensar que el codificador de Montbrun había recurrido a los títulos más pomposos de Marmont, como excelencia, mariscal y duque de Raguse. Algunos intentos permiten encontrar una posibilidad de 23 letras:

S.E. Le Maréchal, Duc de Raguse.
*(S. E. El mariscal, duque de Raguse)*

Las repeticiones de cifras (14, 17 y 19) son conformes a esta hipótesis, puesto que se cifran dos veces de la misma manera (C, D, y A). Es así como la pequeña adivinanza fácil de 23 letras que acabamos de resolver propone así veinte equivalentes y cinco maneras de cifrar la E. Es inútil decir que un cifrado pequeño no podía resistir mucho tiempo a ese tipo de error. Ese simple trabajo de Scovell le proporciona casi el 20 % del cuadro de cifrado. Encontraremos este tipo de errores de los codificadores hasta la Segunda Guerra Mundial, como veremos más adelante (ver capítulo 11).

En 1813, cuando comienzan las deserciones entre los aliados de Napoleón y entregan a sus enemigos las tablas de cifrado, podemos concebir que unos cifrados nuevos serían bienvenidos para los franceses. Desdichadamente, habían olvidado la precaución de Rossignol y de Puisieulx de disponer siempre de un cifrado de reserva y el ejército napoleónico tenía siempre un cifrado de retraso con respecto a sus enemigos.

El ejército francés terminó por adaptar el cifrado de Puisieulx de 1750, inicialmente previsto para la diplomacia. Este origen limitaba los términos militares, lo que reducía el número de códigos efectivos.

En realidad, los códigos secretos no eran una fuerza del ejército napoleónico: durante la campaña de Rusia en 1812, la Grand Armée comunicaba con un pequeño cifrado de 240 códigos para esconder las partes que no se dejaban en claro. Tanto que, según el mismo zar Alejandro I, los servicios de información rusos interceptaban y descifraban casi todos los mensajes de Napoleón. Cuando volvió la paz, he aquí lo que dijo el zar al mariscal Macdonald para consolarlo de sus derrotas francesas:

> Nos ayudó mucho conocer siempre las intenciones de su emperador según sus propios comunicados. E interceptamos muchísimos durante las últimas campañas.

El mariscal le respondió:

> No es sorprendente que hayan podido leerlos, seguramente un traidor les dio la clave.

Y el zar añadió:

Nada de eso. Le doy mi palabra de honor que no fue así. Simplemente conseguimos descifrarlos.

## El gran ejército imperial = la gran fotocopiadora

¿Qué errores cometían los codificadores de Napoleón? De hecho, los comunicados de la Grand Armée, como los de Felipe II y tantos otros en periodos de conflicto, se enviaban en varios ejemplares. El enemigo recuperaba a menudo varias copias del mismo mensaje, lo que hubiera podido ser benigno si no hubieran estado cifrados de manera idéntica. La reproducción se hacía en apariencia a partir del original no cifrado, lo que da, por ejemplo, esos dos ejemplares cifrados diferentes del mismo mensaje del mariscal Berthier en septiembre de 1813, un mes antes de la batalla de Leipzig (página siguiente).

A causa de esta torpeza, si se interceptaban dos mensajes, el enemigo podía comenzar a descifrar para conservarlo.

Por ejemplo, la primera frase «El emperador ordena que se dirijan lo más pronto posible» nos indica luego «hacia» una ciudad o un lugar. Es verosímil que 167 signifique S, 138, U y 169, R. De la misma manera «dejando solo» llama a «a», y 15 significa probablemente A.

Al volver el texto, descubrimos al final del mensaje «Puede dirigirse en línea recta 169. R. 40. 35. UR. 81. S U R 87. 53. A.», lo que significa probablemente:

«Puede dirigirse en línea recta por tal ciudad (40. 35. UR. 81.) hacia tal otra (87. 53. A).» El nombre de la primera ciudad, alemana, termina seguramente por «burg», de manera que 35 significa B y 81, G.

Péterswald, este 17 de septiembre de 1813,
Señor Mariscal,
el emperador ordena que
se dirija lo antes posible
167. 138. 169. 106. 171. 15. 117
con su infantería, su caballería y
su artillería, dejando solo 15.
164. 138. 169. 176. 166. 35.
138. 169. 81 que es lo que su
Majestad ha designado para
106. 78. Su principal objetivo
será mantener 107. 87. 176. 115.
176. 169. 53. 52. 167. 52. 35.
138. 6. 85. 82. 52. 106. 171.
171. 15. 117 y expulsar 117.
107. 156. 169. 145. 171. 115.
167. 68 que maniobran en 20.
176. 131. 75. Puede dirigirse en
línea recta 156. 169. 40. 35. 138.
169. 81. 167. 138. 169. 87. 53.
91.
Príncipe Vice-Condestable, Mayor General, Berthier

Péterswald, este 17 de septiembre de 1813,
Señor Mariscal,
el emperador ordena que 175.
138. 167. 164. 90. 138. 167. 152.
169. 145. 53. 166. 117. 137. 103.
157. 176. 152. 167. 134. 37. 37.
117. 174. 169. 106. 171. 15. 117.
15. 132. 6. 175. 176. 126. 48.
164. 153. 126. 32. 50. 175. 176.
126. 25. 68. 94. 105. 122. 171.
115. 176. 15. 164. 118. 169. 166.
35. 138. 169. 81. 136. 20. 173.
138. 53. 171. 107. 87. 82. 131.
15. 52. 134. 81. 94. 137. 90. 138.
169. 106. 51. 169. 116. 168. 115.
175. 176. 126. 137. 148. 115. 6.
119. 156. 90. 3. 176. 177. 146.
146. 52. 169. 82. 131. 169. 107.
92. 126. 52. 167. 23. 53. 35. 138.
6. 61. 167. 52. 106. 171. 39. 53.
50. 52. 6. 72. 167. 177. 169. 117.
167. 137. 22. 145. 171. 115. 167.
68. 154. 107. 94. 138. 164. 126.
115. 176. 16. 115. 167. 20. 176.
131. 67. 126. 6. 145. 175. 138.
167. 126. 115. 23. 126. 68. 23.
159. 92. 53. 93. 81. 94. 137. 22.
6. 90. 35. 138. 169. 81. 174. 169.
119. 53. 115. 15.
El Príncipe Vice-Condestable, Mayor General, Berthier.

La parte enteramente cifrada comienza entonces a desvelarse. Por ejemplo, el «vous vous» [dos veces usted] fue cifrado como 175. U. S. 164. 90. U. S., por eso 175 significa VO, 164, V y 90, O.

Esas equivalencias facilitan la progresión hasta el punto de que la penúltima ciudad se revela: se trata de Coburg. Un mapa de Alemania deja entonces pensar que la última ciudad, cuyo nombre termina por A, es Iena. Si seguimos así, terminamos por descubrir el mensaje de Berthier:

> El emperador ordena que se dirija lo más pronto posible hacia Saale, con su infantería, su caballería y su artillería, dejando a Wurtzbourg lo que Su Majestad ha designado como guarnición. Su principal objetivo será dominar las salidas de Saale y expulsar a los partisanos enemigos que maniobran en esta dirección. Puede entonces dirigirse en línea recta por Coburg sobre Iena [Jena].

## De un emperador a otro

El cifrado de Napoleón III parece haber sido más frágil aún que el de Napoleón I. El ejército francés comienza la guerra de 1870 con un diccionario cifrado concebido para la diplomacia. Desde las primeras batallas, el mariscal Bazaine telegrafiaba a París: «El cifrado destinado a la transmisión de los comunicados es muy incómodo y no contiene ninguno de los términos técnicos usados en la guerra». Las palabras como «enemigo», «batallón», «artillería» debían cortarse en letras y sílabas, lo que facilitaba su descodificación.

Cuando Bazaine se repliega hacia Metz con su ejército, los alemanes rodean la plaza fuerte. El otro ejército francés, bajo las órdenes del mariscal Mac Mahon, decide comunicar por telégrafo óptico para convenir de una acción combinada que consiguiera expulsar a Bazaine y forzar a los alemanes a levantar el sitio. Desdichadamente, estos últimos interceptaron y descifraron sin problema los mensajes franceses y así pudieron concentrar sus fuerzas en el punto de ataque.

La salida de Bazaine fue rechazada y Mac Mahon fue vencido. Más tarde, la victoria alemana de Sedan selló esa derrota y puso término a la guerra. En cierto sentido, el fracaso francés de 1870 fue también el de la información y el cifrado, lo que, paradójicamente, abrió la vía a la excelencia francesa durante la Gran Guerra.

# 6

# LOS CIFRADOS POR TRANSPOSICIÓN

Si este libro no estuviera dedicado a los códigos secretos, sino a la historia de la literatura, este capítulo estaría dedicado a los anagramas.

Como «gastos» es un anagrama de «togas», «morada» de «armado», «mentiras» de «terminas», algunos códigos secretos se divierten con los juegos de palabras y mezclan las letras del mensaje transmitido para confundir las pistas. En criptografía, el anagrama se convierte en cifrado por transposición. Al igual que la sustitución, esta técnica es antigua y exige, como su equivalente literario, importantes cualidades lingüísticas. Es así como el secreto de los campos de batalla se alía con los juegos de letras, como en el Scrabble.

## La escítala

El generador de anagramas más simple y más antiguo de la historia que se utilizó para codificar los mensajes fue la escítala. En su *Vida de Lisandro*, Plutarco (47-120) habla de ella. Cuenta de qué manera la utilizaban los magistrados de Esparta (los éforos) para comunicar con sus generales en campaña:

> Cuando un general parte para una expedición de tierra o de mar, los éforos toman dos varas redondas, de una longitud y tamaño tan perfectamente iguales, que encajan una y otra sin dejar entre ellas ningún vacío. Guardan una de esas varas y dan la otra al general;

esas varas se llaman escítalas. Cuando tienen un mensaje secreto importante que enviar al general, toman una cinta de pergamino, larga y estrecha como una correa, la enrollan alrededor de la escítala que guardaron, sin dejar el menor intervalo, de manera que la superficie de la vara quede cubierta. Escriben lo que quieren sobre esta cinta enrollada, y luego la desenrollan y la envían al general sin la vara.

Cuando este la recibe, no puede leer nada porque las palabras, separadas y dispersas, no forman ninguna frase. Atrapa entonces la escítala que llevó consigo y enrolla la cinta de pergamino, cuyos diferentes giros, una vez reunidos ponen en orden las palabras tal como las han escrito y presentan todo el contenido de la carta. Esta carta se llama escítala, por el nombre de la vara, como lo que se mide toma el nombre de lo que le sirve de medida.

El procedimiento es fácil de poner en práctica: se escribe sobre el papel enrollado alrededor de la escítala, se desenvuelve y el mensaje se vuelve entonces comprensible, como lo muestra este ejemplo:

LLSOI TTMAA TQTAR EEERU ERANS SUEPL SSSCUM PEADA INEER SEJTIN NRMLU EANTM UEN

Para descifrar el mensaje, hay que volver a enrollar la tira alrededor de la varilla como se ilustra en la página siguiente.

## Descifrado sin varillas

Imagina ahora que no tienes la vara. ¿Sería posible descifrar el mensaje? Sí, cortándolo en cintas de papel de la misma longitud. Unidas unas a otras, esos trozos del mensaje forman un rectángulo. Si el rectángulo tiene las buenas dimensiones, bastará leer ese cuadro, columna tras columna, para descifrar la misiva.

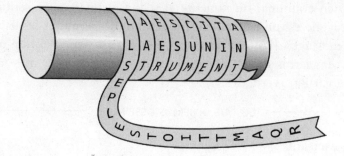

Se escribe sobre una cinta enrollada alrededor de una varilla llamada escítala. Cuando se le desenvuelve, el mensaje resulta incomprensible. Hemos escrito las letras en mayúsculas porque las cursivas (ligadas) aparecieron más tarde, en la época bizantina.

¿Cómo podemos encontrar el buen ancho y longitud del rectángulo? *A priori*, no conocemos más que el producto de esas dimensiones: es la longitud del mensaje sobre la cinta.

LLSOITTMAATQTAREEERUERANSSUEPLSSSCUM
PEADAINEERSEJTINNRMLUEANTMUEN

En este caso, tiene 64 letras. Son posibles varios productos de dimensiones, pero los más verosímiles son 8 veces 8 y 16 por 4. La descomposición en 4 longitudes de 16 y 8 longitudes de 8 dan:

| | |
|---|---|
| LLSOITTMAATQTARE<br>EERUERANSSUEPLSS<br>CUMPEADAINEERSEJ<br>TINRMLUEANTMUEN | LLSOITTM<br>AATQTARE<br>EERUERAN<br>SSUEPLSS<br>CUMPEADA<br>INEERSEJ<br>TINRMLUE<br>ANTMUEN |

Leído en columna, únicamente el segundo texto tiene sentido: «La scytale est un instrument permettant de permuter les lettres d'un message» [La escítala es un instrumento que permite permutar las letras de un mensaje]. El desciframiento es más fácil con la varilla, ¿verdad?

---

--------- LO QUE DEBEMOS DESCIFRAR: ---------

**La escítala**

El siguiente mensaje se cifró con una escítala:

EJIUL NOISE FNAFC TTHRA DEHUE AAEER OD-
MSD SCEYN EIOCI NLUND CIRCO ESOOT CINVA
CNAUA GE

¿Sabrás descifrarlo?

---

## El cifrado *rail fence* o zigzag

Durante la guerra de Secesión, en los dos campos, se utilizó un cifrado por transposición simple, del que se ignora su origen exacto: consiste en escribir el mensaje en varias líneas, alternando las letras o dispersándolas en dos líneas: es el zigzag o *rail fence* [valla] en referencia a las cercas que dibujan ese motivo. Así, para la frase «un message se crée» [se crea un mensaje], primero se escribe:

| U | | M | | S | | A | | E | | E | | R | | E |
|---|---|---|---|---|---|---|---|---|---|---|---|---|---|---|
| | N | | E | | S | | G | | S | | C | | E | |

La versión cifrada se lee luego línea tras línea:

UMSAE ERENE SGSCE

Si lo repartimos en tres líneas, el mensaje se convierte en:

160

| U | | | S | | | E | | | R | |
|---|---|---|---|---|---|---|---|---|---|---|
| N | E | S | G | S | C | E | | | | |
| | M | | | A | | | E | | | E |

USERN ESGSC EMAEE

Podemos continuar así con tantas líneas como queramos, a condición de que el mensaje sea suficientemente largo. En cuanto se conoce el método y el número de líneas utilizado, resulta muy fácil descifrarlo. Cuando las frecuencias son normales, el cifrado no comporta la sustitución, de manera que puede optarse por un cifrado por transposición, lo que conduce a intentar el *rail fence* con dos, tres o más líneas. Se puede variar el método comenzando el zigzag de manera diferente.

---
**LO QUE DEBEMOS DESCIFRAR:**

### El *rail fence*

El siguiente mensaje se cifró por medio de un *rail fence*:

EMAAO RPNLC TLASE ESJHS DCFAO
OURIF NEERS IESTN EIIDR AEDEN

¿Sabrás descifrarlo?

---

## Las cuadrículas giratorias

En la historia, ha habido mesas giratorias que permitían que los espíritus enviaran mensajes a los simples mortales que somos y también las cuadrículas giratorias gracias a las cuales, en el siglo XIX, se comunicaba de manera secreta. En su libro sobre la criptografía (*Handbuch der Kryptographie*), el coronel austriaco Edouard Fleissner von Wostrowitz (1825-1888) describió este sistema que proporciona transposiciones de textos, compuestos

161

por 36 letras en el siguiente ejemplo. Funciona a partir de un cuadrado de cartón de 6 por 6 cm, en el que se dibujan 36 cuadrados de 1 cm de lado (no son visibles en el dibujo). Nueve de esos pequeños cuadrados están agujereados.

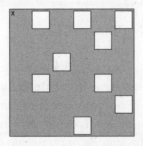

Una cuadrícula giratoria de lado seis.

Para conocer la posición inicial se necesita una cruz que figura arriba a la izquierda. Las casillas agujereadas se eligen de manera que si se gira tres veces la cuadrícula a 90° en el sentido de las agujas del reloj, cubran el cuadrado entero. Para mostrar cómo cifrar con esta cuadrícula giratoria, cifremos el mensaje: «Cita a mediodía en el palacio de Trocadero».

En la primera etapa, ciframos las 9 primeras letras CITAAMEDI colocando la cuadrícula sobre el papel y rellenando los agujeros en orden (ver la primera etapa del cifrado en la figura siguiente).

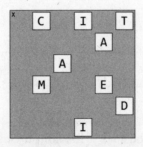

Primera etapa del cifrado.

Seguimos con el mensaje, girando tres veces la cuadrícula 90° en el sentido de las agujas del reloj. Como el texto solo tiene 35 letras, hay que completarlo con una X (ver el cifrado final).

162

| | | | | | |
|---|---|---|---|---|---|
| R | C | A | I | O | T |
| L | C | O | A | A | D |
| D | A | A | I | C | E |
| A | M | R | I | E | E |
| O | O | N | X | E | D |
| D | L | E | I | T | P |

Cifrado final.

Podemos escribirlo en línea: RCAIO TLCOA ADDAA ICEAM RIEEO ONXED DLEIT P, y enviarlo así. Para descifrarlo, basta con realizar las mismas operaciones al revés.

## El cifrado de Julio Verne

Un mensaje cifrado por medio de la cuadrícula giratoria es la base de la novela de Julio Verne, *Matías Sandorf*, publicada en 1885. Aquí lo mostramos tal como apareció en el libro:

```
AHEALZ      DNTESN      PEAEAU
DRNORU      EEVDAE      OTASQR
PNXHEA      NTRLSE      EDLEAO
EASPID      EAIETS      MADRÑI
AEAMIR      VISNON      OARTPE
DCNGIN      RDTAEO      PAESRL
```

Como hemos descubierto una cuadrícula giratoria (de las mismas dimensiones y recortadas de manera idéntica a la descrita anteriormente), los personajes la aplican sobre cada columna de la lista. Las palabras de cada columna forman en efecto un cuadrado de 36 letras. El primero es:

163

| A | H | E | A | L | Z |
|---|---|---|---|---|---|
| D | R | N | O | R | U |
| P | N | X | H | E | A |
| E | A | S | P | I | D |
| A | E | A | M | I | R |
| D | C | N | G | I | N |

Si se coloca la cuadrícula sobre ese cuadrado, aparecen solamente 9 letras.

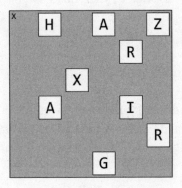

Giramos entonces la cuadrícula de 90° en el sentido de las agujas del reloj:

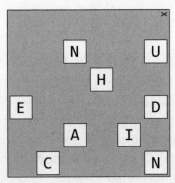

Si recomenzamos dos veces, el primer cuadrado da:

HAZRXAIRG NUHEDAICN EDNEPEDNI ALROPASAM

A pesar de que no se ve ningún sentido, los personajes no se desalientan y recomienzan con los dos otros cuadrados y obtienen:

NENARATNA VELESSODO TETSEIRTE DSEDNEIVN
EEUQLAÑES AREMIRPAL AODARAPER PATSEODOT

Esto parece aún más confuso, y uno de ellos piensa en leer el mensaje al revés, y todo se aclara: «Todo está preparado. A la primera señal que envíen desde Trieste, todos se levantarán en masa por la independencia de Hungría. Xrzah».

El texto había sido supercifrado escribiendo al revés, ¡la más simple de las transposiciones! El ejército alemán utilizó ese cifrado durante la Primera Guerra Mundial para las comunicaciones de proximidad. Como todos los otros, fue descubierto por el ejército francés.

---

LO QUE DEBEMOS DESCIFRAR:

**La cuadrícula giratoria**

Este mensaje se cifró por medio de una cuadrícula giratoria de lado 6:

MAALAE RGLIMA NLANAO ENTLIA XIRXOA NDEPAE

¿Sabrás descifrarlo?

---

Por supuesto, se pueden fabricar cuadrículas giratorias de cualquier número par, pero no lo intentes con lado impar porque es imposible. ¿Por qué? Simplemente porque el cuadrado de un número impar no es divisible por 4. Comencemos entonces por concebir un cuadrado de lado 8: se empieza por el lado 6 y se rodea por

165

las líneas de los cuadrados del lado uno. La solución más simple sería rellenar primero los siete primeros cuadrados de la línea superior.

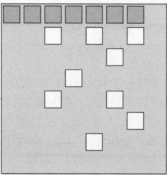

La cuadrícula obtenida conviene desde el punto de vista geométrico porque se rellena el cuadrado haciéndolo girar tres veces a 90º en el sentido de las agujas del reloj. Por el contrario, no conviene desde el punto de vista criptográfico porque algunas partes del mensaje quedarán en claro. Para remediarlo, basta con remarcar que cada casilla tapada puede reemplazarse por una de las que se obtienen si giramos la cuadrícula de 90º, 180º o 270º. Esto propone varias soluciones, como esta:

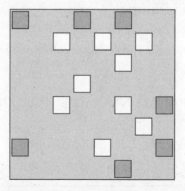

Las cuadrículas giratorias son una manera simple, rápida y más bien eficaz de cifrar un mensaje. Pero exigen transmitir y guardar con precaución un secreto, en este caso la cuadrícula. Desde ese punto de vista, convienen al principio de Kerckhoffs. A nivel de seguridad, son buenas para tirarlas a la basura.

---

LO QUE DEBEMOS DESCIFRAR:

## La cuadrícula giratoria de lado ocho

El mensaje que sigue fue cifrado con una cuadrícula giratoria de lado ocho:

DQSEOMRU ALAARAAT SATEETER CMAOLROE
PJPIAREE RLGCAIVT IROEECPN SEIRAEXP

¿Cuál es el mensaje?

---

Sigamos con Julio Verne, gran especialista en juegos de la mente.
En el *Viaje al centro de la Tierra*, una parte de la intriga reposa
sobre otro cifrado de transposición. Los personajes descubren un
pergamino con una inscripción en runas, caracteres islandeses:

Después de traducirlos a caracteres latinos, encuentran el texto
siguiente:

| mm.rnlls | esreuel | seecJede |
|----------|---------|----------|
| sgtssmf | unteief | niedrke |
| kt,samn | atrateS | Saodrrn |
| emtnael | nuaect | rrilSa |
| Atvaar | nscrc | ieaabs |
| ccdrmi | eeutul | frantu |
| dt,iac | oseibo | KediiY |

167

Los personajes tienen entonces la idea de leer las primeras letras de cada grupo en el orden habitual de lectura:

mmessunkaSenrA.icefdoK .segnittamurtnecertse rrette,rotaivsadua, ed necsedsadnelacartniiil uJsiratracSarbmutabil edmekmeretarcsilucoYs leffenSnl

Esta operación realiza una transposición del texto original. *A priori*, este texto no tiene ningún sentido, salvo si, como en *Matías Sandorf*, se lee el texto al revés para encontrar un texto en latín de la Edad Media:

In Sneffels Yoculi craterem kem delibat umbra Scartaris Julii intra calendas descende, audas viator, et terrestre centrum attinges. Kod feci. Arne Saknussemm.

En español, esto daría:

Baja al cráter del Yocul de Sneffels que la sombra del Scartaris viene a acariciar antes de las calendas de julio, audaz viajero, y llegarás al centro de la Tierra. Es lo que yo hice.
Arne Saknussemm.

¡Y que comience la aventura!

---

### LO QUE DEBEMOS DESCIFRAR:

## Un mensaje del centro de la Tierra

El mensaje que sigue fue codificado por medio del cifrado del *Viaje al centro de la Tierra*:

| .rlotu | gradsg | neeaee |
|--------|--------|--------|
| iijrrs | nTafan | haiiro |
| elvcfc | Leleia | édejch |
| vonas, | rreseo | etondv |
| Hnmeoa | .eomdr | acceiB |

¿Podrás resolverlo?

---

168

## Transposiciones rectangulares

Volvamos ahora al cifrado por escítala, que tiene el mérito de depender de una clave: el diámetro de la varilla que, por supuesto, no se ha divulgado, lo que responde a la regla de Kerckhoffs. Les mostraré que, con una pizca de espíritu matemático, es posible generalizar su principio. Como dijimos anteriormente, se puede simular su funcionamiento con ayuda de un rectángulo. Escribamos nuestro primer mensaje en línea en un cuadrado de lado 8.

| L | A | S | C | Y | T | A | L |
|---|---|---|---|---|---|---|---|
| E | E | S | T | U | N | I | N |
| S | T | R | U | M | E | N | T |
| P | E | R | M | E | T | T | A |
| N | T | D | E | P | E | R | M |
| U | T | E | R | L | E | S | L |
| E | T | T | R | E | S | D | U |
| N | M | E | S | S | A | G | E |

La utilización de una escítala consiste en escribir un mensaje en línea en un rectángulo y luego trasladarlo en columna.

Cifrar con una escítala consiste en extraer las columnas de este cuadro. Matemáticamente, equivale a efectuar una cierta permutación. Pero también son viables otras transformaciones. La dificultad es retener la transposición movilizada, sin anotarla si es posible, para responder al principio de Kerckhoffs: las notas podrían caer en manos del enemigo sin debilitar el método de codificación. El principio debe fundarse en una idea simple.

Resultan posibles varios métodos: combinatorios o geométricos. La primera idea es intercambiar las columnas del rectángulo. Para eso, basta con hacer una permutación de los números del 1 al 8, si el rectángulo tiene 8 columnas como en nuestro ejemplo. Permutar las columnas consiste en numerarlas en desorden: así, 78513642 puede significar que debemos recopiar la columna escrita 1 en séptima posición, luego la 2 en octava, etcétera.

| 7 | 8 | 5 | 1 | 3 | 6 | 4 | 2 |
|---|---|---|---|---|---|---|---|
| L | A | S | C | Y | T | A | L |
| E | E | S | T | U | N | I | N |
| S | T | R | U | M | E | N | T |
| P | E | R | M | E | T | T | A |
| N | T | D | E | P | E | R | M |
| U | T | E | R | L | E | S | L |
| E | T | T | R | E | S | D | U |
| N | M | E | S | S | A | G | E |

| 1 | 2 | 3 | 4 | 5 | 6 | 7 | 8 |
|---|---|---|---|---|---|---|---|
| C | L | Y | A | S | T | L | A |
| T | N | U | I | S | N | E | E |
| U | T | M | N | R | E | S | T |
| M | A | E | T | R | T | P | E |
| E | M | P | R | D | E | N | T |
| R | L | L | S | E | E | U | T |
| R | U | E | D | T | S | E | T |
| S | E | S | G | E | A | N | M |

Permutación de las columnas: la columna 7 anotada en el primer rectángulo
va en séptima posición en el segundo, y así sucesivamente.

Sin embargo, salvo para un enamorado de los números, es difícil memorizar una serie de cifras como 78513642. Lo más simple es recordar una palabra que tenga un sentido, como RVLEHNING. ¿Cómo pasar de uno a otro? Nada más simple. Clasifiquemos las letras de RVLEHNING en orden alfabético: EGHILNRV. En RVLEHNING, cada letra está reemplazada por su orden de aparición EGHILNRV, si excluimos los doblones. Así, la clave RVLEHNING esconde la permutación 78513642, que da la transposición siguiente del mensaje inicial:

CTUME RRSLN TAMLU EYUME PLESA INTRS DGSSR
RDETE TNETT TSALE SPNUE NAETE TTTM.

## Descifrado sin la clave

La sección precedente nos ayudará a desarrollar un método general de descifrado. Si por casualidad las frecuencias de un mensaje cifrado son las que se encuentran en un texto normal, como ya dijimos, es probable que haya sido cifrado por transposición. Frente a tal mensaje, vistos los parágrafos precedentes, el reflejo debiera ser escribirlo en forma de líneas en un cuadro rectangular y luego intentar permutaciones de columnas para descifrarlo. Tomemos el mensaje codificado:

EOSER EETUN OXTIU LQNPU AEANA SEERI ETAIN
TADDI CERTG PTUET DNPSA SCIOT EUEOT EIUCS
GCNRI DCXSO DTROL UUTAT LDDPC ELLEB

Las frecuencias de las letras son usuales. Estamos frente a un cifrado por transposición. La longitud del mensaje es igual a 100. El cuadro rectangular puede ser 10 veces 10, 20 veces 5, 25 veces 4, etc. Si intentamos 10 veces 10, debemos considerar las siguientes columnas.

| E | O | A | E | C | D | E | G | D | L |
|---|---|---|---|---|---|---|---|---|---|
| O | X | E | T | E | N | U | C | T | D |
| S | T | A | A | R | P | E | N | R | D |
| E | I | N | I | T | S | O | R | O | P |
| R | U | A | N | G | A | T | I | L | C |
| E | L | S | T | P | S | E | D | U | E |
| E | Q | E | A | T | C | I | C | U | L |
| T | N | E | D | U | I | U | X | T | L |
| U | P | R | D | E | O | C | X | A | E |
| N | U | I | I | T | T | S | O | T | B |

Disposición del mensaje en columnas. Ahora falta ordenarlas.

Buscamos arreglos que confieran un sentido a la primera línea. Por supuesto, la existencia de palabras probables simplifica esta tarea, *a priori* fastidiosa. La búsqueda de anagramas nunca es un trabajo fácil. En la primera línea EOAECDEGDL, encontramos cuatro palabras posibles: «Code», «decode», «codage» y «décodage» [código, descifrado, codificación y decodificación, en español]. Si efectuamos las permutaciones correspondientes, solo guardamos la que da un resultado para las otras líneas. He aquí entonces la primera etapa:

| D | E | C | O | D | A | G | E | E | L |
|---|---|---|---|---|---|---|---|---|---|
| N | T | E | X | T | E | C | O | U | D |
| P | A | R | T | R | A | N | S | E | D |
| S | I | T | I | O | N | R | E | O | P |
| A | N | G | U | L | A | I | R | T | C |
| S | T | P | L | U | S | D | E | E | E |
| C | A | T | Q | U | E | C | E | I | L |
| I | D | U | N | T | E | X | T | U | L |
| O | D | E | P | A | R | X | U | C | E |
| T | I | T | U | T | I | O | N | S | B |

Primera etapa del descifrado.

171

Después de esta etapa, queda EL en la primera línea que da LE para colocar a la cabeza de la última etapa.

| L | E | D | E | C | O | D | A | G | E |
|---|---|---|---|---|---|---|---|---|---|
| D | U | N | T | E | X | T | E | C | O |
| D | E | P | A | R | T | R | A | N | S |
| P | O | S | I | T | I | O | N | R | E |
| C | T | A | N | G | U | L | A | I | R |
| E | E | S | T | P | L | U | S | D | E |
| L | I | C | A | T | Q | U | E | C | E |
| L | U | I | D | U | N | T | E | X | T |
| E | C | O | D | E | P | A | R | X | U |
| B | S | T | I | T | U | T | I | O | N |

Última etapa.

Solo queda leer el texto en líneas: «Le décodage d'un texte codé par transposition rectangulaire est plus délicat que celui d'un texte codé par substitution» [Descifrar un texto codificado por transposición rectangular es más delicado que un texto cifrado por sustitución]. Esta frase tiene un sentido, así que visiblemente conseguimos descifrar el mensaje. La afirmación contenida en este depende, de hecho, de cada caso particular. Aquí el descifre era particularmente fácil.

En general, en la búsqueda de un anagrama y el método de la palabra probable siempre serán una ayuda. Será más fácil encontrar lo que se busca que partir completamente al azar.

## El sistema Ubchi

Al comienzo de la Primera Guerra Mundial, al contrario que la diplomacia y la marina que preferían utilizar los libros de códigos, el ejército alemán recurría a un cifrado a base de una transposición de líneas y no de columnas. Se llamaba Ubchi, un acrónimo que significaba, curiosamente, *Übungen der Chiffre*, es decir, ejercicios de cifrado. Detengámonos un instante en esa decisión porque responde al principio de Kerckhoffs. Un código se sostiene en el secreto total, en cambio se supone que un cifrado reposa en una clave, que se cambia periódicamente y que no se escribe, para evitar que caiga en manos del enemigo.

El principio del cifrado Ubchi era conocido por el ejército francés, incluso antes de la guerra (el ejército disponía de un cifrado del mismo tipo). En principio, este conocimiento no era un problema en sí para los alemanes porque el cifrado exigía el uso de una clave que cambiaban periódicamente, una vez cada ocho días, en general. Lo que por el contrario ignoraban era que los descifradores franceses afinaron un método para descubrir la clave. Inspirada en la que hemos descrito, solo necesitaba de algunos mensajes de igual longitud para conseguirla.

No hubo suerte para los alemanes: durante la guerra de movimientos de 1914, la «gran oreja» de la torre Eiffel interceptaba miles de mensajes cada día. Entre ellos, consiguieron una orden de ataque del general Karl von Richthofen, fechada el 31 de agosto y cifrada por un Ubchi.

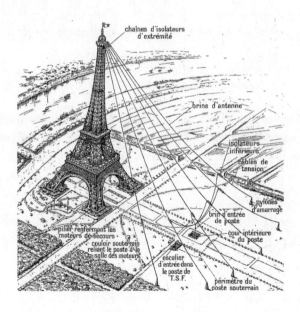

La torre Eiffel y sus antenas en 1914. Actualmente aún es visible la entrada de la instalación radiofónica.

La misiva confirmaba el cambio de dirección de la progresión alemana que había sido advertida también por la aviación. El ejército alemán ofrecía su flanco derecho en lugar de rodear al ejército francés. Gracias al mensaje, el general Joffre lanzó una contraofensiva que separó el ala derecha alemana y la forzó a retirarse. Este episodio lleva hoy el nombre de batalla del Marne.

## Los detalles de Ubchi

¿Cómo funcionaba el sistema alemán? Necesitaba una clave, que era una palabra o una frase como «Domination» [Dominación]. Se trata de un medio mnemotécnico que permite recordar una serie de cifras, en este caso 10. Nuestro ejemplo está en francés para facilitar la comprensión, pero los principios siguen siendo iguales en alemán.

| D | O | M | I | N | A | T | I | O | N |
|---|---|---|---|---|---|---|---|---|---|
| 2 | 8 | 5 | 3 | 6 | 1 | 10 | 4 | 9 | 7 |

Creación de una serie de cifras a partir de la clave: numeramos simplemente las casillas en orden alfabético. En este caso la primera es A, la siguiente D, etcétera.

El mensaje «orden al primer ejército, atacar mañana hacia Vauxaillon» se cifra entonces formando un cuadro de diez columnas que se completa, si fuera necesario, con nulos, en este caso Z.

| 2 | 8 | 5 | 3 | 6 | 1 | 10 | 4 | 9 | 7 |
|---|---|---|---|---|---|---|---|---|---|
| O | R | D | R | E | A | L | A | P | R |
| E | M | I | E | R | E | A | R | M | E |
| E | A | T | T | A | Q | U | E | R | D |
| E | M | A | I | N | V | E | R | S | V |
| A | U | X | A | I | L | L | O | N | Z |

Primera etapa de cifrado.

Deducimos entonces un nuevo texto, tomando las columnas en el orden que indica la clave:

AEQVL OEEEA RETIA ARERO DITAX ERANI REDVZ
RMAMU PMRSN LAUEL

Ese nuevo texto se copia en las líneas en el cuadro:

| 2 | 8 | 5 | 3 | 6 | 1 | 10 | 4 | 9 | 7 |
|---|---|---|---|---|---|----|---|---|---|
| A | E | Q | V | L | O | E | E | E | A |
| R | E | T | I | A | A | R | E | R | O |
| D | I | T | A | X | E | R | A | N | I |
| R | E | D | V | Z | R | M | A | M | U |
| P | M | R | S | N | L | A | U | E | L |

Segunda etapa del cifrado.

Se vuelve entonces a la primera etapa, copiando las columnas en el orden dado por la clave:

OAERL ARDRP VIAVS EEAAU QTTDR LAXZN AOIUL
EEIEM ERNME ERRMA

Cifrados de esta manera, los mensajes alemanes eran transmitidos por radio... e inmediatamente captados por las antenas de la torre Eiffel. Como hemos visto, el trabajo de los descodificadores franceses era laborioso, ciertamente, pero unos pocos mensajes de la misma longitud y con la misma clave bastaban para reconstituir el texto original. Incluso a veces la tarea estaba facilitada porque los cifradores alemanes olvidaban la última permutación. En ese caso, la reconstitución de la clave era una cuestión de horas más que de días.

## La increíble metida de pata de *Le Matin*

En el mundo de los criptólogos, aparte del caballero de Rohan que perdió la cabeza, no es habitual enorgullecerse de sus éxitos. Es fácil comprender las razones. Incluso, sucede todo lo contrario. «Nosotros, ¿descifrar los mensajes enemigos? Qué va, no somos tan inteligentes como para conseguirlo.» Sin embargo, fue un periódico francés, *Le Matin*, quien hizo saber a los alemanes que los franceses leían por encima de su hombro.

En octubre de 1914, el ejército francés interceptó un mensaje cifrado que anunciaba que el emperador Guillermo II visitaría la ciudad belga de Thielt. Los aviones franceses estaban allí (incluso si no consiguieron dar con el emperador) y *Le Matin* se enorgulleció de anunciar el éxito francés de la información militar. El resultado no se hizo esperar: un mes después, los alemanes cambiaron su cifrado.

Esta metida de pata se asemeja a la del *Temps* que, en 1870, anunció la maniobra del mariscal Mac Mahon para socorrer al mariscal Bazaine asediado en Metz, con las consecuencias desastrosas que ya conocemos.

---

### LO QUE DEBEMOS DESCIFRAR:

**Un mensaje en Ubchi**

El siguiente mensaje ha sido cifrado mediante el cifrado de Ubchi:

AONRE LVRSE ITARM NSAAI EEENA
RLGDP AROEN COFIR HTNRE RFDE

¿Qué significa, sabiendo que nuestro espía descubrió que la clave del cifrado era «lealtad»?

---

176

# Comment on a manqué le kaiser de bien peu

LONDRES, 5 novembre. — *Du correspondant particulier du « Matin ».* — On télégraphie au *Times* du nord de la France, en date d'aujourd'hui :

« Voici de nouveaux détails sur la façon dont le kaiser a failli être tué par des bombes jetées par un aviateur de l'armée alliée occupant le front Nieuport-Ypres :

» Pendant cinq jours l'empereur d'Allemagne a assisté aux opérations sur ce front et c'est en raison de sa présence que l'ennemi a fait des attaques aussi persistantes, aussi vigoureuses, sans souci des énormes sacrifices humains qui en résultaient.

» Dimanche dernier, le kaiser, avec quelques-uns de ses aides de camp, est arrivé en automobile vers cinq heures de l'après-midi devant une auberge de Thielt. Des appartements lui avaient été réservés et son repas était préparé.

» Après le repas, au lieu d'aller dans sa chambre, il quitta précipitamment l'auberge avec deux de ses aides de camp et se rendit en automobile à l'autre bout de la ville où il retint un nouvel appartement. Vingt minutes après que le kaiser eut quitté la taverne où il avait dîné, six bombes tombèrent sur l'immeuble, et la chambre où se trouvait ses bagages fut complètement détruite.

» Deux de ses aides de camp restés en arrière furent tués et une automobile impériale qui était dans la cour fut brisée. »

*Le Matin* del 5 de noviembre de 1914. En la edición aparecida dos días antes, el artículo mencionaba las «informaciones que llegaban de Bélgica», pero para los alemanes encontrar el origen de la fuga fue muy fácil.

## Reglas inhabituales

Las transposiciones de las letras de un mensaje pueden definirse de manera más exótica, pero entonces hace falta una computadora para ponerlas en práctica. Aquí vemos un método interesante y, según creo, inédito. La primera parte de un cuadrado idéntico al de Polibio asociado a una clave con 25 letras como mínimo. Podemos volver al poema de Verlaine utilizado en el capítulo anterior, cambiando la regla.

Determinemos una numeración de 25 casilleros.

| L | E | S | S | A |
|---|---|---|---|---|
| N | G | L | O | T |
| S | L | O | N | G |
| S | D | E | S | V |
| I | O | L | O | N |

| 8 | 3 | 19 | 20 | 1 |
|---|---|----|----|---|
| 12 | 5 | 9 | 15 | 24 |
| 21 | 10 | 16 | 13 | 6 |
| 22 | 2 | 4 | 23 | 25 |
| 7 | 17 | 11 | 18 | 14 |

La clave está escrita en el cuadrado, lo que permite numerar cada casillero según un orden alfabético (1 para A, 2 para D, porque B y C están ausentes, etcétera).

El mensaje queda entonces escrito en una serie de cuadrados de ese tipo. La letra de la casilla numerada 1 se pone delante, la de la casilla numerada 2 en segunda posición, etc. Obtenemos así un anagrama de cada grupo de 25 letras del mensaje.

| C | I | L | I | V |
|---|---|---|---|---|
| F | I | H | C | E |
| Q | I | O | R | U |
| U | O | C | E | H |
| N | M | F | P | E |

Configuración del mensaje según la casilla de permutación.

El mensaje «voici un chiffre compliqué, eh?» [he aquí un cifrado complicado, ¿eh?] se convierte en CILIV FIHCE QIORU UOCEH NMFPE (página anterior abajo). Para descifrarlo basta con leer el mensaje en la cuadrícula y luego leer las letras en el orden que da la clave. También se puede proporcionar la regla de transposición bajo diversas formas geométricas. Por ejemplo, partir del centro y proseguir en espiral en el sentido contrario a las agujas del reloj.

| 17 | 16 | 15 | 14 | 13 |
|----|----|----|----|----|
| 18 | 5  | 4  | 3  | 12 |
| 19 | 6  | 1  | 2  | 11 |
| 20 | 7  | 8  | 9  | 10 |
| 21 | 22 | 23 | 24 | 25 |

Escritura en espiral. Ese cifrado es demasiado regular para engañar si se piensa en escribir el mensaje en un cuadrado.

Hay muchas ideas de disposición de este tipo. Una opción, por ejemplo, sería trazar diagonales partiendo de un lado u otro, etcétera.

Recorrido en diagonales. Se anota 1 en la casilla de abajo, a la izquierda y se numeran las siguientes en orden.

LA BIBLIA DE LOS CÓDIGOS SECRETOS

## Transposición de palabras

Durante la guerra de Secesión, primera guerra en la que las transmisiones fueron telegráficas, los nordistas aprovecharon el cifrado original creado por Anson Stager (1825-1885), un ejecutivo de la Western Union. Ese cifrado comprendía un código y una transposición. Para evitar que se reconocieran los términos militares, se transformaban previamente las palabras como «coronel», «general», «hombres», «cañones», «fusiles», «prisioneros», «guerra» por términos del lenguaje corriente como «muñeca», «olor», «bebés», «caracteres», «juguetes», «juego». Además, los nombres propios se disfrazaban: «El presidente» podía ser «Adán», «Navidad», etcétera.

¿Cómo se cifraba el mensaje? Estaba escrito en un rectángulo, luego mezclado a la regla que veremos enseguida. Optemos por el texto: «Para el coronel Nelson, buscamos a dos contactos de guerra. Han sido señalados como prisioneros en su sector. Deben encontrarlos lo antes posible. El presidente». Traduzcamos primero las palabras del repertorio y dispongámoslas en un rectángulo.

| para | la | muñeca | navidad | nosotros |
|---------|-------|---------|-----------|----------|
| buscamos | dos | amigos | de | juego |
| ellos | han | sido | señalados | juguetes |
| en | su | sector | deben | encontrar |
| lo | antes | posible | adan | relleno |

Primera etapa del cifrado.

Copiamos luego las palabras por columnas comenzando por la primera y subiendo, luego continuamos con la segunda arriba, bajando, etc. Añadimos nulos a cada final de columna y una palabra a la cabeza indicando el número de columnas. Como en este caso hay cinco, elegimos una palabra de cinco letras como «aviso». He aquí el resultado:

AVISO LO EN ELLOS BUSCAMOS PARA COMER LA DOS
HAN SU ANTES SALIR POSIBLE SECTOR SIDO AMIGOS
MUÑECA ROMPER NAVIDAD DE SEÑALADOS DEBEN

180

ADAN CORRER RELLENO ENCONTRAR JUGUETES JUEGO
NOSOTROS

Una de las ventajas del método es utilizar solamente palabras
usuales, lo que limita el riesgo de error de los telegrafistas. Para
descifrar, se utiliza la primera palabra «aviso», que da el número
de columnas del cuadro, y luego el número total de palabras para
determinar la longitud de las columnas. Queda entonces rellenarlo,
suprimiendo los nulos. Los sudistas parecen no haber sido jamás
capaces de descodificar los mensajes cifrados de esta manera.

En definitiva, los cifrados por transposición no son descubiertos por cálculos estadísticos como los cifrados por sustitución.
Solo son sólidos cuando el mensaje tiene cierta longitud, de lo contrario, un buen lingüista encontrará con facilidad el sentido oculto.
Por ejemplo, ¿encuentras sentido al corto mensaje que sigue?

«Ovarb, ol ha odartnocne.»

# 7

## CRIPTÓLOGO, HASTA LA LOCURA

¿Recuerdas al protagonista de la película *Una mente maravillosa* que se estrenó en 2001? Esquizofrénico, veía códigos secretos disimulados en todos los artículos de los periódicos. Pensaba que los servicios secretos se comunicaban con él a través de los artículos. La película contaba la vida real del Premio Nobel de Economía y gran matemático John Nash, a quien su inteligencia excepcional no inmunizó contra los problemas mentales. Sin embargo, imaginar equivocadamente que un número, un diario o un libro contienen mensajes codificados estaba lejos de ser una rareza. A lo largo de la historia, muchos espíritus iluminados se creyeron investidos del papel de revelar mensajes de naturaleza divina, por lo general. Nos encontramos ante casos en los que la obsesión por la criptología se vuelve patológica.

### El criptado del diablo

A tal señor, tal honor. El número estrella del esoterismo, al que se dan muchos significados, es el 666, la cifra del diablo. Encontramos su primera aparición «oficial» en el Apocalipsis de Juan, al final del capítulo 13:

> Es el momento de tener discernimiento: aquel que tenga inteligencia que interprete el número del diablo, es una cifra de hombre y su número es seiscientos sesenta y seis.

¿Quizá el evangelista quería codificar un mensaje demasiado peligroso? Algunos piensan que, a través de esa cifra, Juan se refería al emperador Nerón. En efecto, por una manipulación sinuosa hay una manera de transformar 666 en Nerón: añadiendo a Nerón su título, César, y escribiendo todo en hebreo (זורנ רסק) y añadiendo luego los valores numéricos de las letras se obtiene 666. Los valores numéricos son los que utilizaban los antiguos hebreos: de 1 a 10 para las diez primeras letras (aleph א beth ב ghimel ג daleth ד he ה vav ו zayin ז het ח tet ט yod י), de 20 a 90 para las ocho siguientes (kaf כ lamed ל mem מ nun נ o ן samech ס ayin ע pe פ tsade) y de 100 a 400 para las últimas (qof ק resh ר shin ש tav ת).

El valor de esas últimas ¡explica el resultado obtenido para César Nerón en hebreo! En orden, de izquierda a derecha, el cálculo es:

$$50 + 6 + 200 + 50 + 200 + 60 + 100 = 666.$$

Efectivamente, es posible que Juan haya pensado en Nerón. Es más dudoso que haya pensado en otras «bestias». Después de él, cierto número de matemáticos trataron a su vez la gematría, el arte que proviene de la Biblia hebraica que consiste en atribuir números a las palabras o a las frases. Esos «sabios» buscaron personajes célebres en el número 666. Por ejemplo, durante las Guerras de Religión, el monje y matemático alemán Michael Stifel (1486-1567) —que inventó los logaritmos independientemente del escocés John Napier— mostró que 666, en realidad, designaba al papa de la época, León X.

¿Como razonó? Para saberlo, escribe en primer lugar el nombre del papa bajo la forma de LEO DECIMXS. Pero retén solamente las letras que tengan un sentido en el sistema numérico de los romanos, es decir LDCIMV. Ahora, añade X, puesto que LEO DECIMVS tiene diez letras y retira la M, que es la inicial de la palabra «misterio». Vuelve a ordenar todo esto y obtendrás DCLXVI, es decir 666. ¿Elemental, no es cierto?

John Napier (1550-1617) no hizo menos y, con ayuda de otro método, confirmó que 666 señalaba a León X. Para poner fin a este análisis, por su parte, un padre jesuita optó por Martin Lutero. Su razonamiento era más próximo del clasicismo gemátrico, que exponemos aquí en detalle. Para él, las letras A a I representaban los números 1 a 9, las letras K a S los números 10 a 90 (de diez en diez) y las letras T a Z los números de 100 a 500 (de cien en cien). El nombre MARTIN LUTERO corresponde entonces a la suma:

$$30 + 1 + 80 + 100 + 9 + 40 + 20 + 200 + 100 + 5 + 80 + 1.$$

La suma da 666. Rindamos el homenaje que se merece a ese valiente padre jesuita. Personalmente, nunca hubiera pensado en una manera tan retorcida de llegar a un resultado. Durante la Primera Guerra Mundial se demostró, con el mismo rigor científico, que 666 representaba a Guillermo II, el emperador alemán que lanzó al conflicto a su país. ¿Quién era el que designaba al número del diablo durante el segundo conflicto mundial? Pues sí. Si A vale 100, B 101, etc., DCLXVI se llama Adolf.

Siempre que no se tome en serio, el ocultismo puede considerarse como una de las diversiones mentales como las palabras cruzadas. El lector interesado podrá entretenerse en buscar la regla para atribuir el número 666 al actual presidente de la República francesa o al rey de Bélgica. Como la modernidad cunde, el uso del código ASCII no está prohibido.

El asunto se vuelve peliagudo cuando se encuentra gente suficientemente crédula para dejar que su vida quede influenciada por tales tonterías. A pesar de sus cualidades de matemático, Michael Stifel parecía creer en sus cuentas. Así profetizó el fin del mundo para el 3 de octubre de 1533. Aparentemente, era un excelente predicador porque, predicando en los campos, consiguió convencer a muchos campesinos de abandonar sus tierras. Nada se produjo aquel día y Stifel tuvo que refugiarse en una prisión para escapar a la cólera de sus adeptos. Nos gustaría sonreír ante la ingenuidad de esos campesinos si algunos ejemplos recientes no mostraran el poder de perjuicio de aquellos que juegan con la credulidad humana. Por suerte, el fin del mundo es y siempre seguirá siendo para mañana.

## El código de la Biblia

Último avatar de esta búsqueda desesperada de sentido: «El código» de la Biblia. Desde hace algunos años, el arte antiguo de la gematría ha sido superado por una manera nueva de descubrir mensajes secretos en el libro religioso. Un matemático israelita nacido en 1948 en Letonia, Eliyahu Rips, encontró un gran número de predicciones. Por supuesto, predicciones del pasado: predecir el futuro siempre es un ejercicio más arriesgado. Eliyahu Rips se dejó cegar por palabras que pensó haber descubierto a través de letras desplazadas de manera constante. Por supuesto, las palabras originales estaban en hebreo, pero aquí damos algunos ejemplos en español.

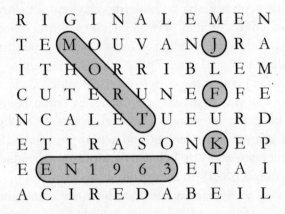

Anuncio de la muerte de John Fitzgerald Kennedy en el estilo del código de la Biblia. La regla de desplazamiento da motivos en forma de columnas, líneas o diagonales. El resultado tiene cierta estética.

Según el estudio de Eliyahu Rips, la Biblia está llena de ese tipo de predicciones. Anunciaban no menos de siete asesinatos de hombres de Estado. ¿Se trata verdaderamente de profecías? ¿El azar puede ser responsable de esos extraños mensajes disimulados en la Biblia? Algunos piensan que eso es imposible y ven la prueba de la existencia de Dios, otros la intervención de extraterrestres venidos de la noche de los tiempos, para prevenirnos de los peligros que nos acechan. Examinemos la regla utilizada por

Rips: consiste en constituir textos a partir de una letra dada de la Biblia, la tercera, saltando siempre el mismo número de letras, cuatro, por ejemplo. Con esta regla, la frase «la même honte arrive tôt ou tard» [la misma vergüenza llega tarde o temprano] traslada la palabra «mort» [muerte].

De todas maneras, a menudo, esos textos están formados por letras al azar. ¿Cuál es la probabilidad de encontrar una palabra dada, como MORT [muerte]? Para analizar el tema, imagina un juego de 26 cartas, anotadas de la A a la Z. Piensa en una letra, A, por ejemplo, luego saca una letra al azar. ¿Cuál es la posibilidad que sea la letra en la que pensabas? Una sobre 26, por supuesto, puesto que cada letra tiene la misma posibilidad de aparecer.

Recomencemos ahora con dos letras, volviendo a poner la primera en juego. La probabilidad de sacar las letras elegidas al azar es ahora de una sobre 26² = 26 x 26 = 676. Para tres letras, será una sobre 26³ = 26 x 26 x 26 = 17.576, y así sucesivamente. Para una palabra de cuatro letras, se encuentra una posibilidad sobre 456.976, y para cinco, una sobre 11.881.367, etcétera.

Si nuestro texto desordenado contiene cien mil caracteres, hay una posibilidad sobre cinco de que la palabra MORT (cuatro letras) figure allí. Por eso, es casi imposible que la palabra MORT no se encuentre en alguna parte en la Biblia, o en cualquier otro texto de longitud equivalente. Por supuesto, la probabilidad se vuelve más reducida si se buscan palabras largas u ocurrencias que parecieran anunciar la muerte de tal o cual hombre célebre, pero es casi seguro que algunas «profecías» de ese tipo figuren en muchas novelas. Asimismo, entre un gran número de rocas, es difícil no encontrar una que no evoque a un personaje célebre, la reina Victoria, en los países anglosajones, Luis XVI o el general De Gaulle en Francia. De la misma manera, el soñador verá aparecer todo tipo de personajes, animales u objetos en el cielo. No ven ningún presagio. El único origen de esas coincidencias es la casualidad.

La novela *Moby Dick* de Herman Melville fue particularmente estudiada desde ese punto de vista, tras el desafío de un periodista convencido de la realidad de las profecías descubiertas por Rips: «Si quienes me critican consiguen encontrar en *Moby Dick* un mensaje codificado anunciando la muerte de un primer ministro, les creeré». Como se puede suponer, se encontraron siete en la novela.

---
LO QUE DEBEMOS DESCIFRAR:
---

**Una profecía de *Moby Dick***

Este párrafo de *Moby Dick* anuncia la muerte de un primer ministro:

```
O R W I T H A W H I T E P
N A H A B Y O U N G M A N
K L E S H I S G R A N D D
D S Y E T I N G E N E R A
T H E B L O O D Y D E E D
E R M W H A L E S H E A D
T T O I M P O S S I B L E
```

¿Cuál?

---

Mucho antes de que se buscaran mensajes cifrados en la Biblia, unos aprendices criptólogos, como Elizabeth Wells Gallup (1848-1934), habían descubierto mensajes cifrados en las obras de Shakespeare, como ya dijimos. Más precisamente, en las partes en cursiva de la edición de 1623, donde se pueden distinguir diferencias mínimas en el dibujo de las letras. La señora Gallup vio un mensaje codificado con el cifrado de Francis Bacon y dedujo que el filósofo sería el autor de las obras de Shakespeare (y también el hijo de Elizabeth I). De hecho, las irregularidades constatadas venían de las fuentes de imprenta (letras de plomo) que se utilizaban hasta la usura completa.

## El manuscrito de Voynich

Para terminar este apartado sobre las derivas criptográficas, mencionemos un manuscrito que no pretendemos que sea patológico, pero que ha suscitado interpretaciones que merecen ese calificativo. En 1912, Wilfrid Voynich (1865-1930), un anticuario instalado en Estados Unidos, viajó a Italia para comprar unos libros antiguos que vendían los jesuitas para restaurar una de sus casas. Entre las compras figuraba un manuscrito que parecía fechado en el siglo XIII, redactado en una lengua no descifrada en aquella época y que sigue sin descifrarse. Con sus círculos y sus ganchos que parecen volar, las letras del texto semejan a una escritura élfica salida directamente del *Señor de los Anillos*. ¿Se trata de un herbario, de un texto de alquimia o esotérico? Lo ignoramos, pero, sobre todo, el manuscrito de Voynich ¿es un texto codificado?

Yo tiendo a creerlo. El examen del texto muestra, en efecto, caracteres a la moda de los codificadores de la época, como los del código de Philibert Babou o de María Estuardo, por ejemplo. Por el contrario, la grafía deja pensar que el escriba comprendía lo que escribía, por la simple y buena razón de que no hay huecos ni dudas entre las palabras. El texto está escrito de izquierda a derecha porque los parágrafos terminan con un blanco a la derecha. Esta particularidad excluye un cifrado a la manera de Leonardo da Vinci, que escribía sus misivas confidenciales en un espejo. Vista la época (según la datación al carbono 14, su escritura se remontaría al siglo XV o XVI; las ilustraciones corresponden, además, a lo que se hacía en Europa occidental en aquella época), es natural pensar en una simple sustitución, adornada con algunas palabras codificadas. Los cálculos de frecuencia no han alcanzado ningún resultado, aparte de que el manuscrito presenta más repeticiones que en las lenguas ordinarias.

Si el manuscrito está cifrado a partir de una de las lenguas conocidas entonces (latín, francés, inglés, etc.) habría sido descifrado, lo que nos deja tres hipótesis, de las cuales dos se unen. La primera es que se trata de una falsificación, fabricada para ser vendida. El autor habría escrito en galimatías y añadido las ilustraciones para venderlo como un libro de alquimista que encerraba secretos por descubrir. Si el texto solo tuviera algunas páginas, esta hipótesis sería verosímil: pero contiene 240. Escribir un texto tan largo en una lengua sin verdadero sentido conduce casi fatalmente a repetirse. Además, los análisis de fre-

189

cuencias de las palabras no conforman esta hipótesis. Aun si no podemos excluir formalmente esta posibilidad, parece más probable que el texto haya sido escrito en una lengua artificial, que sería entonces una especie de lengua secreta de los alquimistas de aquella época. La última hipótesis, muy similar, sería la de una jerga modificada por medio de reglas simples como las de las germanías, *verlan*, javanés u otras.

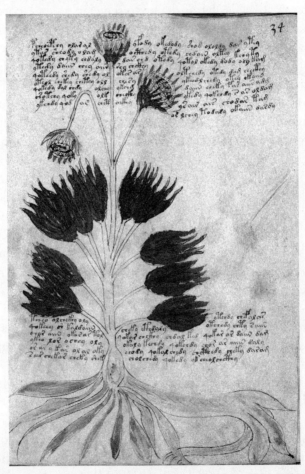

El manuscrito de Voynich está muy ilustrado y parece escrito en una lengua occidental, los caracteres utilizados están próximos de los caracteres latinos. El manuscrito contiene una carta que deja entender que era la obra del sabio y alquimista Roger Bacon (1214-1294). El carbono 14, que le atribuye una edad más tardía, basta para desmontar esta hipótesis.

Pero sigue siendo un misterio. Es posible que el manuscrito de Voynich sea un enigma para siempre, o al menos hasta que no se conozca en qué contexto cultural particular apareció.

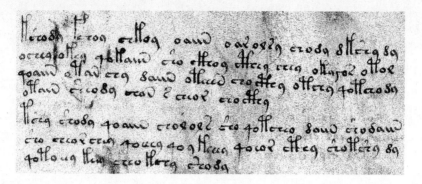

Detalle del manuscrito de Voynich.

191

# 8

# LAS SUSTITUCIONES CON MUCHOS ALFABETOS

Llegamos al segundo nivel de complejidad de los códigos secretos. A partir de ahora, comienzan las cosas serias: ve por un vaso de agua y una caja de aspirinas ¡tus neuronas se calentarán! Pero el juego vale la pena, te lo aseguro, porque este capítulo nos servirá para comprender más adelante cómo funciona la célebre máquina Enigma y cómo su descifrado contribuyó enormemente a la victoria de los aliados durante la Segunda Guerra Mundial. Nada menos. Enigma es la heredera de las mejoras aportadas desde el siglo XVI a una de las grandes familias de cifrado que hemos encontrado.

¿Recuerdas los cifrados por sustitución y el arquetipo del cifrado de César? La idea es reemplazar cada letra del mensaje por otra letra tomada en un alfabeto diferente. Como ya vimos, es fácil romper ese tipo de código aplicando el método de las frecuencias de Al-Kindi (¿cuál es la letra más representada en el mensaje? ¿La segunda? y así sucesivamente). Para contrarrestar este ataque, se inventaron las sustituciones homófonas que movilizan varios cifrados para las letras frecuentes, pero sin solucionar el problema porque esos cifrados no resisten demasiado a la técnica de la palabra probable.

En el Renacimiento, conscientes de los límites de esos códigos, varios criptólogos respondieron imaginando sistemas en los que la sustitución se modifica según el lugar de la letra en el mensaje.

## El primer cifrado con palabra clave

Para evitar el decriptado por el método de las frecuencias, Juan Tritemio, que ya hemos encontrado con sus letanías, imaginó desplazar cada letra del mensaje de 0, luego de 1, de dos, etcétera, letras. Así, ATAQUE se cifra como AUCTYJ (la A se conserva, la T se cambia por U, la segunda A por C, etc.). Por astuto que sea, ese cifrado tiene el terrible defecto de no depender de una clave. Dicho de otra manera, cuando se descubre el método, es fácil descifrar todos los mensajes cifrados así.

---

LO QUE DEBEMOS DESCIFRAR:

**Un mensaje de Tritemio**

Se intercepta el siguiente mensaje:

EM ELJWGK MO EDVHTCZG XM YAYGK
PPTTYJ TV LNZPZQS SU LFT WGWSC

¿Sabrás descifrarlo?

---

Giovan Bellaso, nacido en 1505 en Brescia (y fallecido en una fecha desconocida), parece haber sido el primero que tuvo la idea de asegurar un cifrado con ayuda de una palabra clave —una expresión que aquí se toma en sentido literal. Su código es un cifrado polialfabético muy cercano al cifrado de Vigenère, que describiremos más adelante. Bellaso describe su sistema en una obra aparecida en 1553, *La cifra del Sig*. Utiliza cinco alfabetos reversibles; cada uno contiene 20 letras (como era siempre el caso en su época, las letras I, J e Y están confundidas de la misma manera que U, V, y W; y K y Z están ausentes) y el mensaje está construido a partir de la palabra-clave RÁPIDO, en el ejemplo que damos aquí. Aquí presentamos el primer alfabeto:

| R | A | P | B | C | E | F | G | H | L |
|---|---|---|---|---|---|---|---|---|---|
| I | D | O | M | N | Q | S | T | V | X |

La regla de construcción de Bellaso es simple: se escribe en primer lugar la palabra clave en dos líneas y se completa la primera línea con letras no utilizadas en orden, luego se hace lo mismo con la segunda línea. Para construir los cuatro alfabetos siguientes, se desplaza la segunda línea de un nivel hacia la derecha. Aquí vemos el segundo alfabeto:

| R | A | P | B | C | E | F | G | H | L |
|---|---|---|---|---|---|---|---|---|---|
| X | I | D | O | M | N | Q | S | T | V |

Siguen los otros tres. Se etiquetan entonces esos alfabetos escribiendo verticalmente el primer alfabeto de izquierda a derecha y de arriba abajo:

| R E I Q | R | A | P | B | C | E | F | G | H | L |
|---------|---|---|---|---|---|---|---|---|---|---|
|         | I | D | O | M | N | Q | S | T | V | X |
| A F D S | R | A | P | B | C | E | F | G | H | L |
|         | X | I | D | O | M | N | Q | S | T | V |
| P G O T | R | A | P | B | C | E | F | G | H | L |
|         | V | X | I | D | O | M | N | Q | S | T |
| B H M V | R | A | P | B | C | E | F | G | H | L |
|         | T | V | X | I | D | O | M | N | Q | S |
| C L N X | R | A | P | B | C | E | F | G | H | L |
|         | S | T | V | X | I | D | O | M | N | Q |

Se necesita otra palabra clave para cifrar, por ejemplo, CLAVE. Para cifrar un mensaje como «El cifrado de Bellaso es polialfabético», se escribe palabra por palabra en un cuadro con la palabra clave, utilizando solamente las letras del alfabeto, por supuesto:

| CLARO | EL | CIFRADO | DE | BELLASO | ES | POLIALFABÉTICO |
|-------|-----|---------|-----|---------|-----|----------------|
| CLAVE | C | L | A | V | E | C |
| CIFRADO | QX | ICOSTEF | PN | IOSSVLE | QF | VFQCTQOTXDACIF |

---

LO QUE DEBEMOS DESCIFRAR:

---

**Un mensaje en Bellaso**

Se intercepta el siguiente mensaje:

SE LDOGQVG ED BAXTCRA PH MEC MIETGE

Sabemos que fue cifrado en Bellaso con las palabras clave
BODA y CUERDA.
¿Qué significa?

---

En 1734, José de Gronsfeld modificó los cifrados de ese tipo
contentándose con simples desplazamientos de César para cada
sustitución. Una advertencia: si bien las investigaciones le atribu-
yen la paternidad, esta simplificación ya se encuentra en 1563 en
la obra *De furtivis literarum notis* de Giambattista della Porta, el
criptólogo que ya conocimos sobre el método de la palabra probable. Volviendo a una vieja tradición, la tabla de Della Porta se
acompaña de símbolos alquímicos.

En esta página del libro de Della Porta, los alfabetos están desplazados de un nivel en
cada línea, lo que corresponde a una utilización moderna del cifrado de Vigenère. Esos
alfabetos están indicados en la columna de la izquierda por signos alquimistas.

Si numerosos criptólogos, como Bellaso o Della Porta, propusieron cifrados de sustitución polialfabéticos, la historia retiene a Blaise de Vigenère (1523-1596) como el inventor del método. Vigenère nunca pretendió ser el padre, pero escribió un tratado tan claro sobre el tema que es, probablemente, la razón para que le otorgaran los laureles.

## Blaise de Vigenère, un personaje múltiple

Personaje prolífero, Blaise de Vigenère parece haber vivido varias vidas. Experto en criptología, alquimista y cabalista, también fue escritor y traductor. Sabía cinco o seis idiomas y entre ellos, el latín, el griego y el hebreo. Para coronar todo, fue diplomático al servicio de los duques de Nevers y de los reyes de Francia; recorrió los caminos de una Europa particularmente agitada en su época. En resumen, un espíritu del Renacimiento, curioso por todo y, sobre todo, por lo que no es visible de manera evidente, lo que lo predestinaba a convertirse en maestro en el arte del secreto.

El cifrado de Vigenère original utiliza veinte letras porque confunde las letras I, J e Y, por una parte, las letras V y W por otra y omite la Z. Parte entonces de diez sustituciones que él llama alfabetos. Están reunidos en un cuadro (ver la imagen de la página siguiente). Dispone así de diez alfabetos reversibles, nombrados cada uno por dos letras mayúsculas. Las sustituciones se leen directamente en cada línea. Así, el alfabeto A (y B) intercambia las letras a y m, b y n, etc. Vigenère describe el funcionamiento de su código en su *Tratado de los cifrados, o Maneras secretas de escribir*, aparecido en 1586.

Supongamos entonces que queremos representar el tema «au nom de l'éternel soit mon commencement» [que mi comienzo sea en nombre del eterno] por medio de este cuadro y que la clave del cifrado sea «le jour obscur» [el día sombrío]. Busca en la columna de las mayúsculas la letra L, que es la primera de nuestra clave y mira qué letras corresponden en su alfabeto a la A, la primera también del tema; será la S.

197

| | | | | | | | | | |
|---|---|---|---|---|---|---|---|---|---|
| **A** | .a | b | c | d | e | f | g | h | i | l |
| **B** | m | n | o | p | q | r | s | t | u | x |
| **C** | a | b | c | d | e | f | g | h | i | l |
| **D** | x | m | n | o | p | q | r | s | t | u |
| **E** | a | b | c | d | e | f | g | h | i | l |
| **F** | u | x | m | n | o | p | q | r | s | t |
| **G** | a | b | c | d | e | f | g | h | i | l |
| **H** | t | u | x | m | n | o | p | q | r | s |
| **I** | a | b | c | d | e | f | g | h | i | l |
| **L** | s | t | u | x | m | n | o | p | q | r |
| **M** | a | b | c | d | e | f | g | h | i | l |
| **N** | r | s | t | u | x | m | n | o | p | q |
| **O** | a | b | c | d | e | f | g | h | i | l |
| **P** | q | r | s | t | u | x | m | n | o | p |
| **Q** | a | b | c | d | e | f | g | h | i | l |
| **R** | p | q | r | s | t | u | x | m | n | o |
| **S** | a | b | c | d | e | f | g | h | i | l |
| **T** | o | p | q | r | s | t | u | x | m | n |
| **V** | a | b | c | d | e | f | g | h | i | l |
| **X** | n | o | p | q | r | s | t | u | x | m |

Extracto del *Traicté des chiffres, ou Secrètes manières d'escrire* de Blaise de Vigenère (1586). Los alfabetos de Vigenère están indicados con una letra mayúscula (primera columna). Para el alfabeto A, a y m están intercambiadas, así como b y n, etc. Se trata de alfabetos reversibles.

Prosigue así, de letra en letra, hasta que la clave se apague. Luego, llegado al final reitérala nuevamente; u de e da a; n de i, f: o de o, h: m de u, l: d de r, s: e de o, u: l de b, x: e de s, s: t de c, i: e de u,

r: r de r c: n l de f: e de e, o: l de i, r: s de o, c: o de u, b: i de r, n: t
de o d: m de b, a: o de s, l: n de c, c: c de u, p: o de r, l: m de l, e:
m de e, c: c de i, s: n de o, g: e de u, p: e de r, t: m de o, g: e de b,
q: n de s, i: t de c, i. Añade esas cuatro letras delante como perdi-
das, y que solo sirven para enredar; d er g q e inserta al final de
cada palabra una de las dos guardadas, por ejemplo, a saber y o z
para distinguirlas una de otra, su contexto en esta clave «Le jour
obscur» para ese primer verso, «au nom de l'eternel soit mon commencement» será: d r g q s a y f h l z s u y x s i r c f o r z o b n d y
a l c z p l e c s g p t g q i i y.

El cifrado descrito por Vigenère posee complicaciones inútiles,
algunas hasta nocivas. En efecto, es inútil utilizar sustituciones
monoalfabéticas más sofisticadas que el desplazamiento de César porque son fáciles de romper como esta y vulnerables en el
espionaje. Si, por la misma razón, el añadido de esas cuatro letras no sirve demasiado, el de las letras y o z al final de las palabras es inoportuno.

En el caso de que el secreto sea descubierto, ese signo distinti-
vo facilita la tarea de los descifradores para separar las palabras.

Esas razones han llevado a los criptólogos a depurar el cifrado de Vigenère. Actualmente, el código corresponde a un
desplazamiento que varía según la letra utilizada. La clave
está codificada en una palabra o un texto. Veamos cómo funciona el código con el mensaje «le chiffre de Vigenère est un
César à décalage variable» [el cifrado de Vigenère es un César
con desplazamiento variable] y la clave es «abbé» [abad]. Se
escribe, en primer lugar, el mensaje en un cuadro sin espacios
ni puntuación con la clave encima, repitiéndola tantas veces
como sea necesario. El desplazamiento depende del número
de orden de la letra considerada, O para A, 1 para B y 4 para
E. Se aplica entonces el desplazamiento indicado bajo cada
letra del mensaje.

LA BIBLIA DE LOS CÓDIGOS SECRETOS

| L | E | C | H | I | F | F | R | E | D | E | V |
|---|---|---|---|---|---|---|---|---|---|---|---|
| A | B | B | E | A | B | B | E | A | B | B | E |
| 0 | 1 | 1 | 4 | 0 | 1 | 1 | 4 | 0 | 1 | 1 | 4 |
| L | F | D | L | I | G | G | V | E | E | F | Z |
|   |   |   |   |   |   |   |   |   |   |   |   |
| I | G | E | N | E | R | E | E | S | T | U | N |
| A | B | B | E | A | B | B | E | A | B | B | E |
| 0 | 1 | 1 | 4 | 0 | 1 | 1 | 4 | 0 | 1 | 1 | 4 |
| I | H | F | R | E | S | F | I | S | U | V | R |
|   |   |   |   |   |   |   |   |   |   |   |   |
| C | E | S | A | R | A | D | E | C | A | R | A |
| A | B | B | E | A | B | B | E | A | B | B | E |
| 0 | 1 | 1 | 4 | 0 | 1 | 1 | 4 | 0 | 1 | 1 | 4 |
| C | F | T | E | R | B | E | I | C | B | M | E |
|   |   |   |   |   |   |   |   |   |   |   |   |
| G | E | V | A | R | I | A | B | L | E |   |   |
| A | B | B | E | A | B | B | E | A | B |   |   |
| 0 | 1 | 1 | 4 | 0 | 1 | 1 | 4 | 0 | 1 |   |   |
| G | F | W | E | R | J | B | F | L | F |   |   |

Cifrado moderno de Vigenère. El cifrado de Gransfeld es idéntico,
pero la clave se da en forma de una lista de cifras, 0114 aquí, en lugar
de una palabra como «abbé» [abad].

El cifrado es más bien laborioso porque hay que desplazar cada letra de una manera distinta, lo que explica que el método haya sido ignorado durante más de tres siglos. Hay que decir que el menor error podía hacer indescifrable el mensaje para el destinatario.

# Cuadro de Vigenère

Para adoptar la versión moderna del cifrado de Vigenère, podemos ayudarnos con un cuadro que propone el mensaje cifrado más fácilmente a partir de la clave (ver más abajo). En realidad, es una tabla de Pitágoras (tabla que ayuda a encontrar el resultado de una operación elemental como la suma o la multiplicación) para la operación de cifrado. Si la letra que debemos cifrar es H y la clave es X, leemos el resultado en la intersección de la columna H y la línea X (o, al contrario, porque la operación es simétrica). Se encuentra E.

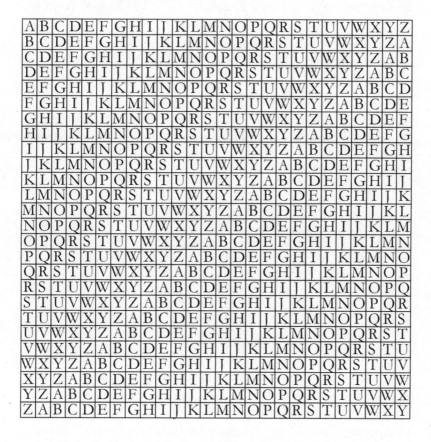

Cuadro de cifrado para la versión moderna del cifrado de Vigenère.

Se trata de una operación que se puede anotar como suma: cifrado = claro + clave, la suma se hace módulo 26 como ya hemos visto a propósito del cifrado de Hill (ver el capítulo 4). Esta manera de escribir la operación de cifrado vuelve a confundir A y 0, B y 1, hasta Z y 25, y luego reemplazar el resultado por su resto en la división por 26. Así, V + E = Z como 21 + 4 = 25 y T + U = N como 19 + 20 = 39 = 13 módulo 26.

## El cifrado de Beaufort

El almirante inglés Francis Beaufort (1774-1857), más conocido por su invento de la escala que mide la fuerza del viento en función del aspecto del mar, utilizaba para sus asuntos personales un cifrado fundado en la tabla de cifrado de Vigenère. Más precisamente, para cifrar L con la clave C, seguía la línea obtenida hasta la primera columna: el cifrado estaba ahí. Se trata de R. La operación puede escribirse así: cifrado = clave – claro. He aquí un ejemplo del cifrado de la expresión «le chiffre» [el cifrado] con la clave «car»:

| L | E | C | H | I | F | F | R | E |
|---|---|---|---|---|---|---|---|---|
| C | A | R | C | A | R | C | A | R |
| R | W | P | V | S | M | X | J | N |

Cifrado de Beaufort.

El cifrado de Beaufort admite una variante llamada la alemana, donde se retira la clave de lo claro, o sea cifrado = claro – clave. Para descifrar el mensaje cifrado en Vigenère, basta con aplicar la variante alemana de Beaufort con la misma clave. Dicho de otra forma, cifrar en Vigenère equivale a descifrar en la variante alemana de Beaufort y viceversa.

## Una complicación ilusoria: el cifrado de Rozier

El cifrado de Rozier se funda igualmente en la tabla de Vigenère. Para cifrar L con la clave C, se busca L en la primera línea de la tabla y se baja en la columna hasta encontrar la clave C, luego se continúa por la línea de C hasta encontrar la letra siguiente de la clave, o sea D. Se sube entonces hasta la primera línea: el cifrado está ahí.

He aquí un ejemplo del cifrado de la expresión «le chiffre» con la clave «car».

| L | E | C | H | I | F | F | R | E |
|---|---|---|---|---|---|---|---|---|
| C | A | R | C | A | R | C | A | R |
| J | V | N | F | Z | Q | D | I | P |

Cifrado de Rozier.

Podemos advertir que el mismo cifrado se obtuvo con el método de Vigenère y la clave YRL. Ese resultado es general: el cifrado de Rozier equivale al cifrado de Vigenère, con una clave cambiada.

## Las cartas de María Antonieta

María Antonieta cifraba sus cartas por sustitución polialfabética. Para ello, disponía de un cuadro de cifrado por destinatario. Puedes verlo en la página siguiente.

Se advertirá que este cuadro no contiene más que 22 letras, las letras que faltan son J, K, U y W, lo que corresponde al uso proveniente del latín que ya hemos visto, donde I y J por una parte, U y V por otra están confundidas. K puede ser reemplazada por C y W por V.

203

*Tome 2. Page 319.*

| AB | A O | B P | C Q | D R | E S | F T | G V | H X | I Y | L Z | M N |
|---|---|---|---|---|---|---|---|---|---|---|---|
| CD | M Z | A N | B O | C P | D Q | E R | F S | G T | H V | I X | L Y |
| EF | L N | M O | A P | B Q | C R | D S | E T | F V | G X | H Y | I Z |
| GH | I N | L O | M P | A Q | B R | C S | D T | E V | F X | G Y | H Z |
| IL | H N | I O | L P | M Q | A R | B S | C T | D V | E X | F Y | G Z |
| MN | G N | H O | I P | L Q | M R | A S | B T | C V | D X | E Y | F Z |
| OP | F N | G O | H P | I Q | L R | M S | A T | B V | C X | D Y | E Z |
| QR | E N | F O | G P | H Q | I R | L S | M T | A V | B X | C Y | D Z |
| ST | D N | E O | F P | G Q | H R | I S | L T | M V | A X | B Y | C Z |
| VX | C N | D O | E P | F Q | G R | H S | I T | L V | M X | A Y | B Z |
| YZ | B N | C O | D P | E Q | F R | G S | H T | I V | L X | M Y | A Z |

CHIFFRE
DE S. M. MARIE ANTOINETTE,
Reine de France.

Cifrado
De Su Majestad María Antonieta
Reina de Francia
Uno de los cuadros de cifrado de María Antonieta.

## Clave de cifrado

Como ya hemos indicado, la utilización de esta tabla para cifrar exige una clave secreta que se comparte con el destinatario. Por ejemplo, si la clave es «sel» [sal], para cifrar la primera letra, se utiliza la línea donde la primera columna es ST. D entonces se cambia por N (y N por D), E por O, etc. Para cifrar la segunda, se utiliza la línea en donde la primera columna es EF. Para cifrar una frase como «je vous aime» [lo amo], construimos un cuadro de 10 líneas por tres columnas:

| J | E | V | O | U | S | A | I | M | E |
|---|---|---|---|---|---|---|---|---|---|
| S | E | L | S | E | L | S | E | L | S |
| S | T | D | E | F | B | X | Z | Q | O |

El mensaje cifrado es entonces «stdefbxzqo». Si intentas cifrar así una carta verás la dificultad para evitar los errores. Por esta razón, un criptólogo desconocido había aconsejado a María Antonieta que solo cifrara una letra de cada dos lo que, dando referencias, simplifica enormemente el cifrado, pero también lo fragiliza. Aquí podemos verlo. El cuadro queda así:

| J | E | V | O | U | S | A | I | M | E |
|---|---|---|---|---|---|---|---|---|---|
|   | S |   | E |   | L |   | S |   | E |
| J | O | V | M | U | B | A | S | M | T |

El mensaje cifrado queda «jovmubasmt». Se pueden examinar las letras cifradas por María Antonieta en los Archivos Nacionales (página siguiente).

El descifrado sin conocer la clave queda muy facilitado, sobre todo si se conoce el cuadro de cifrado. En este caso, los talentos del crucigramista son muy útiles. Efectivamente, se puede adivinar una palabra si se conoce una letra sobre dos, como aquí J-U-A-M que es transparente para cualquier aficionado a las palabras cruzadas (se reconoce el texto «Je VoUs AiMe»). Luego, se sabe que la primera letra de la clave transforma la E en O, lo que no se produce para ST. Si se sigue así, se descifra el mensaje sea cual sea su longitud.

Esta manera de proceder favorece el método de la palabra probable. Para precisar la manera de actuar, tomemos un ejemplo sin cuadro de cifrado, empleando un desplazamiento variable.

Trabajo de cifrado de una carta enviada al conde de Fersen, en la que se puede apreciar que María Antonieta cifraba una letra de cada dos.

Consideremos el siguiente mensaje:

CEVOO EFTEU GLYSS AYMER ZEENZ OVNIT KE

Imaginemos que pensamos que podemos encontrar el nombre «Marie Antoinette». Para descifrar la frase, hagamos desfilar ese término a lo largo del mensaje hasta encontrar una coincidencia de una letra cada dos. Lo descubrimos al final.

| M | E | R | Z | E | N | Z | O | V | N | I | T | K | E |
|---|---|---|---|---|---|---|---|---|---|---|---|---|---|
| M | A | R | I | E | A | N | T | O | I | N | E | T | T | E |

Descubrimiento de la palabra probable.

Esto significa que AIATIET está cifrado como EZEZVIK. Contemos los desplazamientos necesarios para obtener esa correspondencia. Obtenemos las letras de la clave EREGNER, que probablemente es REGNE [reina]. El mensaje es fácil de descifrar, significa «Le roi est au plus mal. Marie-Antoinette» [el rey está muy enfermo, María Antonieta]. Por supuesto, hemos ignorado el cuadro de cifrado para simplificar nuestra explicación, pero el cuadro no complica demasiado el descifrado.

María Antonieta de Austria (1775-1793).
Retrato de Elisabeth Vigée-Lebrun

El método del cifrado de María Antonieta no era demasiado seguro. Esto no tuvo ninguna consecuencia funesta para ella porque el tribunal revolucionario no se demoró en hacer descifrar sus cartas. El procurador, el tristemente célebre Fouquier-Tinville, no necesitaba ninguna prueba para enviar a la gente a la guillotina. Su suerte estaba echada de todas maneras y habría podido ahorrarse ese penoso trabajo de cifrado del que se quejó al conde de Fersen el 2 de noviembre de 1791:

> Adiós, estoy cansada de tanto escribir; jamás he hecho este trabajo y siempre temo olvidar algo o escribir alguna tontería.

La fragilidad del cifrado de María Antonieta permite que sepamos descifrar muy bien las cartas enviadas por la reina. Sin embargo, en sus textos aparecidos en la editorial de fondos históricos Paleo, los pasajes donde muestran la afección que María Antonieta sentía por el conde de Fersen están reemplazados por pequeños puntos, como si fueran indescifrables. Esos pasajes fueron restablecidos por Jacques Patarin y Valérie Nachef, dos criptólogos de la Universidad de Versalles, con ayuda de la misma clave para el resto de la carta, la palabra «depuis». Es sorprendente que, aún hoy, se trate este asunto como un secreto de Estado. Aquí tenemos un pasaje bastante claro de una carta fechada el 29 de junio de 1791, siempre destinada al conde y restablecida por desciframiento:

> Yo existo, mi amado, para adorarte. He estado muy inquieta por ti y me apena todo lo que sufres por no tener noticias mías. El cielo permitirá que esta carta te llegue. No me escribas, sería exponernos, y sobre todo no vuelvas aquí bajo ningún pretexto. Saben que tú me permitirás salir de aquí; todo se perdería si apareces. Nos vigilan día y noche; me da igual. Tú no estás aquí. Quédate tranquilo, no me pasará nada. La Asamblea quiere tratarnos con suavidad. Adiós al más amado de los hombres. Cálmate si puedes. Hazlo por mí. Ya no podré escribirte, pero nada en el mundo me impedirá adorarte hasta la muerte.

El ejemplo de Maria Antonieta muestra por qué el cifrado de Vigenère no fue muy usado antes de la época de las comunicaciones rápidas: era demasiado fácil cometer un error y el mensaje se volvía incomprensible. La invención del telégrafo volvió más operacional el cifrado de Vigenère. En caso de error, el destinatario podía pedir al remitente que le enviara una nueva versión del mensaje. Entonces se imaginaron dispositivos mecánicos para simplificar el cifrado: y así comenzó la era del cifrado con máquinas (ver capítulo 10).

## Los errores de protocolo de los sudistas

Durante la guerra de Secesión, los sudistas usaron el cifrado de Vigenère. Para la época, era aún una buena elección. Desdichadamente para ellos, cometieron al menos cuatro errores de protocolo. En esta ocasión, vamos a descubrir que la manera de aplicar un código podía ser más importante que el código mismo. El peor de los errores fue, sin duda, que nunca tuvieron más que tres claves: «Manchester Bluff» y «Complete Victory» al comienzo de la guerra y el surrealista «Come Retribution» al final. Ahora bien, cuando más se colectan mensajes cifrados de manera idéntica, más fácil es descifrarlos. La menor prudencia hubiera sido cambiarlos cada semana. Y encima, ¡guardaban el corte de las palabras!

Un mensaje sudista en Vigenère encontrado en una botella en el Mississippi, 147 años después de haber sido lanzado (el 4 de julio de 1863). Se advierte que la longitud de las palabras fue respetada, lo que facilita la descodificación, en caso de interceptarlo. Aquí, la clave del cifrado es «Manchester Bluff».

LO QUE DEBEMOS DESCIFRAR:

**Un mensaje sudista**

El mensaje sudista en Vigenère de la figura de la página anterior es:

SEAN WIEUIIUZH DTG CNP LBHXGK OZ BJQB
FEQT XZBW JJOY TK FHR TPZWK PVU RYSQ
VOUPZXGG OEPH CK UASFKIPW PLVO JIZ HMN
NVAEUD XYF DURJ BOVPA SF MLV FYYRDE LVPL
MFYSIN XY FQEO NPK M OBPC FYXJFHOHT AS ETOV
B OCAJDSVQU M ZTZV TPHY DAU FQTI UTTJ J
DOGOAIA FLWHTXTI QLTR SEA LVLFLXFO

¿Sabrás descifrarlo?

Además, los sudistas transmitían a menudo una parte de su mensaje en claro y solo cifraban lo que querían mantener en secreto. Tal manera de actuar favorece el método de las palabras probables, puesto que quien lo intercepta conoce el tema preciso del mensaje: ¡solo tiene que jugar a las adivinanzas! El cuarto error concierne a la utilización del telégrafo. A veces, desaparecía una letra y el mensaje se volvía incomprensible. Sucedía entonces que los sudistas no fueran capaces de descifrar sus propios mensajes como lo muestra una anécdota en la que, tras doce horas de intentos infructuosos, el mayor Cunningham del ejército de Edmund Kirby Smith tuvo que ir a caballo a buscar el original del mensaje. Si el error se debía a la pérdida de una letra, era fácil rectificar porque el mensaje debía ser comprensible hasta ese olvido. Bastaba entonces con desplazar la clave en ese momento. Imaginemos, por ejemplo, que el mensaje del parágrafo sobre Vigenère (pág. 200) fuera transmitido con la pérdida de una letra. El destinatario recibiría:

LFDLI GGVEE FZIHF RESFI UVRCF TERBE ICBME
GFWER JBFLF

Lo descifra con la clave ABBE [abad], disponiendo las letras en el cuadro.

| L | F | D | L | I | G | G | V | E | E | F | Z | I |
|---|---|---|---|---|---|---|---|---|---|---|---|---|
| A | B | B | E | A | B | B | E | A | B | B | E | A |
| 0 | 1 | 1 | 4 | 0 | 1 | 1 | 4 | 0 | 1 | 1 | 4 | 0 |
| L | E | C | H | I | F | F | R | E | D | E | V | I |
|   |   |   |   |   |   |   |   |   |   |   |   |   |
| H | F | R | E | S | F | I | U | V | R | C | F | T |
| B | B | E | A | B | B | E | A | B | B | E | A | B |
| 1 | 1 | 4 | 0 | 1 | 1 | 4 | 0 | 1 | 1 | 4 | 0 | 1 |
| G | E | N | E | R | E | E | U | U | Q | Y | F | S |
|   |   |   |   |   |   |   |   |   |   |   |   |   |
| E | R | B | E | I | C | B | M | E | G | F | W | E |
| B | E | A | B | B | E | A | B | B | E | A | B | B |
| 1 | 4 | 0 | 1 | 1 | 4 | 0 | 1 | 1 | 4 | 0 | 1 | 1 |
| D | N | B | D | H | Y | B | L | D | C | F | V | D |
|   |   |   |   |   |   |   |   |   |   |   |   |   |
| R | J | B | F | L | F |   |   |   |   |   |   |   |
| E | A | B | B | E | A |   |   |   |   |   |   |   |
| 4 | 0 | 1 | 1 | 4 | 0 |   |   |   |   |   |   |   |
| N | J | A | E | H | F |   |   |   |   |   |   |   |

Descifrado con la falta de una letra.

El mensaje pierde todo sentido tras la palabra «Vigenère». Si se salta a la letra que sigue, no se entiende nada. Se salta entonces a la siguiente.

| L | F | D | L | I | G | G | V | E | E | F | Z | I |
|---|---|---|---|---|---|---|---|---|---|---|---|---|
| A | B | B | E | A | B | B | E | A | B | B | E | A |
| 0 | 1 | 1 | 4 | 0 | 1 | 1 | 4 | 0 | 1 | 1 | 4 | 0 |
| L | E | C | H | I | F | F | R | E | D | E | V | I |
|   |   |   |   |   |   |   |   |   |   |   |   |   |
| H | F | R | E | S | F | I |   | U | V | R | C | F |
| B | B | E | A | B | B | E | A | B | B | E | A | B |
| 1 | 1 | 4 | 0 | 1 | 1 | 4 | 0 | 1 | 1 | 4 | 0 | 1 |
| G | E | N | E | R | E | E |   | T | U | N | C | E |

211

| T | E | R | B | E | I | C | B | M | E | G | F | W |
|---|---|---|---|---|---|---|---|---|---|---|---|---|
| B | E | A | B | B | E | A | B | B | E | A | B | B |
| 1 | 4 | 0 | 1 | 1 | 4 | 0 | 1 | 1 | 4 | 0 | 1 | 1 |
| S | A | R | A | S | W | C | A | L | A | G | E | V |

| E | R | J | B | F | L | F |   |   |   |   |   |   |
|---|---|---|---|---|---|---|---|---|---|---|---|---|
| E | A | B | B | E | A | B |   |   |   |   |   |   |
| 4 | 0 | 1 | 1 | 4 | 0 | 1 |   |   |   |   |   |   |
| A | R | I | A | B | L | E |   |   |   |   |   |   |

Descifrado saltando una letra.

Encontramos entonces el mensaje: «Le chiffre de Vigenère e-t un César à décalage variable» [El cifrado de Vigenère -s un César de desplazamiento variable]. Es fácil restablecer la letra «s» que falta.

## La palabra probable de Julio Verne

Ya utilizamos a Julio Verne para ilustrar el capítulo precedente. Lo volvemos a traer aquí con el código secreto que centra la intriga en *La Jangada* aparecido en 1881, cifrado con el método de Vigenère:

Phyjslyddqfdzxgasgzzqqehxgkfndrxujugiocytdxvksbxhhuypodvyr
ymhuhpuydkjoxphetozsletnpmvffovpdpajxhyynojyggaymeynfuqln
mvlyfgsuzmqiztlbqgyugsqeubvnrcredgruzblrmxyuhqhpdrrgcrohe
pqxufivvrplphonthvddqfhqsntzhhhnfepmqkyuuexktoggkyuumf
vijdqdpzjqsykrplxhxqrymvklohhhotozvdksppsuvjhd

El protagonista de Julio Verne lo descifra suponiendo que su autor firmó con su nombre, Ortega. Las seis últimas letras del mensaje eran «suvjhd», y él supone que «ortega» se convirtió en «suvjhd» y que la clave corresponde a la serie de desplazamiento 432513. Si lo aplica, encuentra un mensaje coherente, a condición de no contar con la letra W.

El mensaje también puede descifrarse con el método de Kasiski, que veremos más adelante (ver «Las coincidencias de Friedman», pág. 234), lo que hizo posiblemente un alumno de la escuela politécnica llamado Saumaire, que consiguió descifrar el mensaje antes de tener la solución en el libro, que entonces aparecía como un folletín. En sus memorias, el matemático Maurice d'Ocagne cuenta que Julio Verne habría pedido a su joven lector que le explicara el método.

El protagonista de Julio Verne tuvo suerte —la que le organizó su creador. De hecho, veremos más adelante que el método de la palabra probable es aplicable sin haber recurrido a la buena fortuna (ver «La palabra probable de Bazeries», pág. 228) y existe un método muy simple si se dispone de un gran número de mensajes cifrados con la misma clave (ver «El método de Kerckhoffs», pág. 217).

## La autoclave de Cardan

No, la autoclave de Cardan no es un instrumento para cocinar los alimentos, sino una manera de comunicar la clave del cifrado en un mensaje cifrado, *clavis* era la palabra latina que significaba «clave». Jérôme Cardan, que ya hemos visto con sus rejillas, inicia esta idea que desdichadamente no supo desarrollar correctamente. El concepto ya se utilizaba, aunque de manera no explícita, en el uso que Alberti proponía de su esfera (ver capítulo 10). Sin embargo, se le adjudica el nombre de Cardan. El método necesita una primera clave, por ejemplo, CUIT [cocido], el resto de la clave es el mensaje en claro. ¡Cifrar un texto se hace como para un Vigenère! Como ejemplo, cifremos el texto: «la clef est dans le texte» [la clave está en el texto]. Construimos un cuadro:

| L | A | C | L | E | F | E | S | T | D |
|---|---|---|---|---|---|---|---|---|---|
| C | U | I | T | L | A | C | L | E | F |
| N | U | K | E | P | F | G | D | X | I |
|   |   |   |   |   |   |   |   |   |   |
| A | N | S | L | E | T | E | X | T | E |
| E | S | T | D | A | N | S | L | E | T |
| E | F | L | O | E | G | W | I | X | X |

213

El cifrado es entonces: NUKEP FGDXI EFLOE GWIXX.

El descifre se efectúa como para un texto cifrado en Vigenère, pero progresivamente.

Comenzamos por cifrar NUKE con la clave CUIT, lo que da el comienzo del texto claro LACL y la continuación de la clave. Se descifra PFGD con la clave LACL, y así sucesivamente. Si el adversario no conoce el método, el desciframiento es muy delicado; de lo contrario, la solidez del cifrado se limita a la de la verdadera clave, en este caso CUIT. El método funciona para el intercambio de mensajes a pequeña escala, pero no conviene para un uso intensivo.

## Los espías alemanes y el cifrado del libro

Durante la Segunda Guerra Mundial, varias redes de espionaje alemán se apoyaron del cifrado de Vigenère. El principio está bien descrito en *La clave está en Rebeca,* de Ken Follet. Cada espía está provisto de un libro (*La historia de San Michele,* de Axel Munthe, en la realidad, *Rebecca*, de Daphne du Maurier, en la ficción) que le sirve como recopilación de las claves. Por supuesto, su corresponsal también tiene el mismo, en la misma edición. La regla para obtener la clave es a la vez compleja y relativamente simple de recordar. El espía utiliza su número personal al que añade ocho veces el número del mes, lo que determina la página del libro donde se encuentra la clave. Ken Follet complica esta clave suprimiendo una palabra cada 5 si estamos en el mes de mayo, 6 si estamos en junio, etc. Si la clave elegida es tan larga como una página del libro, ese código es difícil de descifrar. Sin embargo, tiene el gran inconveniente de reposar sobre el secreto y contraviene así el principio de Kerckhoffs.

Esta idea de procurarse un libro para cifrar se remonta a los comienzos de la imprenta. Dos personas que desean comunicarse de manera secreta pueden elegir un texto que se encuentra en un libro que comparten. Partamos del mensaje «Si le Livre de San Michele s'est trouvé devenir une autobiographie, c'est que la manière la plus simple d'écrire sur soi-même consiste á s'efforcer de penser à d'autres» [Si el Libro de San Miguel se convirtiera en una autobiografía, que la manera más fácil de escribir sobre uno mismo consiste en esforzarse en pensar en los demás]. Numeremos las palabras en orden:

1 Si, 2 le, 3 Livre, 4 de, 5 San, 6 Michele, 7 s, 8 est, 9 trouvé, 10 devenir, 11 une, 12 autobiographie, 13 c, 14 est, 15 que, 16 la, 17 manière, 18 la, 19 plus, 20 simple, 21 d, 22 écrire, 23 sur, 24 soi, 25 même, 26 consiste, 27 à, 28 s, 29 efforcer, 30 de, 31 penser, 32 à, 33 d et 34 autres.

Se llega así a un cifrado homofónico. Para cifrar «c'est ça» [eso es], se puede escribir 13. 29. 20. 9. 26. 32. Para indicar la página y las líneas del libro utilizado, se puede comenzar por sus números en el mensaje cifrado, lo que da: 250. 12. 15. 13. 29. 20. 9. 26. 32, si se encuentra el texto utilizado para cifrar nuestro texto entre las líneas 12 y 15 de la página 250.

## Los errores del Viet Minh y de sus adversarios

Al comienzo de la guerra de Indochina, el Viet Minh utilizó un cifrado de Vigenère de manera particularmente errónea: la clave, siempre de longitud cinco, estaba pegada al principio del mensaje, lo que contravenía absolutamente al principio de Kerckhoffs. A pesar de la fragilidad del cifrado vietnamita, el conflicto criptográfico con el ejército francés, desequilibrado durante la reconquista de 1945, cuando trabajaban los mejores criptólogos del ejército, se equilibró luego desde ese punto de vista. Se suponía que las fuerzas disponían de máquinas de cifrado de la Segunda Guerra Mundial, como la C-36 a nivel táctico y la B-211 a nivel estratégico (ver capítulo 11), que habrían debido ser indescifrables por el Viet Minh. Sin embargo, según los archivos vietnamitas, muchos mensajes franceses eran enviados con un Vigenère dotado de una clave demasiado corta, o directamente en claro. Las técnicas de camuflaje, que ya describimos (ver capítulo 1), consistían en este caso solamente en reemplazar algunos términos

215

como «convoy» o «tanque» por otras de apariencia anodina como «tortilla» o «huevos revueltos». Este método no tenía muchas esperanzas de guardar el secreto de un gran número de mensajes. El enemigo habría comprendido rápidamente lo que significaban esos términos extraños.

Documento vietnamita que muestra un mensaje cifrado en Vigenère, con la clave TINHA al principio.

Durante la guerra de Vietnam que siguió a la derrota francesa, los estadounidenses no lo hicieron mejor y volvieron a métodos de camuflaje, persuadidos de que el Vietcong nunca sería capaz de comprender su jerga en tiempo real. Sin embargo, la NSA (National Security Agency) había concebido a Nestor, un sistema de buena calidad que cifraba la voz, pero que tenía, al menos, dos defectos (página siguiente): su material (KY-38) reservado a la infantería era pesado (24,5 kg), incluso si poseía un claro progreso con respecto al sistema Sigsaly de la Segunda Guerra Mundial (ver «El cifrado de la voz», pág. 311). Además, Nestor no soportaba el calor húmedo de los bosques tropicales del sur de Vietnam. Muchas unidades preferían cargar más municiones antes de ese aparato poco fiable y pesado. Esto explica la ausencia de un cifrado serio y del equilibrio de fuerzas entre el pequeño Vietcong y el gigante estadounidense en la batalla de las ondas.

Soldado estadounidense con una máquina KY-38, la parte portátil del sistema Nestor, que pesaba una buena veintena de kilos.

---

### LO QUE DEBEMOS DESCIFRAR:

**Un mensaje de Viet Minh**

El mensaje siguiente, supuestamente producido por el Viet Minh, en 1954:

TINHA XVGYE ZIETU GQPPO GMFKE VQRUT
HKVUC HIQPE GJVLN IPHMI KUNKO ZQNW

¿Sabrás descifrarlo?

---

## El método de Kerckhoffs

A menudo se presenta a Auguste Kerckhoffs como un neto teórico, sin competencia práctica particular. Esta idea es falsa, porque es el padre de un método simple y luminoso para descifrar los mensajes codificados con un cifrado polialfabético. La técnica es válida si se dispone de varios mensajes cifrados con la misma clave, una situación corriente en el contexto militar. Consiste en escribir los mensajes unos debajo de otros, espaciando las letras de manera idéntica. Como ejemplo, imaginemos que interceptamos los diez mensajes siguientes:

```
SYGKG NXEJI WAITH JXIXS KOIXN TM
JFHKG YUGGA JHXUG JLIZW WU
MYQUG XOJXW IIQAQ MUWHO OUW
JFKKB JLERZ QYKGF FYPRI SYW
JMTKF FGSYZ FGYTW HCSTG TFMIW YUHG
GOWWI JHERG TFHGR TLCGB
FNEWE JHERC GDIZW AIWUZ NWMZO II
UYRJW JHXKF JWIVQ NIRJS RYRYO OY
JGFUG HUHGS SYPYS HNSXS XNI
NGTUG NVPKT FWMRW YUVGD TSSYC QCGOH FXS
```

La primera columna propone SJMJJGFUJN. La letra predominante es J, lo que corresponde a la clave F, porque E sería cifrada como J (porque E + F = J, como 4 + 5 = 9). La segunda columna da la clave posible U. La tercera columna no permite decidir, la cuarta nos da la clave posible G y la quinta nos da la C. Las columnas sexta y novena vuelven a darnos J y G como letras de la clave. Esta coincidencia lleva a pensar que la clave es de longitud 5. Las columnas que permiten realizar una hipótesis seria sobre la clave son las columnas 1, 2 y 4 (F, U y G). Dicha hipótesis nos la confirman las columnas 6 y 9 (J y G). Por otro lado, la columna 13 nos indica que la tercera letra de la clave bien pudiera ser E.

Si suponemos que la clave es de longitud 5, la solución aparece clara ante nuestros ojos de criptoanalistas: FUEG_. Solamente la clave FUEGO permite un texto válido. He aquí el primero de los diez mensajes una vez descifrado con dicha clave: «Necesidad urgente de refuerzos».

## La longitud de la clave para descifrar

El método de Kerckhoffs exige la intercepción de gran número de mensajes cifrados con la misma clave. Pero, como ya vimos con el ejemplo de Julio Verne, también se puede descifrar un mensaje único codificado por Vigenère sin conocer la clave. De hecho, lo importante es conocer la longitud. Mostrémoslo con un caso concreto. Imaginemos que interceptamos el mensaje:

LRWII XCTBO ELUGK EDTTZ XNVBN KXNTB OEWEI
XPIBM ZKACH SWKAE VEJXS VGDZK ETVIF GSLWE
JMETH RKTNU HLFLD VIAIB SVEPI BMVKE AXRTB
TFLEX NIITA CLEXN NUHEJ VACTD RFEEM EPTSV
ZUITR RTDVF AJEAT HBVKT LKAUX LWEAE VOUXL
FLEAX RTBTF L

Intentemos descifrarlo suponiendo que fue cifrado con una clave de Vigenère de longitud tres. Si es el caso, tomamos la primera letra y luego la cuarta, luego la séptima y así sucesivamente; si solo guardamos una letra de cada tres, obtenemos un texto cifrado por un desplazamiento de César. Ese texto es:

LICOU ETNNN OEPMA SAESD EISEE RNLDA SPMER TEIAE
NEADE ESURD AABTA LAOLE RT

En este texto, la letra más frecuente es la E. Tiene una frecuencia usual de 14 %. Según nuestra hipótesis, no se ha operado ningún desplazamiento, de manera que la primera letra de la clave sería A. Si consideramos las letras que siguen, es decir la segunda, luego la quinta, etc., obtenemos el texto:

RTGDZ VKTEI IZCWE JVZTF LJTKU FVIVI VATFX ICXUJ
CREPV IRVJT VLUWE UFATF

La letra más frecuente ahora es la V, la segunda letra de la clave es entonces R. La última parte de texto es:

WXBLK TXBXB WXBKH KVXGK VGWMH THLIB EBKXB
LNTLN HVTFM TZTTF EHKKX EVXLX BL

---

**LO QUE DEBEMOS DESCIFRAR:**

**Un mensaje de Vigenère**

El siguiente mensaje fue cifrado en Vigenère con una clave de longitud cinco:

CNCEQ KOIJI OARVG VALHI GDMJR GAGVF NOAII
UOAVG VAVJC OEBZR QSGHI GETTS TCWJS JAKVF
TALFO NRMUS FOZUS NAURM QRXRF VELVZ GJ-
MIQ KTWII UOMCL KIQVZ ZVGVZ ZVQZW EU-
MID QSLVZ GJMIQ KTWYO PSQUC FEAKF WILFG
NAAGW GZIJR GAZKW NLMIW CEAKO PRMLB
KDIJS PLWJP QSYLS UETSC VIVUS IUMIF CACEB
QHIJW FOKFB VAJZZ KZIUC REZFS UEFKF COZUW
PAZZO OEVKS KMXFF VAVKS GNTFG CLZVR GD-
WIS UETZS TYDZQ WEZGC VAUSW GNPRB UUNIW
FOBVF TIJCS OEVKS UEZVH KRIIC PPZVQ KPQKO
FAUVB VEPRQ KAUCO YAGDM UZGEW GC

¿Qué significa?

---

Ahora la letra más frecuente es la X, la última letra de la clave es entonces T. Obtenemos en definitiva la clave ART [arte], lo que permite descifrar el mensaje. Reprodujimos para la ocasión un mensaje transmitido el 5 de septiembre de 1914, con el código Ubchi, por el general del frente oeste Von Moltke a los generales de los dos ejércitos del flanco derecho, Von Kluck y Von Bülow:

La dirección suprema tiene intención de reprimir a los franceses en dirección sudeste cortándolos de París. El primer ejército seguirá al segundo escaladamente y asegurará además la cobertura del flanco de los ejércitos.

Vemos entonces que, para descifrar un mensaje cifrado en Vigenère, basta con conocer la longitud de la clave. Si esta es corta, bastan unos intentos para encontrarla.

## Charles Babbage

Inventor y precursor de la informática con sus máquinas para calcular engranajes, el inglés Charles Babbage era un hombre sorprendente que tenía al menos un punto en común con Bazeries: le encantaba leer las correspondencias personales en los periódicos. Las que se publicaban a mediados del siglo XIX en el *Times* eran comparables, por su sistema de cifrado, a las de *Le Figaro* de 1890: cifrados de César, cifrados atbash y de sustituciones alfabéticas simples. «El descifrado es una de las artes más fascinantes y temo que malgasté más tiempo de lo que merecen», escribía Babbage en su autobiografía.

Charles Babbage (1791-1871).

221

En 1854, Babbage intervino como experto para evaluar un tipo de cifrado cuyo autor era un dentista llamado John Thwaites. Babbage reconoció rápidamente que el dentista había reinventado el cifrado de Vigenère. Escribió en su informe que ese cifrado era fácil de descodificar. Thwaites lo desafió a descifrar un texto cifrado con su método, lo que Babbage realizó con facilidad ¿Cómo? Encontró la longitud de la clave sin hacer múltiples cálculos de frecuencia en los submensajes.

Charles Babbage, en realidad, tuvo la idea de atacar este problema buscando repeticiones en el mensaje cifrado.

---

## LO QUE DEBEMOS DESCIFRAR:

### El desafío del sobrino de Babbage

El sobrino de Charles Babbage, Henry Hollier, desafió a su tío para que descifrara el mensaje que te propongo aquí:

IIQVZVS MAC
ZEUS IL EÁG RÁGZD UNW FQECADTJ ZA ULW YLLSP
GFETKWBPI GWVYWQFEDWRMW. QAQF MWMWR
EESW LTUSDPF, KIKÁ LOYFZÉF JÁVAZ PIJUMYJOD
IJLS. HP ZZQTS GZCTTB VQAS URPÁ BR EFKWIPR-
ZLDNJ NHVN JS JIEVZYS.
FL YMIPKSVWB JMIVVEM, OIAIW

¿Qué significa?

---

## El método de Kasiski

Un oficial prusiano, Friedrich Kasiski (1805-1881), encontró el método de Babbage y lo publicó. Injustamente, lleva su nombre. Los errores de paternidad son legión en la historia de las ciencias (¿recuerdas los cifrados de César y de Vigenère?), hasta el punto de que se puede interferir una ley general: un descubrimiento científico jamás lleva el nombre de su autor. Como ese principio se aplica a sí mismo, se atribuye a Stephen Stigler, pero fue enunciado por muchos otros. En el caso de Babbage, este argumento se refuerza por otro más serio: el gobierno británico no tenía ningún interés en divulgar que podía descifrar un código considerado inviolable en esa época. El tema era tanto más sensible puesto que Gran Bretaña luchaba con Rusia durante la guerra de Crimea (1853-1856).

El método de Kasiski necesita de dos textos bastante largos, y consiste en buscar las repeticiones. Veamos cómo se le puede aplicar en el mensaje siguiente:

CVXIA UWQKU ZMEIO **ITKT**J YWPFB RGTCP
VJUME JVNCI WRBVZ ZJYWK NVFRV N**X**IZF **ITK**JX
ZHLFX BAIOC SBIME RRGZR NHMHX UZWEJ YMSKC
GPJVA KGOFI YIKRA DAVGP WTRAF GXZDW VABNY
JZKPV AOFUL VDWLM VBSSM PYEHV RLFDD PHYWA
MLZFV VOBRT LZTPY RAGKR NFFKV DVYVM WITRA
FGXZP RWYCF OVPCW TRAFG XZDUB VARZI JFZLA
BPUUZ DTHET RIYDQ JYRLR IVNLV SNURZ YJOIK
RASXV LFIUP MFVVM **XI**AQM PUEXW YYR

La máquina de Babbage fue la primera herramienta que se puede calificar como computadora. Babbage enunció el principio, hizo los planos y comenzó a construirla, pero no pudo acabarla. En 1991, se fabricó (según sus planos) y funcionó. Es interesante ver que el nacimiento de la computadora durante la Segunda Guerra Mundial también estuvo ligado a la necesidad de cálculo de la criptografía.

223

En este mensaje resaltamos en negritas las repeticiones de XI y de ITK, que nos permitirán descifrarlo. Sabemos que este comunicado fue cifrado con el método de Vigenère, pero con una clave que desconocemos. Encontramos varias repeticiones: XI y ME tres veces, IO dos veces e ITK dos veces (XI e ITK están en negritas en la página precedente. Por supuesto, puede tratarse de coincidencias, pero lo más probable es que el mismo texto fue cifrado con la misma parte de la clave. Examinemos el caso más largo, el ITK. Si se trata de las mismas tres letras cifradas con la misma parte de la clave, encontramos varias veces esta clave repetida entre la I de la primera eventualidad y el de la segunda. En ese caso, la longitud de la clave divide la distancia entre esas dos I, o sea 45.

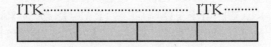

Si ITK representa dos partes idénticas del mensaje, cifradas con la misma parte de la clave, la clave se repitió varias veces entre esas eventualidades (marcadas en gris en la imagen).

Podemos recuperar el razonamiento para las repeticiones XI. Están separadas por 54 y luego por 234 letras. Con la hipótesis precedente, obtenemos una longitud de clave que divide 54 y 234. El mayor divisor común de esos tres números (45, 54 y 234) es 9. Entonces es lógico verificar si la clave es de longitud 9. Para eso, dividimos el mensaje en nueve partes, partiendo de una de las nueve primeras letras, y luego desplazándolas de 9 cada vez. Si nuestra suposición es correcta, cada parte fue cifrada por simple desplazamiento.

La novena parte del texto es:

CUTTV ZVJIR UCFVX JLSFL LRVXV XIUYV YVVE

Aquí la letra más frecuente es V (más del 23 %): representa la E. La primera letra de la clave es entonces R. Hacemos lo mismo con los otros ocho grupos:

224

VZJCN JNXOG ZGIGZ ZVMDZ ZNMZP ZJZDN JLMX
XMYPC YXZCZ WPYPD KDPDF TFWPC DFDQL
OFXW
IEWVW WIHSR EJIWW PWYPV PFIRW UZTJV IIIY
AIPJW KZLBN JVKTV VLEHV YKTWT BLHYS KUAY
UOFUR NFFIH YARRA AMHYO RVRYR VAERN RPQR
WIBMB VIXMM MKAAB OVVWB ADACA ABTLU
AMM
QTREV FTBEH SGDFN FBRAR GVFFF RPRRR SFP
KKGJZ RKARX KOAGY USLMT KYGOG ZUIIZ XVU

En cinco casos, vemos una letra mayoritaria. En los demás, vemos varias que lo son. Obtenemos la clave RVL$xy$N$zw$G donde $x$ es E o S, $y$ R, G o H, $z$ W o I y $w$ B o N. *A priori*, hay 24 claves posibles si variamos las posibilidades de las desconocidas $x$, $y$, $z$, y $w$. Más que intentarlo con todas, utilizamos las letras que ya encontramos en el comienzo del mensaje: **LAMIA HWQED**, donde resaltamos en negritas las letras descifradas. Antes de la H (sexta letra), probablemente tenemos una P o una T. Las tres posibilidades de claves R, G o H dan H, U o T, o sea que es la T. La cuarta letra es entonces una E, lo que proporciona la clave E. En ese punto, la clave es RVLEHN$zw$G. Obtenemos:

**LAMET** HWQED EBABB ITECO NSISB RACHE
RCHME DESRE PEBVT IONSDA

Después de la H, la letra W fue cifrada en W o I, se trata entonces de A o de O. La letra Q fue cifrada en B o N, se trata entonces de O o D. Las únicas elecciones con sentido son O y D en ese orden, lo que da «la méthode» [el método]. La clave es entonces RVLEHNING y el mensaje:

La méthode de Babbage consiste à chercher des répétitions pour trouver la longueur de la clef. Elle fonctionne dès que les messages sont assez longs, ou assez nombreux. Une fois la longueur obtenue, il reste à subdiviser le message en plusieurs messages, qui se trouvent chiffrés par le chiffre de César. La méthode des fréquences permet de conclure.

*El método de Babbage consiste en buscar las repeticiones para encontrar la longitud de la clave. Funciona cuando los mensajes son bastante largos o bastante numerosos. Una vez que se obtiene la longitud, solo queda dividir el mensaje en varios mensajes que se encuentran cifrados por el cifrado de César. El método de las frecuencias permite confirmarlo.*

Por supuesto, el método de Kasiski es útil para descifrar cualquier cifrado polialfabético, en particular el de Beaufort.

## El método de Saint Urlo

Una idea similar, pero que funciona de manera más general, consiste en procurarse tiras de papel donde están escritas, con espacios regulares, todas las letras del alfabeto y donde la letra E y las que componen la expresión «Saint Urlo» se oscurecieron. ¿Por qué oscurecerlas? Simplemente porque, en un texto no cifrado, representan el 80 % de las letras utilizadas, como lo indicábamos en el capítulo 3. Ese texto aparecerá entonces en gris. Se colocan las tiras verticalmente unas al lado de las otras, de manera que forme en una línea el criptograma buscado, en este caso: AIPJW KZLBN JVKTV VLEHV YKTWT BLHYS KUAY (recuperamos la quinta frase del ejemplo precedente, el que nos planteó más problemas). Si reducimos el cuadro al rectángulo útil para ganar en volumen, se obtiene:

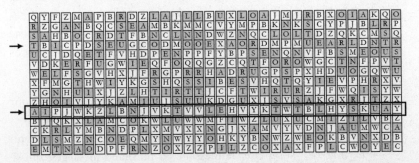

El criptograma está flechado y rodeado, la línea más oscurecida está solo flechada. Es probablemente la del mensaje en claro,

226

puesto que un gran número de sus letras forman parte de las letras «E Saint Urlo», que representan el 80 % de las letras de un texto en claro. Puesto que A se cambia por T, la clave es H, lo que ya habíamos encontrado. Claro está, se puede informatizar el asunto. Cada línea tiene una puntuación «Saint Urlo» contando las apariciones de E y de Saint Urlo en esta línea. Basta con considerar la mejor puntuación: seguramente corresponde a la clave. De lo contrario, pasamos a las puntuaciones siguientes; casi seguro la clave está entre ellas.

El método de Saint Urlo tiene la ventaja de no ser sensible a la presencia o no de la E en el texto claro, como lo ilustra el ejemplo siguiente:

NTNGI AIWAS IFTVE TUNSA HWABS TVYQY FTYFI
FTVYF DNGWV QUBZQ YQIHS ONSBD ZQYUI FXIFZ
ZFTVS WWAYA HWABS KBZ

Hay que advertir que NG está repetido a una distancia de 39 y WABS a la distancia de 60: la clave es probablemente de una longitud 3, divisor común de 39 y 60. Esto nos lleva a considerar las tres palabras:

NGIST TSWSY FFTFG QZQSS ZUXZT WYWSZ
TIWIV UAATQ TIVDW UQIOB QIIZV WAAK
NAAFE NHBVY YFYNV BYHND YFFFS AHBB

El método de Saint Urlo aplicado a la primera palabra da:

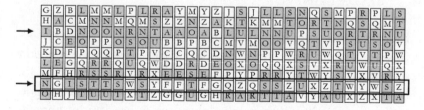

De la misma manera que antes, la línea en claro aparece más oscura que las otras, así I está cifrada en N. La primera letra de la clave es F. Se recomienza con las dos otras palabras, se obtiene finalmente la clave FIN y el texto:

Il abandonna son roman sur son lit. Il alla à son lavabo; il mouilla un gant qu'il passa sur son front, sur son cou.

*Abandona su libro sobre la cama. Va al lavabo; moja una toallita, la frota por su cara, por su nuca.*

Se trata de un corto extracto de *La Disparition* [*La desaparición*], la novela de Georges Perec escrito sin la letra E. Una carencia que no impide el descifrado, contrariamente a lo que se podría pensar.

## La palabra probable de Bazeries

Como nos lo mostraron los personajes de Julio Verne, el método de la palabra probable es valioso para descifrar un mensaje codificado en Vigenère. El primero en concebir cómo hacerlo fue Étienne Bazeries. Volvamos al mensaje de Von Moltke:

LZGTV GTZHN UXLRW IIXCK BOELU GKEDX
EJMDV KEWHU CXRCX SWKAE VAZLE EWIIX CKBOE
WUJND VLTVG LVLCF NPRGT UXPRK IJEAG KEDBE
IXAIF EVLUZ ORREA UXUOB EDXEE XCYXL FGEKT
SJNRV KAVGO LMRVE ATHUM XRKNR VWUWE
AEVDV LAIFE VL

Busquemos la palabra «direction» [dirección]. Si esas nueve letras se encuentran allí, sumadas a la clave eventualmente repetida o de una parte solamente, dan nueve letras del mensaje cifrado. Imaginemos que se trate de las nueve primeras letras. Añadiendo la palabra DIRECTION a la palabra que la ha cifrado, obtenemos LZGTVGTZH, si quitamos DIRECTION a LZGTVGTZH, tenemos la palabra que la ha cifrado.

| L | Z | G | T | V | G | T | Z | H |
|---|---|---|---|---|---|---|---|---|
| D | I | R | E | C | T | I | O | N |
| 3 | 8 | 17 | 5 | 2 | 19 | 8 | 14 | 13 |
| I | R | P | P | T | N | L | L | U |

Quitamos DIRECTION en los nueve primeros caracteres. El resultado no tiene ningún sentido. Esta clave no respeta las costumbres de la época que pretendían que fueran fáciles de recordar.

La palabra obtenida, IRPPTNLLU, no corresponde a las claves que se usan normalmente. Recomencemos con las palabras de las nueve letras siguientes: ZGTVGTZHN, GTVGTZHNU, etcétera. Llegados a WIIXCKBOE, conseguimos TARTARTAR. Basta entonces con tantear un poco para reconstituir la clave ART.

Este método muestra una fragilidad suplementaria del cifrado de Vigenère: para recordarlas, las claves tienen un sentido, lo que permite reconocerlas. Además, vemos que las claves cortas se descubren más fácilmente.

---

LO QUE DEBEMOS DESCIFRAR:

**Un mensaje en Beaufort**

El siguiente mensaje fue cifrado en Beaufort:

BWRIV DLHIO PJYWP VWGRW FYJMO JYYYN
KHMOJ PYNNI VFYJP CPFYV DLYNM GRJJN

¿Qué significa?

## La libreta de uso único

Para evitar el descifrado por el método de Kasiski (que consiste en buscar repeticiones en la versión cifrada), el criptólogo estadounidense Gilbert Vernam (1890-1960) tuvo la idea de utilizar claves tan largas como los mensajes. Joseph Mauborgne, que ya conocimos por el cifrado de Playfair, estimó que más valía que esta clave fuera aleatoria. Más adelante, creando la teoría de la información, Claude Shannon (1916-2001) demostró que ese cifrado es inviolable. La razón es simple: si se cifra un texto con una clave aleatoria, el texto mismo se vuelve aleatorio. Pero no debe utilizarse la misma clave dos veces. Hay que descartarla después de una sola utilización, por eso se llama libreta de uso único (*on time pad*) en inglés, con frecuencia traducido como «clave de una vez». ¿Por qué tirar la clave tras un solo uso? La razón es que si se encuentran dos mensajes cifrados con la misma clave, se le hace desaparecer y el cifrado queda fragilizado por la palabra probable.

Padre de la teoría de la información Claude Shannon demostró que, correctamente aplicada, la libreta de uso único es inviolable. También fue el precursor de la inteligencia artificial. Aquí, lo vemos fotografiado con uno de sus inventos: una ratita mecánica que encontraba sola su camino en un laberinto.

Según los archivos británicos, los soviéticos cometieron este error por causas económicas en los años 1930; y persistieron en su error, lo que facilitó el proyecto Venona estadounidense de descodificación de los mensajes de los servicios de información soviéticos.

Así fueron descifrados total o parcialmente más de mil mensajes. Una de las consecuencias fue la detección de espías soviéticos como los esposos Rosenberg y los «cinco de Cambridge», entre ellos el célebre agente doble Kim Philby.

Esta debilidad de la libreta desechable, matemáticamente indescifrable a pesar de todo, recuerda también la diferencia entre la teoría y la práctica y, sobre todo, que un teorema de matemáticas tiene hipótesis estrictas —en este caso, la parte aleatoria de las claves y su utilización única. No podemos invocarla al margen de sus condiciones de aplicación, aun si es una idea tentadora para quienes no dominan estos temas.

Las otras fragilidades de ese cifrado «perfecto» son el tamaño, la creación y la transmisión de las claves. Volveremos sobre esos puntos porque no es fácil crear lo aleatorio. Fuera de las matemáticas, la palabra «aleatorio» se interpreta mal y la gente con frecuencia, tiene la impresión de que se puede contentar con crear una lista de palabras que vienen espontáneamente a la mente. Pero estas raramente son aleatorias.

Actualmente, la libreta de uso único se utiliza a niveles que requieren un secreto importante, como la diplomacia. Por ejemplo, está en la esencia del teléfono rojo que unía a Washington y Moscú.

## El teléfono rojo

El teléfono rojo designaba una línea de comunicación directa establecida entre la Casa Blanca y el Kremlin, entre John Kennedy y Nikita Khrushchev, después de que la crisis de los misiles de Cuba hubiera llevado al mundo al borde de la guerra, en 1962. Se trata de una metáfora repetida y popularizada por los medios porque la línea, en realidad, era un fax. Permitió desactivar más adelante muchas situaciones de conflicto entre el bloque comunista y el mundo occidental.

La línea estaba cifrada gracias al principio de la libreta de uso único sobre mensajes en binario (series de 0 y de 1). Cada país producía la suya, la clave final era la suma (sin retención) de las dos. Así, era imposible a uno de los dos interlocutores trampear produciendo una clave que parecía aleatoria, pero no lo era; o, más bien, eso no hubiera servido de nada. La utilización del método tenía, además, la ventaja de no librar ningún secreto al adversario. Las claves de cada país se transportaban por valija diplomática y destruidas tras cada utilización. Volveremos sobre este tema, porque abre la era digital.

Núcleo del teléfono rojo original. La clave está inscrita en una tira de papel perforado, que se lee gracias al lector a la izquierda de la foto (la pequeña caja). El gran aparato de la derecha efectúa el cifrado.

## El cifrado del Che

Después de su éxito como compañero de Fidel Castro en la guerrilla cubana, Ernesto Guevara, llamado el Che, trató de exportar la revolución a Bolivia. El 8 de octubre de 1967, fue capturado por el ejército de ese país, y ejecutado al día siguiente. Llevaba una descripción del cifrado que utilizaba para transmitir sus mensajes a Fidel Castro. Comienza por una sustitución alfabética simple con números de una o dos cifras.

| A | B | C | D | E | F | G | H | I | J | K | L | M |
|---|---|---|---|---|---|---|---|---|---|---|---|---|
| 6 | 38 | 32 | 4 | 8 | 30 | 36 | 34 | 39 | 31 | 78 | 72 | 70 |

| N | O | P | Q | R | S | T | U | V | W | X | Y | Z |
|---|---|---|---|---|---|---|---|---|---|---|---|---|
| 76 | 9 | 79 | 71 | 58 | 2 | 0 | 52 | 50 | 56 | 54 | 1 | 59 |

Primera etapa del cifrado del Che Guevara.

Luego se agrupan las cifras de a cinco, y se les suma una serie de cifras aleatorias compartidas por Fidel Castro y Ernesto Guevara. Así se hace esta suma sin retención: $24567 + 78351 = 92818$. Se trata, como se ve, de una clave de Vernam (o, mejor dicho, de longitud igual a la del mensaje).

Ernesto Guevara utilizaba una clave de Vernam, como muestra este borrador, encontrado en sus bolsillos a su muerte.

Este tipo de cifrado fue practicado por los espías soviéticos como Georges Beaufils (1913-2002), un exFTP (resistente y partisano francés), sospechoso de haber sido reclutado por el GRU (departamento de inteligencia ruso). Entre sus pertenencias, encontraron un libro de números aleatorios y hojas que contenían sustracciones sin retención, que sirvieron como piezas judiciales para su proceso. Fue condenado a ocho años de prisión en 1978.

## Las emisoras de números

Es tentador ligar esas listas interminables de cifras copiadas por el Che Guevara y Georges Beaufils a las extrañas emisiones que pueden escucharse en las ondas cortas. Se les llama emisoras de números porque, aparte de un indicativo que se parece al de los radios comunes, solo difunden números, enunciados por una voz artificial (es decir, creada por una máquina y no un ser humano); largas letanías poco románticas como: «tres nueve cero uno cinco» seguidas de un espacio, eventualmente una o varias repeticiones (para asegurarse de la buena comprensión del auditor), y luego más números. Todo esto forma visiblemente un mensaje que no se puede descifrar si no se conocen el método y la clave utilizados.

Este tipo de emisora comenzó a emitir en Morse hacia el final de la Primera Guerra Mundial, pero sus horas de gloria fueron durante la Guerra Fría. Varias redes de espionaje parecen haber utilizado esas emisoras para comunicar. Con la caída del muro de Berlín casi han desaparecido. Escribo «casi» porque persisten algunos de esos radios. En la era de internet, podemos preguntarnos por qué. ¿Para no perder la capacidad de intercambiar en caso de corte de la red?

## Las coincidencias de Friedman

Volvamos a las sustituciones polialfabéticas. Para determinar la longitud de una clave de Vigenère, el criptólogo del ejército estadounidense, William Friedman tuvo la idea de introducir un índice invariable por permutación de letras. Así, su valor no quedaba afectado por una sustitución alfabética simple, como las originadas por César.

William Friedman (1891-1969), criptólogo del ejército estadounidense y criptólogo jefe de la NSA después de la Segunda Guerra Mundial.

El interés de este índice es que una vez calculado para el mensaje cifrado, se podrá deducir directamente la longitud de la clave, lo que facilitará el desciframiento.

## ÍNDICE DE COINCIDENCIA

El índice de coincidencia de un texto T es la probabilidad de que dos letras, sacadas al azar en ese texto, coincidan. Llamemos S a la suma de los cuadrados de las frecuencias de las letras e $I_C$ al índice de coincidencia. Se demuestra que las dos nociones están unidas por la fórmula: $(n-1) I_C = n S - 1$.

Si el texto es relativamente largo, $n$ y $n-1$ son casi iguales y 1 es desdeñable delante de $n$. Así, S e $I_C$ pueden confundirse, lo que haremos luego.

Para obtener este índice, la idea más simple es sumar los cuadrados de las frecuencias de las letras. Más precisamente, en un texto T dado, se cuentan el número de incidencias de cada letra: $n_A$ para A, $n_B$ para B, hasta $n_Z$ para Z. Se suma $n$, que es la longitud del texto y luego la suma de los cuadrados $n_A^2$, $n_B^2$, hasta $n_Z^2$. Por fin, se divide esta última suma por el cuadrado de $n$. Si cambiamos las letras, las posiciones de los cuadrados de las frecuencias quedan modificados en la suma, pero esta sigue siendo idéntica porque todos los cuadrados se encuentran allí a pesar de la permutación. Como ese número no tiene sentido concreto, se le prefiere otro, muy próximo, llamado índice de coincidencia.

Sin herramientas electrónicas, el cálculo es relativamente largo. Efectuémoslo sobre un texto corto para mostrar su dificultad. Probemos con el texto «calcul de l'indice de coïncidence de Friedman» [cálculo del índice de coincidencia de Friedman]. Calculamos los números de la incidencia de cada letra, sus cuadrados, luego sumamos las dos.

| Letras | A | C | D | E | F | I | L | M | N | O | R | U | Total |
|---|---|---|---|---|---|---|---|---|---|---|---|---|---|
| Número | 2 | 6 | 6 | 7 | 1 | 5 | 3 | 1 | 4 | 1 | 1 | 1 | 38 |
| Cuadrado | 4 | 36 | 36 | 49 | 1 | 25 | 9 | 1 | 16 | 1 | 1 | 1 | 180 |

Cálculo del índice de coincidencias.

La suma de las frecuencias al cuadrado es entonces igual a 180 dividido por 38 al cuadrado, o sea: 0.12. Hay que restar 1/37 para obtener el índice de coincidencia. Es entonces igual a 0.10. A partir de las frecuencias usuales, es posible determinar el índice de coincidencia media de un texto en francés, o en otros idiomas, eventualmente codificado por un cifrado como el de César. Basta con sumar las frecuencias medias al cuadrado.

| A | B | C | D | E | F | G | H | I | J | K | L | M |
|---|---|---|---|---|---|---|---|---|---|---|---|---|
| 8.4 | 1.1 | 3.0 | 4.2 | 17.3 | 1.1 | 1.3 | 0.9 | 7.3 | 0.3 | 0.1 | 6.0 | 3.0 |
| N | O | P | Q | R | S | T | U | V | W | X | Y | Z |
| 7.1 | 5.3 | 3.0 | 1.0 | 6.5 | 8.1 | 7.1 | 5.7 | 1.3 | 0.1 | 0.4 | 0.3 | 0.1 |

Cuadro de frecuencias de las letras en francés, expresadas en porcentajes.
En francés, el índice de coincidencia medio es, entonces, la suma:

$$0.084^2 + 0.011^2 + ... + 0.001^2 = 0.0746.$$

En el caso de un mensaje donde las letras hayan sido escogidas al azar, obtenemos una frecuencia media de 1/26. El índice es entonces igual a 26 veces $(1/26)^2$, es decir, a 1/26, o sea 0.038. Se trata del índice de coincidencia medio de un texto aleatorio.

Volvamos al mensaje cifrado precedente (CVXIA... PUEXW YYR) con esta nueva herramienta. Su índice de coincidencia es igual a 0.042, más cercano al de un texto aleatorio que al de un texto medio. No está cifrado vía una sustitución monoalfabética, la clave no es de longitud 1. Consideremos ahora los textos obtenidos partiendo de la primera letra y guardando solo una letra cada dos, cada tres, etc. Obtenemos índices de coincidencias comprendidos entre el de un texto aleatorio y el de un texto medio.

| Clave | 1 | 2 | 3 | 4 | 5 | 6 | 7 | 8 | 9 |
|---|---|---|---|---|---|---|---|---|---|
| Índice | 0.04 | 0.04 | 0.06 | 0.05 | 0.04 | 0.06 | 0.04 | 0.03 | 0.08 |

Índices de coincidencia.

Llegados al 9, obtenemos un índice próximo al índice medio. Encontramos por un simple cálculo que la longitud de la clave es igual a 9. La continuación es idéntica a lo que precede y es posible automatizarla.

Ese largo recorrido de las sustituciones polialfabéticas comenzó en el Renacimiento y parece terminarse con la libreta de uso único y el teléfono rojo, y proseguirá con las máquinas de cifrado, como la más célebre Enigma. Antes de eso, las insuficiencias del método llevaron a los criptólogos a casar esos dos grandes métodos de cifrado, sustitución y transposición, lo que abre el camino al supercifrado, como vamos a descubrir ahora.

─────── LO QUE DEBEMOS DESCIFRAR: ───────

**Otro mensaje en Vigenère**

El mensaje siguiente fue cifrado en Vigenère:

CVLLG SAIVH NZOEL LNRIV GAXVS LUHMJ OIMLX
VPZKV ALEJY HCKEJ WBHKR FGJWI ELLLU LFVNL
NRLRA HWYEG HPHKU VLLNC EXXYY JDVEH PRNKE
VOIDVL LNRRI HUXZE JWLFR RIBLL VPFNC UETGH
YNVRU XBHRD FNGYI ADXBL JEKIY YEDIX QOJQL
TALFI JHBKL AKKLN FNEXH OODVF HLTHR GKCJE
JWLMV GRKPN VAJZY IJSZX YYDEE MJIES KKBCK
EJEHL XEDXU NWATH UHVEJ KLWFU MXYNV SV-
GWU ITZXK UESCX BLDIC BLOUU EMVCK DVYLO
ZLCTN YHUZEH CJSVE PVIEV GHVFR UNUYT OLKZC
MEJNY FRQLX SFVSV ISUTE EMSYJ PRZHS VUILK YJ-
JRG NUUAJ LVLKE UXYUU ERNEC EFFKT YJATM
PIENV LWUIU EXCIZ LVMYC RNXNS UZRVX AMLPG
HYNRN KEHWR BRGLX VPRBS FZSHN PMVRK WL-
GRI JHUZC OKMHH KEREP HUIVG LNRSR YHGZL CX

¿Sabrías descifrarlo?

# 9

# LA CAJA FUERTE CON CÓDIGO SECRETO: EL SUPERCIFRADO

¿Recuerdas el primer capítulo y «el milagro del Vístula»? En 1920, los polacos, cercados por las fuerzas rusas, consiguieron descifrar las transmisiones enemigas y darle la vuelta al resultado del conflicto; al parecer, los rusos empleaban entonces un código de sustitución. ¿Y la batalla del Marne, perdida por los alemanes en 1914? Los franceses consiguieron descifrar el código alemán que empleaba un método de transposición. Dos derrotas históricas debidas al impacto decisivo de los servicios de codificación. Pero también, y, sobre todo, dos fracasos patentes de las técnicas de sustitución y de transposición.

Ni uno ni otro método son perfectos, es lógico entonces que los criptólogos se volvieran hacia una mezcla de los dos, desde el final del siglo XIX. Aquí veremos un florilegio de los mejores métodos de supercifrado que permitieron a los ejércitos de muchos países, al final del siglo XIX y de la Primera Guerra Mundial, mejorar singularmente la seguridad de sus códigos. Supercifrar un código, es un poco como encerrarlo en una caja fuerte para aumentar su seguridad. ¿Sería una sorpresa si les cuento que ninguno de esos supercifrados resistió demasiado tiempo?

## Criptografía al «vesre» (al revés)

Según Étienne Bazeries, en 1886, el general francés Boulanger, entonces ministro de la Guerra, prefería un cifrado fundado sobre el código de Vigenère supercifrado con una transposición muy simple, puesto que se trata de la escritura al revés. Con la clave CROIX, el mensaje «Boulanger a fait adopter le fusil Lebel» [Boulanger ha optado por el fusil Lebel] se convierte en primer lugar:

| B | O | U | L | A | N | G | E | R | A | F | A | I | T | A | D | O |
|---|---|---|---|---|---|---|---|---|---|---|---|---|---|---|---|---|
| C | R | O | I | X | C | R | O | I | X | C | R | O | I | X | C | R |
| D | F | I | T | X | P | X | S | Z | X | H | R | W | B | X | F | F |

| P | T | E | R | L | E | F | U | S | I | L | L | E | B | E | L |
|---|---|---|---|---|---|---|---|---|---|---|---|---|---|---|---|
| O | I | X | C | R | O | I | X | C | R | O | I | X | C | R | O |
| D | B | B | T | C | S | N | R | U | Z | Z | T | B | D | V | Z |

Es decir, DFITX PXSZX HRWBX FFDBB TCSNR UZZTB DVZ, que falta escribir al revés, lo que propone el criptograma: ZVDBT ZZURN SCTBB DFFXB WRHXZ SXPXT IFD.

---

### Lo que debemos descifrar:

**Un mensaje de Bazeries**

Étienne Bazeries eligió el cifrado de Boulanger para crear el siguiente criptograma:

AWAQG KQZKG STNVX MWFKH WTQRO WQCMP
WAIFX WRGVJ UIQJP AWAJG DBBFU JQFMW GKSUC
KMZZE ANTZF KCZGU WTGKG JKSJU WT

¿Sabrás descifrarlo?

---

El cifrado de Delastelle resume mejor la época que el de Boulanger. De manera sorprendente, utiliza el antiguo cuadrado de Polibio. Criptólogo aficionado en una época en que el descifrado ya se ha convertido en un asunto de militares y universitarios, Félix Delastelle (1840-1902) tuvo la idea de mezclar un cifrado por sustitución por medio del cuadrado de Polibio y una transposición.

Comenzamos por rellenar el cuadrado gracias a un poema corto, por ejemplo, «Le châtiment de la cuisson appliqué aux imposteurs» [El castigo de la cocción aplicado a los impostores], de Alphonse Allais:

Chaque fois que les gens découvrent son mensonge,
Le châtiment lui vient, par la colère accrue.
«Je suis cuit, je suis cuit!» gémit-il comme en songe.
Le menteur n'est jamais cru.

*Cada vez que la gente descubre su mentira,*
*llega el castigo, acrecentado por la rabia.*
*«¡Me han atrapado, me han quemado!» gime como en sueños.*
*Al mentiroso nunca le creen.*

|   | 1 | 2 | 3 | 4 | 5 |
|---|---|---|---|---|---|
| 1 | C | H | A | Q | U |
| 2 | E | F | O | I | S |
| 3 | L | G | N | D | V |
| 4 | R | T | M | P | J |
| 5 | B | K | X | Y | Z |

Cuadrado de Polibio, primera etapa del código de Delastelle: se rellena el cuadrado con el poema, suprimiendo los duplicados y añadiendo luego las letras que faltan.

Este poema es la primera parte de la clave. La segunda es un número, 5, por ejemplo, destinado a agrupar las letras. Aquí, las reunimos de 5 en 5. Consideremos el mensaje «Attaquez demain à quatre heures» [Ataquen mañana a las cuatro]. Para codificarlo, ciframos cada letra siguiendo el cuadrado de aquí arriba. Así, A está codificada 13 (línea y columna de A en el cuadrado), lo que escribimos en esa columna. Completamos el mensaje para obtener un número de letras múltiple de 5.

| A | T | T | A | Q | U | E | Z | D | E | M | A | I | N | A |
|---|---|---|---|---|---|---|---|---|---|---|---|---|---|---|
| 1 | 4 | 4 | 1 | 1 | 1 | 2 | 5 | 3 | 2 | 4 | 1 | 2 | 3 | 1 |
| 3 | 2 | 2 | 3 | 4 | 5 | 1 | 5 | 4 | 1 | 3 | 3 | 4 | 3 | 3 |

| Q | U | A | T | R | E | H | E | U | R | E | S | X | X | X |
|---|---|---|---|---|---|---|---|---|---|---|---|---|---|---|
| 1 | 1 | 1 | 4 | 4 | 2 | 1 | 2 | 1 | 4 | 2 | 2 | 5 | 5 | 5 |
| 4 | 5 | 3 | 2 | 1 | 1 | 1 | 1 | 5 | 1 | 1 | 5 | 3 | 3 | 3 |

Primera etapa del descifrado de Delastelle.

241

Leemos entonces las cinco primeras cifras de la primera línea luego las de la segunda, luego las cinco siguientes de la primera línea, etc. Agrupándolos de dos en dos, nos da:

14 41 13 22 34 12 53 25 15 41 41 23 13 34 33 11 14 44
53 21 21 21 41 21 51 22 55 51 53 33

Para terminar, utilizamos el cuadro para retraducir esos números en letras y los agrupamos por cinco:

QRAFD HXSUR ROADN CQPXE EEREB FZBXN

─────── Lo QUE DEBEMOS DESCIFRAR: ───────

**Una receta del Perigord**

Una receta del Perigord fue cifrada con el sistema de Vigenère, antes de ser supercifrada por la transposición más simple que existe:

FJXAI LILSQ ILHSE DOIMW FKYIG WYWXC YMREI
AGNET GJQUO WKMHS ECESM KFZSX GJHVC
HIAHL RQJJH ASMGV OWXZO UIQCK ITNJW QIHIZ
WZGMF NENSQ ILHSE DOJXV ONFUO JVCHF
VMDRI BOWIA CUIZS NSNSQ DMGXM IZQSW
QQETN JVQHJ VAWFV NIFIZ IJLMB ZVMBN VIAEI
AGNET QFROC HILSW VMJSY HSYYW XFVMB NVZSY
IVIXR IRJPH SHETD EIZJN SXNJP IGJPH SAVMB
JHMZE IOBTT MSWYM VJRCH SELBJ TTSXW WFLIL
SUYWG FWMFJ PTWZG FIJHK SAECO JHQZU QMFWI
QRFPI GSYAB FHZSN XVSXE ZUJMW TJPHS UQMFY

¿Sabrás realizar esta receta?

Si se conocen las claves, el desciframiento se efectúa en sentido inverso. Si conocemos el principio, pero no conocemos las claves, podemos atacar separadamente la sustitución y la transposición (ver también «El cifrado ADFGX» y «El añadido de V: el cifrado ADFGVX», págs. 245 y 250). En todos los casos, tal cifrado exige un cambio cotidiano de las claves, si debemos recurrir a él de manera intensiva.

## El cifrado de Bazeries

Otro método de supercifrado, el cifrado de Bazeries, consiste en una transposición seguida de una sustitución monoalfabética. La clave es un número inferior a un millón, como 4965. Se rellena un cuadrado de lado 5 (sin la W) con su escritura con todas las letras: «Quatre mille neuf cents soixante cinq» [cuatro mil novecientos sesenta y cinco]. Este cuadrado da una sustitución monoalfabética cuando se pone en correspondencia con el cuadrado rellenado con las letras en orden (y escritas en columnas): A se transforma en Q, B en E, etcétera.

| Q | U | A | T | R |
|---|---|---|---|---|
| E | M | I | L | N |
| F | C | S | O | X |
| B | D | G | H | J |
| K | P | V | Y | Z |

| A | F | K | P | U |
|---|---|---|---|---|
| B | G | L | Q | V |
| C | H | M | R | X |
| D | I | N | S | Y |
| E | J | O | T | Z |

El mensaje que hay que cifrar está cortado en grupos de 4, 9, 6 y 5 letras. Así sucesivamente, añadiendo algunos nulos si fuera necesario, se escribe cada grupo al revés y luego se efectúa la sustitución dada por el cuadrado. Cifremos el mensaje «transposer et substituer, bonne recette» [la buena receta: transponer y sustituir].

| Clave | 4 | 9 | 6 | 5 | 4 | 9 |
|---|---|---|---|---|---|---|
| 1 | TRAN | SPOSERETS | UBSTIT | UERBO | NNER | ECETTEXXX |
| 2 | NART | STERESOPS | TITSBU | OBREU | RENN | XXXETTECE |
| 3 | GQOY | HYKOKH-VTH | YD-YHER | VEOKR | OKGG | XXXKYYKFK |

Entonces el mensaje cifrado es:

GQOYH YKOKH VTHYD YHERV EOKRO KGGXX
XKYYK FK

## El cifrado ABC

Cuando los alemanes comprenden, leyendo *Le Matin*, que su cifrado Ubchi no tiene secretos para el ejército francés, eligen un nuevo cifrado del tipo de Delastelle. Mas precisamente, se trata de un cifrado de Vigenère de clave ABC, de donde proviene el nombre dado por los franceses.

Esta sustitución era seguida por una simple transposición de columnas, modificadas regularmente por medio de una clave. La gran debilidad residía en la clave ABC. Ayudados por algunos errores de cifrado alemanes, los descifradores del ejército francés solo necesitaron tres semanas para comprender el sistema. A partir de entonces les fue fácil descifrar, sobre todo porque un joven politécnico, Georges Painvin, sin duda, el más brillante criptólogo de toda la guerra, encontró un medio rápido para descubrir la clave.

Georges Painvin (1886-1980)

Hay que confesar que la inexperiencia de los alemanes en ese terreno fue de gran ayuda. En particular, multiplicaban los errores de protocolo, eligiendo claves patrióticas como VATERLAND, KAISER o DEUTSCHLAND, y repitiendo cada mañana mensajes como «Noche calma, nada que señalar», términos que daban a sus adversarios palabras probables. Una astucia que los franceses desplegaron fue bombardear las trincheras enemigas y simular un ataque para obligar a los alemanes a producir una gran cantidad de palabras probables, lo que hicieron con toda amabilidad.

Los alemanes modificaron inteligentemente su sistema en 1915, emitiendo más de 50 % de mensajes sin verdadero sentido militar. Lo que no impidió que el nuevo cifrado fuera descubierto. La clave ABC simplemente había cambiado por ABCD, interrumpiendo ese cifrado (y recuperándolo en A) en función de los números que constituían la clave de la transposición. Los alemanes volvieron luego a los cifrados de sustitución, mono y polialfabéticos, que los franceses descifraron progresivamente. Renunciaron a los códigos a finales de 1916 para volver a los métodos de transposición.

---

### LO QUE DEBEMOS DESCIFRAR:

**Un mensaje en ABC**

Se intercepta el siguiente mensaje, que sabemos que está cifrado en ABC:

BEMVU REBFIK GEPBK VURRR LCIMU RBELS
OTENH BUJBF OBJFT CGTGW GJW

¿Sabes verlo en claro?

---

## El cifrado ADFGX

El 15 de diciembre de 1917, Alemania firmaba el armisticio con la Rusia bolchevique. La paz del este permitía que los ejércitos alemanes se concentraran en el frente oeste. Se inició entonces una carrera de fondo entre estadounidenses y alemanes, entre la llegada del ejército estadounidense al frente y la de los refuerzos alemanes. Y, por supuesto, para garantizar el efecto sorpresa, necesitaban comunicar sin ser escuchados por el adversario.

El alto mando alemán comprendió que sus códigos no eran demasiado secretos y decidió cambiarlos antes del día de la nueva ofensiva. Por una vez, la cuestión fue tomada en serio y se organizó en Berlín una conferencia donde los criptólogos se batieron para saber qué cifrado debía elegir Alemania. El código inventado por un coronel con nombre predestinado, Fritz Nebel («niebla» en alemán), fue escogido para embaucar a los franceses.

Firma del armisticio en el Este el 15 de diciembre de 1917, que estuvo a punto de cambiar el curso de la guerra.

Aunque era astuto, el código de Nebel no proponía nada original con relación a lo que sabían descifrar los servicios de inteligencia de la Alianza. Antes de ver el método que desplegó Georges Painvin para romperlo, veamos cómo lo había concebido Fritz Nebel. Primero, para evitar las confusiones en la recepción, el sistema solo utilizaba cinco letras, todas ellas muy alejadas en el código Morse: A, D, F, G y X.

| | |
|---|---|
| • — : A | — — • : G |
| — • • : D | — • • — : X |
| • • — • : F | • • • — : V |

Los códigos Morse de las letras A, D, F, G, X y V.

Fue así como los descifradores franceses lo llamaron cifrado ADFGX, mientras que los alemanes lo designaban con el nombre de Gedefu 18, que significa «Geheimschrift der Funker 18», es decir, cifrado de los radiotelegrafistas 18. Estaba basado en un cuadrado de Polibio construido a partir de una clave que se cambiaba cotidianamente. Para adaptarse al alemán, la I y la J estaban confundidas, pero no la V y la W. Con la clave, «Geheimschrift der Funker», esto da (como de costumbre las repeticiones se suprimen y los espacios en blanco se colman con las letras faltantes):

|   | A | D | F | G | X |
|---|---|---|---|---|---|
| A | G | E | H | I | M |
| D | S | C | R | F | T |
| F | D | U | N | K | A |
| G | B | L | O | P | Q |
| X | V | W | X | Y | Z |

Cuadrado de Polibio utilizado por el sistema ADFGX.

Consideremos el mensaje «Attaquez demain à quatre heures» [Ataquen mañana a las cuatro]. Para codificarlo, ciframos cada letra según el cuadrado anterior. Así, A está cifrado FX (línea y columna de A en el cuadrado). Obtenemos la serie:

FX DX DX FX GX FD AD XX FA AD AX FX AG FF FX
GX FD FX DX DF AD AF AD FD DF AD DA

Por el momento, solo hemos operado una simple sustitución según un cuadrado de Polibio. Este mensaje es ahora supercifrado por medio de una transposición. Está determinada por una palabra clave. Si esta es «nébuleux» [nebuloso], formamos un cuadro cuya primera línea es la clave (ver cuadro pág. siguiente). La segunda línea da el orden de las letras de la clave en orden alfabético, como en el cifrado de Ubchi. Después, copiamos las letras del mensaje precedente línea por línea. Completamos la última línea por nulos elegidos arbitrariamente entre las letras ADFGX.

247

| N | E | B | U | L | E | U | X |
|---|---|---|---|---|---|---|---|
| 5 | 2 | 1 | 6 | 4 | 3 | 7 | 8 |
| F | X | D | X | D | X | F | X |
| G | X | F | D | A | D | X | X |
| F | A | A | D | A | X | F | X |
| A | G | F | F | F | X | G | X |
| F | D | F | X | D | X | D | F |
| A | D | A | F | A | D | F | D |
| D | F | A | D | D | A | G | X |

Segunda etapa del cifrado por sustitución antes de la permutación. Sin embargo, la permutación está indicada en la segunda línea.

Escribimos entonces las columnas en el orden dado por la segunda línea del cuadro y agrupamos las letras de a cinco para obtener el mensaje cifrado:

DFAFF AAXXA GDDFX DXXXD ADAAF DADFG
FAFAD XDDFX FDFXF GDFGX XXXFD X

## Un golpe duro para el ejército

El sistema ADFGX fue utilizado a partir del 5 de marzo de 1918 e hizo indescifrables los mensajes alemanes. Aun si era evidente que los alemanes iban a atacar, el Estado Mayor no sabía dónde y fue completamente derrotado por la ofensiva del 21 de marzo. Hubo otros ataques sorpresa que, progresivamente, desmontaron a las tropas de reserva francesas. Mientras que al comienzo estaban escalonadas en retaguardia frente a todos los posibles objetivos alemanes, ahora había que escoger dónde disponerlas. Por suerte, el 5 de abril, Georges Painvin, el que era profesor de Paleontología en la Escuela de Minas antes de la movilización, ¡consiguió romper el misterio!

La presencia de cinco símbolos hacía pensar en un cuadrado de Polibio, o sea en una sustitución, pero el capitán necesitaba la longitud de la segunda clave para comenzar el descifre. No obstante, los alemanes se habían vuelto desconfiados, cambiaban sus claves todos los días y limitaban el uso del nuevo sistema a los comunicados estratégicos. Las trincheras comunicaban entre ellas de otras formas. La suerte llegó el 4 de abril, cuando Painvin recibió dos mensajes con muchas similitudes. Para explicar cómo lo hizo, volvamos a nuestro mensaje cuyo texto en claro es: «Attaquez demain à quatre heures» [Ataquen mañana a las cuatro] y cifremos el texto «Attaquez demain à cinq heures» [Ataquen mañana a las cinco]. Obtenemos en primer lugar la serie:

FX DX DX FX GX FD AD XX FA AD AX FX AG FF FX **DD AG FF GX** AF AD FD DF AD DA: indicamos en negritas lo que difiere con respecto al mensaje precedente. En el segundo cuadro, las tres primeras líneas son idénticas, y la cuarta también, salvo las dos últimas columnas.

| N | E | B | U | L | E | U | X |
|---|---|---|---|---|---|---|---|
| 5 | 2 | 1 | 6 | 4 | 3 | 7 | 8 |
| F | X | D | X | D | X | F | X |
| G | X | F | D | A | D | X | X |
| F | A | A | D | A | X | F | X |
| A | G | F | F | F | X | D | D |
| A | G | F | F | G | X | A | F |
| A | D | F | D | D | F | A | D |
| D | A | G | X | X | X | X | X |

Segundo cuadro con el mensaje modificado. Los elementos idénticos del comienzo se resaltan en negritas y utilizamos X para los nulos.

Cuando mezclamos las columnas, obtenemos:

DFAFF FGXXA GGDAX DXXXF NDAAF GDXFG
FAAAD XDDFF DXFXF DAAXX XXDFD X

La coincidencia de los dos mensajes al principio se ha transformado en repeticiones cada siete letras (la longitud de las columnas).
Separemos los dos mensajes en grupos de siete para evidenciarlos:

**DFAFFAA XXAGDDF XDXXXDA DAAFDAD FGFAFAD
XDDFXFD FXFGDFG XXXXFDX
DFAFFFG XXAGGDA XDXXXFD DAAFGDF FGFAAAD
XDDFFDX FXFDAAA XXXDFDX**

Esta similitud puede deberse al azar, pero es poco probable.
Georges Painvin supo explotar esta incidencia para deducir la
longitud de las columnas, como la de la clave. Escribió entonces los mensajes en columnas y comprendió el caso que ya vimos
con ocasión del desciframiento de los códigos por transposición.
Si las columnas se vuelven a poner en el buen orden, un análisis
de las frecuencias de las parejas de letras permite encontrar el
sentido, puesto que la sustitución es monoalfabética. Gracias a
este método, Georges Painvin consiguió descodificar la mitad de
los mensajes alemanes.

## El añadido de la V: el cifrado ADFGVX

Sin embargo, los alemanes triunfaron con varios ataques por
sorpresa. París no estaba lejos y las reservas francesas se agota-
ban. El 1 de junio, los alemanes cambiaron nuevamente de cifrado, añadiendo una V a las cinco otras letras. Georges Painvin
comprendió inmediatamente que el sistema realmente no había
cambiado, que el cuadrado de Polibio tenía ahora un lado de 6.
Treinta y seis símbolos componían el cuadro. Pero ¿para qué
utilizar tantos signos? La hipótesis natural era que los alemanes
cifraban así las 26 letras del alfabeto, más las 10 cifras. Una aparente complicación que provocó, en realidad, la derrota alemana. Efectivamente, los mensajes alemanes comenzaban por la
dirección del remitente, como «15e división de infantería» o
«25e división de infantería». Escritos con todas las letras,
esos encabezamientos diferían enormemente unos de otros.

Pero el nuevo sistema disminuía las distinciones. Entre 15 y 25, por ejemplo, solo difería la primera letra.

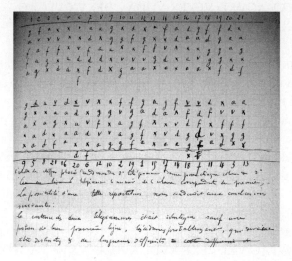

Manuscrito de Georges Painvin, donde describe su descubrimiento de dos mensajes casi idénticos y sus consecuencias.

Si el resto de los mensajes era idéntico, lo que no era raro, el descodificador obtenía una información sobre la permutación utilizada. En efecto, la letra modificada en claro se desdobla en el texto cifrado, lo que permite apuntar las dos primeras columnas (ver al final de esta página).

He aquí un ejemplo de dos mensajes cuyo original en claro no difiere más que en la primera letra. Antes de la permutación, difiere en las dos primeras columnas. Cuando estas se permutan, van a alejarse de un número entero de columnas, o sea, de un múltiple de su longitud:

| 0 | 1 | 2 | 3 | 4 | 5 | 6 | 7 | | 0' | 1' | 2 | 3 | 4 | 5 | 6 | 7 |
|----|----|----|----|----|----|----|----|--|----|----|----|----|----|----|----|----|
| 10 | 11 | 12 | 13 | 14 | 15 | 16 | 17 | | 10 | 11 | 12 | 13 | 14 | 15 | 16 | 17 |
| 20 | 21 | 22 | 23 | 24 | 25 | 26 | 27 | | 20 | 21 | 22 | 23 | 24 | 25 | 26 | 27 |
| 30 | 31 | 32 | 33 | 34 | 35 | 36 | 37 | | 30 | 31 | 32 | 33 | 34 | 35 | 36 | 37 |
| 40 | 41 | 42 | 43 | N | U | L | S | | 40 | 41 | 42 | 43 | N | U | L | S |

Puntos de modificación (en gris) en el cuadro de codificación del texto no permutado. Esto permite descubrir las dos primeras columnas, así como las últimas, si las letras nulas no son idénticas.

DAXVF AGVXD VFXFX VDDAV DAXVX VFGAG
FDFXX FAFDD FXDFV VXAXG ADXVF F
GAXVF AGVXD VFXFX VDDAV DFXVX VFGAG
FDFXX FAFDD FXDFV VXAXG ADXVF F

Como indicamos anteriormente, esos mensajes difieren en dos letras. La distancia entre esos puntos de divergencia corresponde a un cierto número de columnas. Si contamos las letras, se encuentra que es igual a 21: la longitud de las columnas es entonces un divisor de 21. La longitud total del mensaje es 56. Se trata también de un múltiple de la longitud de las columnas. Se deduce entonces que la longitud de las columnas es igual a 7 y la de la clave 8 (21 = 3 x 7 y 56 = 8 x 7). Así, podemos subdividir los mensajes en ocho columnas, que escribimos aquí en líneas por comodidad:

DAXVFAG VXDVFXF XVDDAVD AXVXVFG AGFDFXX
FAFDDFX DFVVXAX GADXVFF
GAXVFAG VXDVFXF XVDDAVD FXVXVFG AGFDFXX
FAFDDFX DFVVXAX GADXVFF

Después de la sustitución, podemos concluir que las dos primeras columnas del texto se colocaron en posición 1 y 4. Es probable que la columna 1 se haya convertido en 4 y la 2 en 1. Por supuesto, esto no basta para descifrar los mensajes. Una letra de más en el encabezamiento puede ayudar, sobre todo si la primera letra también se modificó. Los números de las unidades de un ejército se prestan a ese juego.

| 0 | 1 | 2 | 3 | 4 | 5 | 6 | 7 | A | B | 0' | 1' | 2 | 3 | 4 | 5 |
|---|---|---|---|---|---|---|---|---|---|----|----|---|---|---|---|
| 10 | 11 | 12 | 13 | 14 | 15 | 16 | 17 | 6 | 7 | 10 | 11 | 12 | 13 | 14 | 15 |
| 20 | 21 | 22 | 23 | 24 | 25 | 26 | 27 | 16 | 17 | 20 | 21 | 22 | 23 | 24 | 25 |
| 30 | 31 | 32 | 33 | 34 | 35 | 36 | 37 | 26 | 27 | 30 | 31 | 32 | 33 | 34 | 35 |
| 40 | 41 | 42 | 43 | N | U | L | S | 36 | 37 | 40 | 41 | 42 | 43 | N | U |

Una letra de más en el encabezamiento desplaza las columnas a partir de la tercera. Esto permite descubrir más columnas. Por ejemplo, las dos últimas se encuentran en las dos primeras (pero desplazadas).

La permutación se hace más evidente. Es posible descubrir la posición inicial de las columnas gracias a esas diferencias. Aquí las vemos tal como aparecen, una vez permutadas en los dos mensajes:

DAXVFAG VXDVFXF XVDDAVD AXVXVFG **AGFDFXX**
**FAFDDF**X DFVVXAX GADXVFF
D**AGFDFX** DFVVXAX GADXVFF A**FAFDDF** XVDDAVD
VXDVFXF AXVXVFG DAXVFAG

Las columnas en negritas representan las últimas del cuadro antes de la permutación (ver las que comienzan por A y B en la figura de la página anterior), y las columnas 7 y 8 se colocaron en posición 5 y 6. La permutación utilizada se aclara a partir de ahí. Con ese tipo de razonamiento, y mucha astucia, se acaba por determinarla. El orden de las columnas en el mensaje cifrado es 2, 5, 6, 1, 8, 7, 4. Todos los mensajes del día pueden ponerse entonces en el buen orden. Aquí, esto nos da para el primer comunicado:

AXVXVFG DAXVFAG DFVVXAX GADXVFF VXDVFXF
XVDDAVD FAFDDFX AGFDFXX

Reagrupamos los dígrafos para obtener el mensaje antes de la permutación:

AX VX VF GD AX VF AG DF VV XA XG AD XV FF VX
DV FX FX VD DA VD FA FD DF XA GF DF XX

Ejecutamos ahora el mismo procedimiento sobre todos los mensajes del día, lo que permite romperlos con el método de las frecuencias y la de la palabra probable. En este caso, nuestros mensajes en claro nos llevaban a un pedido de municiones de la 12.$^e$, 25.$^e$ y 115.$^e$ divisiones de infantería.

## La victoria

El 1 de junio fueron interceptados los dos comunicados que tenían las particularidades que acabamos de analizar. Georges Painvin los descifró a partir del día 2, lo que le permitió atacar la totalidad de los mensajes de la víspera y descubrir el lugar de la futura ofensiva alemana.

El «telegrama de la victoria», enviado tras el descifrado de Georges Painvin. Indicaba el lugar del futuro ataque alemán (Remaugis estaba a una treintena de kilómetros de Compiègne) y permitió que los aliados respondieran, preludio del éxito final.

Las reservas francesas se dispusieron exactamente donde hacía falta y, esa primavera de 1918, la victoria que siguió cambió el curso de la guerra. Para los alemanes fue imposible sorprender a los franceses y eso fue esencialmente gracias al descifrador genial que fue Georges Painvin.

---

LO QUE DEBEMOS DESCIFRAR:

**Tres mensajes en ADFGVX**

Los tres siguientes mensajes fueron cifrados con el código ADFGVX:

FDDDG GAADF GVGFA AVAAX XFVDA GDADG
DAAFF XDFGV GFXDV GDDDA ADDXD GFADD
DFDDA D
DAGDA DGDAA GFFXD FGVGF XDVGD DDAAD
DXDFA DDDFD DADXF DDDGG AADFG VGFAA
VAAXX F
DAGDA DGDAA GFFXD FGVGF XDXGD DDAAD
DXDFA DDDFD DADXF DDDGG AADFG AGFAA
VAAXX F

Se sospecha que contienen la palabra ATTAQUE [ataque] y palabras probables como DIVISION [división].
¿Dónde se sitúa la próxima ofensiva?

---

## El cifrado de la marina japonesa

Como los alemanes en 1917, la marina japonesa supercifró sus códigos durante la guerra del Pacífico. Su cifrado, llamado JN-25B por los estadounidenses, estaba compuesto por tres documentos: un libro de código donde estaban traducidos en números de 5 cifras alrededor de 45 000 palabras o expresiones y dos libros que contenían cada uno 50 000 números de cinco cifras que servían para supercifrar. Para codificar un mensaje, el codificador partía de la versión en código de cinco cifras de su mensaje, por ejemplo:

43321 10063 86172 98151 42711, etcétera.

Luego, escogía al azar en uno de los libros de supercifrado una lista de números consecutivos, por ejemplo:

51582 57038 93284 50801 87949, etcétera.

Sumaba esos números sin retención para obtener el mensaje cifrado:

94803 67091 79356 48952 29650, etcétera.

Luego, enviaba el mensaje con las referencias para que el destinatario encontrara los números del supercifrado. Ahora bastaba al descifrador restar, siempre sin retención, la lista de números del mensaje,

94803 67091 79356 48952 29650, etcétera.
51582 57038 93284 50801 87949, etcétera.

para obtener la lista de los códigos:

43321 10063 86172 98151 42711, etcétera.

A *priori*, ese cifrado hubiera sido imposible de romper si la lista de números de supercifrado hubiera sido aleatoria porque, en ese caso, hubiera sido (casi) equivalente a la libreta de un uso único. Los libros de supercifrado contenían en total 100 000 números, se habría podido esperar un código difícil de romper. Desdichadamente para la marina japonesa comenzaban siempre con el mismo número de supercifrado. Así, el JN-25 B se convertía casi en el equivalente de un libro de códigos clásico.

Como ya vimos sobre los códigos napoleónicos, la solidez de un cifrado no depende de los principios sobre los que se construyó, sino también y, sobre todo, por la manera en que es manipulado por los cifradores. La formación de los codificadores es un elemento esencial de un sistema criptográfico...

```
                           MOST SECRET              III      55/
                           J.N.250/13                    9915
        June 06130/1942          16.1 Mc/s        T.o.r. 0932

            To:- TU WI 904      -
        F/I. ?  MI YO RE        1st Sect. Naval Staff Imp: IN
                I NU 804        Comb. Flt exclud: Subs.
                HI TI SO
        From:   MA RA KI        C. of S. KURE Nav: Dist.
                MEDINISARI•KERAMA [?]


        TEXT:-   Army Transport convoys (ships largely empty) leaving

        Japan for the south and desiring special escort as follows:-

        Leaving on 10th July for BATAVIA

        ZENYOO MARU JKQL, KINUGAWA (鬼怒川) MARU JUHM,
        SHINOGAWA (信濃)MARU JBTI, KANSAI (関西 )MARU JFZO,
        MAKO (神戸弓)MARU JRWZ. Speed of convoy about 13 knots. Leaving on
        17th July for SINGAPORE SENKOSAN (先香山) MARU JTNL, SOBO (神戸実 )MARU
        JWUN, HIROGAWA (宏 川 ) MARU JJFO. Speed of convoy about 14 knots.
        AKIURA (阿浦) MARU JMKM  (for SAIGON), YAMABUKI (山吹) MARU JCQM
        (for [blank]). Speed of convoy 12•5 [knots].
```

Mensaje japonés descifrado por la marina estadounidense en 1942: revelaba que un convoy acababa de dejar Japón y se dirigía hacia el sur.

La transparencia del cifrado JN-25 B fue valiosa durante las dos batallas importantes, que marcaron el giro de la guerra del Pacífico: la batalla del mar de Coral y la de Midway. En los dos casos, los estadounidenses interceptaron comunicados japoneses y agruparon sus fuerzas en el buen lugar, lo que transformó una derrota previsible en victoria.

Una anécdota interesante adorna la historia de los preparativos de la batalla de Midway. Además del cifrado, los japoneses empleaban nombres de código para designar los sitios, tanto que los estadounidenses descubrieron sus planes sin estar seguros del lugar: podía concernir a Midway, o bien a un lugar más al sur del Pacífico. El objetivo del ataque estaba simplemente codificado AF.

Para salir de dudas, un oficial pidió al comandante de la base de Midway que anunciara en claro por la radio que había urgencia sanitaria, que carecían de agua potable en la isla tras un accidente de la fábrica de depuración. De inmediato, un mensaje japonés cifrado situaba ese problema de agua potable en AF revelando así dónde se desarrollaría el ataque nipón: AF significaba entonces Midway.

Lo que siguió fue comparable a la victoria alemana en Tannenberg contra los rusos en 1914. Aquel que creía sorprender fue sorprendido y destruido. Las fuerzas estadounidenses se retiraron tras esta victoria decisiva. Japón perdió cuatro portaaviones, lo que marcó el fin de su expansión y lo colocó en posición defensiva, apenas seis meses después del ataque contra Pearl Harbor.

# 10
# CIFRAR CON INSTRUMENTOS ARTESANALES

Si te pidiera que pensaras en una máquina de cifrar, apuesto que acabas de imaginar una caja grande parecida a una máquina de escribir como se ha visto en numerosas películas: la Enigma alemana de la Segunda Guerra Mundial. Sin embargo, está lejos de ser la única máquina de cifrar durante un conflicto bélico, y aún menos en toda la historia de la criptografía. Como vamos a descubrir, esos dispositivos tienen un largo pasado, que se remonta al siglo xv, como mínimo. Primero, tuvieron la forma de máquinas artesanales, llamadas criptógrafos. Un criptógrafo es un instrumento, que no hay que confundir con el criptólogo, la persona especializada en criptografía. Pero, por el momento, remontemos el tiempo hasta el Renacimiento para encontrar a una de las figuras más importantes de esta época de auge científico y artístico.

## Un tratado de criptografía

Roma, en el siglo xv. Por toda la ciudad brotan de la tierra las ruinas romanas, porque es la época del descubrimiento de la grandeza de antaño, tanto griega como romana. En ese medio efervescente vive Leon Battista Alberti (1404-1472), a la vez filósofo, pintor, arquitecto y matemático, como lo quería el ideal del Renacimiento. Primer pensador de la perspectiva también fue, según algunos historiadores, el «padre de la criptografía occidental». Gran teórico, inventó, de hecho, la primera máquina de cifrar conocida, que describió en 1466 en su obra *De componendis cifris*, redactada apenas diez años después del primer libro impreso por Gutenberg (1400-1468).

Precisamente, Alberti evoca «al inventor alemán que, en esos tiempos, consiguió, presionando los caracteres, facilitar en cien días más de doscientos volúmenes de texto a partir del original que le habían dado, trabajo realizado por tres hombres, no más». En el espíritu del tiempo, la difusión apela al secreto, de manera que el texto elogia, a la vez, «a aquellos que, dando un sentido al carácter totalmente contrario al uso, gracias a su técnica para observar las escrituras que se llama criptografía, técnica comprensible solamente para aquellos que conocen el secreto de la convención, desbrozan y convierten en certidumbre lo que cuentan los textos criptados». Este elogio del arte de cifrar apenas si le valió un reconocimiento tardío, sin duda, porque su tratado no persistió, dado que hubo una decena de copias, antes de ser impreso en traducción italiana, casi cien años después de su redacción en latín.

## El disco de Alberti

Alberti presume en su tratado de sus métodos, que considera un poco, rápido, como inviolables:

> Afirmo que toda la inteligencia fina y aguda de los hombres, todo el celo de los espíritus más iluminados, todo su arte y sus esfuerzos para descifrarlo serán inútiles.

En particular, describe un objeto que comprende dos discos concéntricos, de tamaños diferentes, que pueden girar de su centro común. El más grande está marcado con letras del alfabeto (salvo H, J, K, U, W, Y) y números del 1 al 4. El más pequeño comprende un alfabeto de 24 letras. En principio, ese sistema permite una sustitución alfabética, que se convierte en polialfabética si se autoriza girar la rueda interior periódicamente o no, según una regla convenida de antemano. Puede servir a múltiples maneras de cifrar. Alberti preconiza manipularlo de esta manera:

A partir de ese punto de partida (el alineamiento de *k* y A), cada letra del mensaje representará la letra fijada encima. Después de haber escrito tres o cuatro letras, puede cambiar la posición de la letra-índice de manera que *k* quede, por ejemplo, bajo la D. Entonces, en mi mensaje escribiré una D mayúscula y a partir de ese punto *k* no significará más A, sino D, y todas las letras del disco fijo tendrán nuevos equivalentes.

Los números del 1 al 4 permitían tener un nomenclátor, cada combinación de esos cuatro números tendrían un significado como «papa», «señor» o «asediar». El disco de Alberti constituye, entonces, un cifrado autoclave (recuerda la autoclave de Cardan: se trata de una manera de comunicar la clave del cifrado en el mismo mensaje cifrado), y la clave está provista en el mensaje mismo por las mayúsculas.

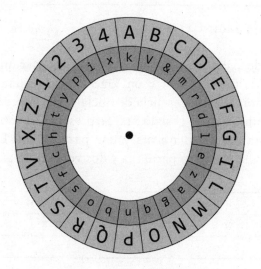

Por supuesto, este cifrado no responde al principio de Kerckhoffs, porque exige el secreto del disco, pero también del algoritmo del cifrado. Sin embargo, los participantes pueden entenderse en otro modo de funcionamiento que mantendrán secreto, como cambiar la regla de alineamiento con la *k*.

Con la regla de Alberti, se ve que un mensaje puede cifrarse de diferentes maneras, puesto que la clave se da en el mismo mensaje.

Por ejemplo, el mensaje altamente subversivo de la época «la tierra gira alrededor del sol» puede cifrarse así con el disco de Alberti:

*Fmtq&x Ieecxk Llffkl Ekxkxe Vpgqsi Cal*

Cifrar con este método es bastante tedioso y está sujeto a errores. Seguramente es más simple usar un disco con dos alfabetos idénticos para cifrar en Vigenère, como hacían los sudistas durante la guerra de Secesión.

---

**LO QUE DEBEMOS DESCIFRAR:**

**Un mensaje de Alberti**
Suponemos que el siguiente mensaje proviene de Alberti:
*Bzl&lo Itrpzc Lazmhk Eybk*

¿Sabrás descifrarlo?

---

## La regleta de Saint-Cyr

El invento de Alberti evoca otro dispositivo, ciertamente más simple para cifrar en César o en Vigenère: la regleta de Saint-Cyr, por el nombre de la escuela de oficiales del ejército de tierra donde se la utilizaba en el siglo XIX. Se presenta en forma de una regla provista de una parte fija y una parte móvil. El alfabeto está escrito una vez en la parte fija y dos veces en la parte móvil.

Regleta de Saint-Cyr. Para cifrar la letra R con la clave E, se alinea R bajo la A, luego se lee la letra cifrada V bajo E.

Para cifrar una letra, se ajusta la letra-clave de la parte móvil bajo la A de la parte fija. Se lee entonces directamente la versión cifrada de cada letra de la parte fija sobre la parte móvil. También es posible presentar el dispositivo en forma de un círculo, ligeramente diferente al de Alberti. El modo de utilización sigue siendo el mismo.

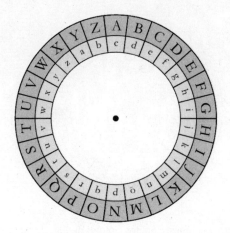

Círculo para cifrar en Vigenère, otra presentación de la regleta de Saint-Cyr.

## Los discos de Wadsworth

Los discos de cifrado examinados hasta aquí están formados por dos círculos que contienen el mismo número de divisiones. Decius Wadsworth (1768-1821), responsable del material del joven ejército norteamericano, tuvo la idea de concebir un círculo con dos discos compartidos de manera diferente en este caso. El disco exterior contenía 33 caracteres (las letras del alfabeto más las cifras de 2 a 8) mientras que el interior mostraba las 26 letras del alfabeto. El orden de las letras del disco exterior era modificable, porque estaban grabadas en los conos móviles. Incluso si ninguna fuente lo afirma, el disco interior con el alfabeto usual correspondía, sin duda, al texto claro, y el disco exterior, al texto cifrado. Así, en la figura, A sería cifrada como R.

Los dos discos podían girar alrededor del eje del círculo, de manera conectada gracias a dos engranajes, uno de 33 dientes para el disco exterior, y otro de 26 dientes para el disco interior.

Esto significaba que cuando el disco interior daba una vuelta completa, el disco exterior acusaba un retraso de siete casillas. Los números 26 y 33 eran primos y no tenían ningún factor común entre ellos, de manera que había que dar 33 vueltas completas del disco interior para encontrar la misma correspondencia.

263

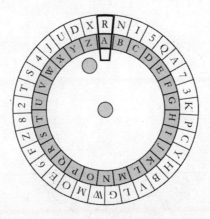

Disco de Wadsworth, compuesto de dos círculos de 26 y 33 dientes, dos números primos entre ellos. A pesar de ser ingenioso, nunca se puso en práctica.

Para utilizar el disco de Wadsworth, se necesita que los alfabetos exteriores sean los mismos entre los dos interlocutores, pero también que estos se entiendan sobre una correspondencia inicial de los dos discos, como A y R en la figura. Para eso, los engranajes tienen que estar desacoplados. Esta acción está prevista por medio de un botón en el disco. Así, se pueden girar los círculos libremente.

Una vez realizado, se acoplan los engranajes: los dos círculos están unidos ahora. Se gira el disco interior en el sentido de las agujas del reloj, hasta que aparece la letra a cifrar en el marco previsto. El cifrado aparece en el cuadro de abajo, se anota y se sigue así hasta el final del mensaje. En realidad, es como utilizar una clave de Vigenère de longitud 33 determinada por el texto claro.

## El disco de Wheatstone

El disco de Wadsworth no tuvo ningún éxito, quizá a causa de la muerte prematura de su inventor. Pero un dispositivo del mismo tipo, aunque menos robusto hablando criptográficamente, fue reinventado de manera independiente por Charles Wheatstone, cincuenta años más tarde. El disco exterior, que aquí está más claro, tiene 27 caracteres (las 26 letras del alfabeto en orden más un espacio en blanco, destinado a la separación entre las palabras) mientras que el disco interior (compuesto por las 26 letras del alfabeto en desorden) constituye la clave del sistema. Esta se retiene como todas las claves de la época por medio de una palabra o una frase. Ya vimos este procedimiento con los cuadrados de Polibio.

Pasar de 33 a 27 no solo debilita el dispositivo, sino también el procedimiento previsto por Wheatstone, que impone comenzar siempre el cifrado de la misma manera. A pesar de sus defectos, el disco de Wheatstone tuvo un gran éxito cuando fue presentado en la Exposición Universal de 1867 en París. El coronel Laussedat, miembro de la comisión francesa que examinaba las posibilidades de utilizarlo para las comunicaciones militares, hizo un informe muy favorable diciendo que «ese dispositivo asegura el secreto más absoluto», lo que era falso porque la misma sustitución se reproducía periódicamente. Es atacable según el método de Kerckhoffs que ya vimos (ver capítulo 8). De manera irónica, Wheatstone fue acreditado por una invención mediocre que no era siquiera suya, mientras que no lo fue por su invención del cifrado de Playfair (ver capítulo 4).

## La caja de cifrar de Enrique II

Después de esta visita por los diferentes discos de cifrar volvamos hacia atrás en el tiempo para conocer una caja misteriosa, un objeto hermoso y sorprendente a la vez. Fue adquirido en 1843 por el Museo de Cluny, en París, como instrumento astrológico, antes de quedarse en el Museo del Renacimiento, en Écouen (Val-d'Oise) en su creación en 1977, pero como caja para cifrados. No se sabe de dónde viene ni si sirvió alguna vez, salvo que tiene el cifrado de Enrique II (1519-1559): tres medialunas entrelazadas y la expresión latina *donec totum inpleat orben* [hasta que —la medialuna, pero también la gloria del rey— llene el orbe entero]. Por esa razón, el Museo del Renacimiento me pidió que lo analizara. De hecho, la caja parece un libro compuesto por cuatro páginas. La primera página está formada por 24 discos, repartidos en cuatro columnas de seis. Cada círculo es una pequeña rueda cuya llanta está dividida diferentemente según las columnas. En las columnas 1 y 3, está dividida en 24 ángulos de 15 grados y cada uno lleva una de las letras de la serie ABCDEFGHIKLMNOPQRSTVXYZ (lo que hace 23 letras y no 24, un símbolo suplementario está descrito más lejos). Las letras de la A a la Z son plateadas y están escritas en el sentido de la circunferencia (la ausencia de las letras J, U y W es clásico, las letras I y J por una parte y U, V y W por otra, a menudo se confundían). El añadido de una C dorada girada a 90° es más original. Es posible que permitiera la utilización de un nomenclátor.

Páginas 3 y 4 de la caja para cifrar. Faltan cinco discos.

La presencia de esos discos alfabéticos confirma la hipótesis admitida, actualmente, de que la caja servía para cifrar. Además, la caja encierra una multitud de discos numéricos, dos grandes y otros más pequeños, emparejados con los alfabéticos. De manera bastante natural, si se posiciona el disco alfabético sobre una letra y su disco numérico asociado a una cifra que jugará el papel de clave, se puede cifrar la letra según la clave. Sin embargo, los intentos de utilización efectiva muestran que la operación no es demasiado fácil, porque los discos son pequeños (3.2 cm de diámetro) y las indicaciones aún más, aparte de que a veces están medio borradas, quizá por el desgaste del tiempo. Existen muchas hipótesis de acción de los discos numéricos sobre los círculos alfabéticos, pero todas son difíciles de ejecutar para los dedos de un adulto. Como no nos han llegado ni instrucciones de utilización ni ningún mensaje cifrado con este instrumento, seguimos con la hipótesis de que esta caja debía permitir una sustitución polialfabética cuya clave estaba unida a los dos grandes discos de las páginas 2 y 3.

Página 2 de la caja de cifrar, la página 3 es parecida.

Detalle de los dos discos de la página 1.

267

Detalle de los dos discos de la página 4.

A pesar de todo, vista la dificultad de manipulación podría tratarse, principalmente, de un bonito objeto para mostrar, para impresionar a los invitados del rey. Los historiadores han pensado también que hay una relación entre el libro y la astrología, aunque parezca dudoso.

## La máquina de Gripenstierna

Como ya hemos dicho, no siempre es fácil con la criptografía y su culto del secreto saber quiénes son los verdaderos inventores. En Estados Unidos, el presidente Jefferson (1743-1826) está acreditado como el inventor del cilindro cifrante; sin embargo, la primera máquina que podemos calificar así parece haber sido sueca y más elaborada que la estadounidense. Se trata de la obra de Fredrik Gripenstierna (1728-1804). La presentó en 1786 al rey Gustavo III, a quien tanto le gustó que hizo construir un protocolo.

La máquina consistía en 57 ruedas montadas sobre un eje. En cada mitad de la circunferencia estaban grabadas las letras del alfabeto en orden y en la otra mitad, 26 números comprendidos entre 0 y 99, en desorden. El desorden difería para cada rueda. El cilindro poseía también dos ranuras según el eje, diametralmente opuestas, que daban sobre las ruedas: una revelaba entonces 57 letras y la otra 57 números.

Para manipularlo, ese dispositivo exigía dos operadores, uno del lado del alfabeto y otro del lado de las cifras. El primer operador hacía girar las ruedas para componer el texto a cifrar en la ranura que tenía delante. Del otro lado, el segundo anotaba el texto cifrado. Ambos recomenzaban así por lotes de 57 letras o números, hasta el final del texto que debían cifrar. Para descifrar, repetían la operación al revés. Solo uno de los operadores conocía el secreto, el del lado claro. Gripenstierna previó comenzar el texto con cualquiera de las diez primeras ruedas, y esta indicación era el primer número del mensaje. Para complicarlo un poco más, el mensaje se enviaba al revés, lo que, verdaderamente, era natural porque los operadores estaban frente a frente.

Hay que destacar que la separación en dos operadores, uno en el secreto y otro en la ignorancia, era una idea, de primeras, muy avanzada en los tiempos de Gripenstierna. En resumen, bien utilizado, ese cilindro aseguraba una seguridad superior a los cilindros posteriores que presentaremos luego. Añadamos que la idea de un cilindro para cifrar podría ser aún más antigua. Efectivamente, según la confesión del mismo Gripenstierna, había concebido su máquina sobre la base de conocimientos adquiridos con su abuelo, Christopher Polhem (1661-1751). El abuelo se comunicaba con John Wallis (1616-1703), un matemático cuyo talento de criptólogo se ejerció durante la revolución inglesa cuando descodificaba los mensajes de los monárquicos. Por ello, la historia de los cilindros para cifrar podría ser más antigua que lo supuesto y pasar por Wallis.

## El cilindro de Jefferson

Pero volvamos al cilindro de cifrar imaginado por el tercer presidente de Estados Unidos, Thomas Jefferson. La idea era confeccionar un cierto número de discos idénticos de cierto espesor, cada uno numerado y con las 26 letras del alfabeto en desorden de manera regular. Se les agujerea en el medio y se pueden reunir en el orden que se desee (página siguiente).

De este modo, el cilindro de Jefferson permite un cifrado por sustitución polialfabética, y la clave es el orden utilizado para guardar los cilindros. Para cifrar, basta con elegir una generadora del cilindro (una de las líneas paralelas al eje) y girar cada rueda para escribir el mensaje. Se lee entonces el texto cifrado en la línea de abajo o en otra. Para descifrar, basta con escribir las palabras cifradas a lo largo de una generadora y leer el texto debajo si fue cifrado como se indica, de lo contrario, se gira el cilindro hasta encontrar algo inteligible.

Cilindro de Jefferson. Las ruedas dentadas tienen alfabetos en desorden. Cada uno está numerado, para que el orden pueda modificarse. Los textos se leen paralelamente al eje.

## El cilindro de Bazeries

El cilindro de Jefferson fue reinventado por Étienne Bazeries, que mostró su máquina al Ministerio de los Ejércitos presentándola como indescifrable. Mostraba un alfabeto de 25 letras (no había W).

El ejército rechazó su máquina incluso antes de que el politécnico Gaëtan Viarizio di Lesegno, llamado Gaëtan Viaris (1847-1901), mostrara que el enemigo podía descifrarlo fácilmente si entraba en posesión de un modelo —eventualidad que nunca debe excluirse, tal como indica el principio de Kerckhoffs. El método de Viaris está fundado sobre la palabra probable.

Imaginemos que interceptamos un mensaje cifrado de esta manera, que suponemos que contiene la palabra «attaque», sin

duda sobre una ciudad del norte: NLLBE TIVVI UZDLC XE-
BOI MUAVO ZVTYM RLHPO CTUYR.

Cilindro de Bazeries que afirmaba que era indescifrable (ver la línea del medio),
lo que era evidentemente falso.

El principio de la búsqueda de la palabra «attaque» es simple,
aun si su aplicación es laboriosa. Examinemos cómo se cifra
cada letra en cada rueda (ver la figura de la página siguiente).
Busquemos si conseguimos reconstituir el comienzo del criptograma, es decir, NLLBETI con esos cifrados. Es imposible porque ninguna rueda autoriza el cifrado de T en L. Intentemos entonces con los siete caracteres siguientes LLBETIV. Llegamos al
fracaso por la misma razón. Prosigamos hasta IVVIUZD (a partir de la séptima posición). Las ruedas posibles entre la séptima y
la decimotercera posición se leen en el cuadro de aquí abajo.
Podemos resumirlas así:

| 7 | 5 | 9 | 10 | 11 | 12 | 13 |
|---|---|---|---|---|---|---|
| 12, 14, 16 | 2, 3, 12 | 2, 3, 12 | 12, 14, 16 | 9 | 5 | 4 |

Posiciones posibles.

271

| 1 | A | B | C | D | E | F | G | H | I | J | K | L | M | N | O | P | Q | R | S | T | U | V | X | Y | Z |
|---|---|---|---|---|---|---|---|---|---|---|---|---|---|---|---|---|---|---|---|---|---|---|---|---|---|
| 2 | B | C | D | F | G | H | J | K | L | M | N | P | Q | R | S | T | V | X | Z | A | E | I | O | U | Y |
| 3 | A | E | B | C | D | F | G | H | I | O | J | K | L | M | N | P | U | Y | Q | R | S | T | V | X | Z |
| 4 | Z | Y | X | V | U | T | S | R | Q | P | O | N | M | L | K | J | I | H | G | F | E | D | C | B | A |
| 5 | Y | U | Z | X | V | T | S | R | O | I | Q | P | N | M | L | K | E | A | J | H | G | F | D | C | B |
| 6 | Z | X | V | T | S | R | Q | P | N | M | L | K | J | H | G | F | D | C | B | Y | U | O | I | E | A |
| 7 | A | L | O | N | S | E | F | T | D | P | R | I | J | U | G | V | B | C | H | K | M | Q | X | Y | Z |
| 8 | B | I | E | N | H | U | R | X | L | S | P | A | V | D | T | O | Y | M | C | F | G | J | K | Q | Z |
| 9 | C | H | A | R | Y | B | D | E | T | S | L | F | G | I | J | K | M | N | O | P | Q | U | V | X | Z |
| 10 | D | I | E | U | P | R | O | T | G | L | A | F | N | C | B | H | J | K | M | Q | S | V | X | Y | Z |
| 11 | E | V | I | T | Z | L | S | C | O | U | R | A | N | D | B | F | G | H | J | K | M | P | Q | X | Y |
| 12 | F | O | R | M | E | Z | L | S | A | I | C | U | X | B | D | G | H | J | K | N | P | Q | T | V | Y |
| 13 | G | L | O | I | R | E | M | T | D | N | S | A | U | X | B | C | F | H | J | K | P | Q | V | Y | Z |
| 14 | H | O | N | E | U | R | T | P | A | I | B | C | D | F | G | J | K | L | M | Q | S | V | X | Y | Z |
| 15 | I | N | S | T | R | U | E | Z | L | A | J | B | C | D | F | G | H | K | M | O | P | Q | V | X | Y |
| 16 | J | A | I | M | E | L | O | G | N | F | R | T | H | U | B | C | D | K | P | Q | S | V | X | Y | Z |
| 17 | K | Y | R | I | E | L | S | O | N | A | B | C | D | F | G | H | J | M | P | Q | T | U | V | X | Z |
| 18 | L | H | O | M | E | P | R | S | T | D | I | U | A | B | C | F | G | J | K | N | Q | V | X | Y | Z |
| 19 | M | O | N | T | E | Z | A | C | H | V | L | B | D | F | G | I | J | K | P | Q | R | S | U | X | Y |
| 20 | N | O | U | S | T | E | L | A | C | F | B | D | G | H | I | J | K | M | P | Q | R | V | X | Y | Z |

Las 20 ruedas del cilindro de Bazeries (colocadas en línea). La primera da el alfabeto en orden, la segunda y la tercera en un orden un poco modificado, la cuarta en orden inverso, la quinta y la sexta en ese orden inverso modificado. Las otras siguen las frases: «Allons enfants de la patrie, le jour de gloire est arrivé» [frase del himno francés: Adelante hijos de la patria, ha llegado el día de gloria], «bienheureux les simples d'esprit» [bienaventurados los simples de espíritu], «Charybde et Scylla» [Escila y Caribdis], «Dieu protège la France» [Dios protege a Francia], «Évitez les courants d'air» [Eviten las corrientes de aire], «Formez les faisceaux» [Formen las líneas], «Gloire immortelle à nos aïeux» [Gloria inmortal a nuestros antepasados], «Honneur et patrie» [Honor y patria], «Instruisez la jeunesse» [Instruyan a la juventud], «J'aime l'oignon frit à l'huile» [Me gusta la cebolla frita en aceite], «Kyrie eleison» [nombre de un canto litúrgico], «L'homme propose et Dieu dispose» [El hombre propone y Dios dispone], «Montez à cheval» [Monten a caballo], «Nous tenons la clef» [Tenemos la clave].

Tres de las posiciones de las ruedas en el cilindro utilizado para cifrar están determinadas de antemano. Las otras son cuestión de hipótesis. Sin demasiado trabajo, obtenemos ya el descifrado parcial siguiente: NLLBE T **ATTAQUE** LC XEBOI MUAVO ZVTYM **AMIPO** CTUYR. Necesitamos hipótesis sobre las ruedas 7 a 10 para ir más allá, lo que es laborioso, pero fácil, porque la regla es que el texto tiene que tener un sentido. Obtenemos 14, 2, 3 y 12 en orden, de donde NLLBE T **ATTAQUE** LC XEBOI MUAVO ZS **SUR AMIPO** CTUYR.

| A | T | T | A | Q | U | E | | A | T | T | A | Q | U | E |
|---|---|---|---|---|---|---|---|---|---|---|---|---|---|---|
| 1 | B | U | U | B | R | V | F | | 11 | N | Z | Z | N | X | R | V |
| 2 | E | V | V | E | G | Y | I | | 12 | I | V | V | I | T | X | Z |
| 3 | E | V | V | E | R | Y | B | | 13 | U | D | D | U | V | X | M |
| 4 | Z | S | S | Z | P | T | D | | 14 | I | P | P | I | S | R | U |
| 5 | J | S | S | J | P | Z | A | | 15 | J | R | R | J | V | E | Z |
| 6 | Z | S | S | Z | P | O | A | | 16 | I | H | H | I | S | B | L |
| 7 | L | D | D | L | X | G | F | | 17 | B | U | U | B | T | V | L |
| 8 | V | O | O | V | Z | R | N | | 18 | B | D | D | B | V | A | P |
| 9 | R | S | S | R | U | V | T | | 19 | C | E | E | C | R | X | Z |
| 10 | F | G | G | F | S | P | U | | 20 | C | E | E | C | R | S | L |

Cifrado de la palabra «attaque» para cada rueda. En cada caso, basta con tomar la letra siguiente en la rueda, conforme al cuadro de aquí arriba.

El SUR AMI deja pensar que el ataque se hará sobre Amiens, una ciudad del norte. El descifrado continúa así. El mensaje en claro es «Demain, attaquez à quatre heures sur Amiens. Stop.» [Mañana, ataquen Amiens a las cuatro. Stop.]. Este ejemplo muestra que el ejército hizo lo correcto al no adoptar el cilindro de Bazeries: la elección del orden de las letras sobre cada rueda facilita demasiado el desciframiento en cuanto se dispone del cilindro.

## Los cuadrados latinos

Joseph Mauborgne, a quien ya conocimos a propósito del cifrado de Playfair y de la libreta de uso único, descubrió que para

273

evitar el desciframiento de Viaris, lo ideal era utilizar un cuadrado latino, es decir un cuadrado en el que cada línea y cada columna contiene una sola letra, como en el juego del sudoku, sin que las líneas se deduzcan una de otra por rotación. Por ejemplo, existen cuatro cuadrados latinos de orden 4 si se escribe la primera línea y la primera columna en orden:

| *a* | *b* | *c* | *d* | | *a* | *b* | *c* | *d* | | *a* | *b* | *c* | *d* | | *a* | *b* | *c* | *d* |
|---|---|---|---|---|---|---|---|---|---|---|---|---|---|---|---|---|---|---|
| *b* | *c* | *d* | *a* | | *b* | *d* | *a* | *c* | | *b* | *a* | *d* | *c* | | *b* | *a* | *d* | *c* |
| *c* | *d* | *a* | *b* | | *c* | *a* | *d* | *b* | | *c* | *d* | *a* | *b* | | *c* | *d* | *b* | *a* |
| *d* | *a* | *b* | *c* | | *d* | *c* | *b* | *a* | | *d* | *c* | *b* | *a* | | *d* | *c* | *a* | *b* |

Sin embargo, debemos excluir la primera porque se trata de una simple rotación de la primera línea. Gracias a esta idea, Mauborgne mejoró el cilindro de Bazeries, que duró mucho tiempo porque el ejército estadounidense lo utilizó bajo la apelación M-94 de 1922 a 1943 como máquina de cifrado en el campo de batalla (la clave se cambiaba cada día).

La M-94 estaba compuesta por 25 discos cuya disposición de letras tenía en cuenta la idea del cuadrado latino y se exponía menos a los ataques que el cilindro de Bazeries. Solo la rueda número 17 tenía un sentido: comenzaba por «the US army».

---

**LO QUE DEBEMOS DESCIFRAR:**

**Un mensaje de Maquiavelo**
El mensaje siguiente fue cifrado con el cilindro de Bazeries:

TRUEF  JQRCS  RUUQQ  NIALE  IEZIF  JRBNS  ENIIR
USZV

Sabiendo que comienza por «dividir» y contiene la palabra «discordia», ¿sabrías descifrarlo?

---

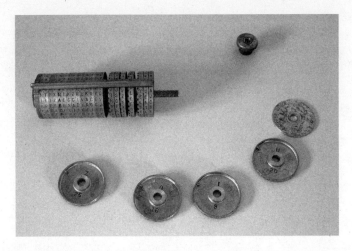

La máquina de cifrar M-94, desmontada, en uso por el ejército estadounidense de 1922 a 1943.

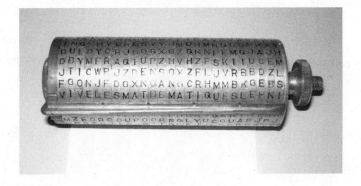

La máquina M-94 con un mensaje.

Esos fascinantes cilindros artesanales para cifrar prefiguran las máquinas de cifrado propiamente dichas, como la famosa Enigma, puesto que sus principios reposan, en definitiva, en una suerte de rotores. Veremos que la mecánica permitió, sobre todo, hacerlos evolucionar hacia un uso automático.

# 11

## LAS MÁQUINAS DE CIFRAR
## ELECTROMECÁNICAS: ENIGMA Y LAS OTRAS

Después de la Primera Guerra Mundial, el aumento del flujo de los comunicados y el retorno de la guerra de movimientos reclamaban transmisiones rápidas y seguras. Sin duda, esa es una de las razones del desarrollo de la máquina alemana Enigma de la Segunda Guerra Mundial. El Blitzkrieg (guerra relámpago) exigía una máquina de este tipo: había que golpear rápido y fuerte agarrando al adversario por sorpresa. El combate submarino reposaba en exigencias similares, pero por razones totalmente opuestas: para coordinar sus ataques, los comandantes de los submarinos debían comunicar a cualquier precio entre ellos de manera totalmente ultrasegura.

La idea de conseguir un cifrado automático habría venido entonces de la lentitud y la fragilidad de los cifrados manuales de la Primera Guerra Mundial. En la fantasía popular, la Segunda Guerra Mundial solo conoció una máquina de cifrado, la proeza alemana. Pero Estados Unidos disponía de la Sigaba, Gran Bretaña de la Typex y Francia de la B-211, todas ellas menos célebres y, sin embargo, mejores que la Enigma. Así, la Typex contaba con 5 rotores mientras que la Sigaba tenía más de 15. Japón disponía también de una máquina de cifrado que los estadounidenses sabían descifrar desde su entrada en la guerra, no sin consecuencias, como descubriremos pronto (ver «El código púrpura», pág. 303).

Es así como, durante la Segunda Guerra Mundial, el cifrado cambió de escala. De un asunto reservado a un puñado de criptólogos, esta ciencia se mecanizaría y reclamaría la contratación

de centenas de especialistas. El gabinete británico de descodificación terminaría por contar con 10 000 personas.

## La máquina Enigma

Si bien existían numerosos modelos de Enigma, todos funciona-
ban con el mismo principio. Los más sofisticados habrían podido ser prácticamente indescifrables por los aliados si los alemanes no hubieran cometido algunos errores de procedimiento.

Una Enigma de tres rotores (al fondo). Los focos iluminan el cifrado
de la letra pulsada, justo encima del teclado de 26 teclas. El cuadro de conexiones
ocupa la parte delantera.

Arthur Scherbius (1878-1929), el principal diseñador de la
máquina Enigma, era un especialista en motores eléctricos. Su
nombre, por otra parte, quedó unido a los motores asíncronos

(son los de nuestros aparatos electrodomésticos o incluso los motores eólicos). Enigma fue concebida para proteger las relaciones comerciales antes de ser adoptada por el ejército alemán. Efectivamente, comprendió la debilidad de sus sistemas de cifrado de la Primera Guerra Mundial y deseaba a la vez mejorarlos y acelerarlos. El ejército se dotó de alrededor de 100000 máquinas entre 1926 y 1945. Si la Enigma militar tuvo un éxito indiscutible, la versión comercial fue tal fracaso que algunos se preguntaron si no había sido una pantalla para la versión militar, lo que es muy posible.

Puesto de mando del general alemán Guderian (de pie) durante la campaña de Francia, con una máquina Enigma de tres rotores (abajo a la izquierda) y sus operadores en primer plano: un hombre para teclear, otro para anotar el texto cifrado (que se enciende a través de los focos encima del teclado), un radiotelegrafista para enviarlo en Morse, más un oficial (a la derecha) ¡para vigilar a los tres operadores!

¿Cómo se presenta una máquina Enigma? Exteriormente, parece una máquina de escribir con un teclado de 26 clavijas represen-

279

tando las letras del alfabeto. En su centro se alinean unos testigos luminosos. Cada vez que se toca una clavija del teclado, se ilumina uno de esos testigos y produce el cifrado de la letra marcada. La correspondencia entre el teclado y los focos está determinado, por medio de un sistema electromecánico, por la posición de los tres rotores que cubren la máquina y las fichas de un cuadro de conexiones situado en la parte delantera. Los tres rotores, asociados a un reflector (del que luego veremos el uso) constituyen la parte llamada «inhibidor».

¿Cómo funciona Enigma? De hecho, se trata de una variación sofisticada del cilindro de Bazeries. Como las ruedas del cilindro, cada rotor de Enigma asegura una sustitución monoalfabética, es decir, una permutación de las veintiséis letras del alfabeto. La máquina Enigma clásica dispone de tres rotores llamados I, II y III. Para mejorarla, las de la marina de guerra alemana tendrán cuatro, a elegir en un lote de diez. Los principios siguen siendo los mismos, pero aquí describiremos la Enigma de tres rotores.

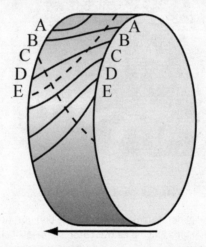

Cada rotor de Enigma posee veintiséis muescas que representan las letras de la A a la Z. Las conexiones eléctricas (hilos negros en el dibujo) reúnen las muescas de derecha a izquierda, lo que cambia las letras del alfabeto. Por ejemplo, aquí vemos el rotor III representado parcialmente: A se convierte en B y B en D, etcétera.

Para simplificar, mostramos cada rotor de forma plana con solamente seis muescas (de la A a la F). Varios rotores están dispuestos uno contra otro, de izquierda a derecha, lo que permite componer las permutaciones como lo muestra la siguiente figura.

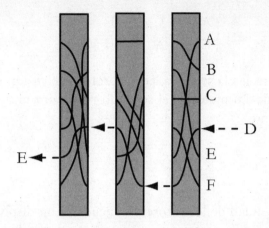

La serie de rotores de aquí encima transforma D en E.

Si fuera fija, esta disposición permitiría una sola permutación por texto. Aquí, corresponde al cuadro:

$$\begin{pmatrix} A & B & C & D & E & F \\ A & F & B & E & C & D \end{pmatrix}$$

Significa que A se cambia por A, B por F, C por B, D por E, E por C y F por D.

Ese cifrado es fácil de descifrar gracias al método de las frecuencias.

## El cifrado

Para modificar estas sustituciones, los rotores se presentan en forma de pequeños cilindros, y cada uno puede girar alrededor de su eje. Cuando se comienza a cifrar un mensaje, se elige entre un lote dado (I, II y III), luego se colocan en cierto orden y en cierta posición. Esos datos forman parte de la clave. Se pulsa entonces la primera letra. El primer rotor gira de una muesca, y la permutación de las letras se modifica antes de que la electricidad pase a través del circuito (cables eléctricos que unen los cilindros). En nuestro ejemplo, se convierte en:

$$\begin{pmatrix} A & B & C & D & E & F \\ E & C & A & F & B & D \end{pmatrix}$$

Cuando se teclea la segunda letra, el rotor vuelve a girar. Cuando ha girado 26 muescas, el segundo rotor gira una vez, y así sucesivamente.

## El reflector

En la extremidad de los rotores se encuentra un dispositivo llamado reflector. Su objetivo no es complicar el cifrado, al contrario, este elemento tiene como objetivo facilitar el descifrado para el destinatario del mensaje. El reflector envía la señal hacia la entrada del primer rotor. Asegura la simetría de funcionamiento de la máquina: si una letra X está transformada en Y, entonces Y está transformada en X. Dicho de otra manera, una misma Enigma, sin cambio en su configuración, puede servir para cifrar y descifrar el mismo mensaje.

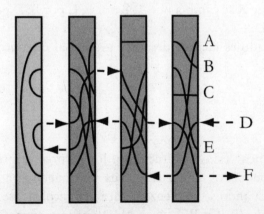

Inhibidor de una Enigma: el reflector (a la izquierda) sirve para reflejar la señal. El desciframiento se realiza con la misma máquina en la misma disposición porque, si D da F, entonces F da D.

## CONEXIONES DE LOS ROTORES DE UNA ENIGMA DE TRES ROTORES

Por comodidad, representamos los rotores en plano, con la parte derecha arriba.

Las conexiones están propuestas por los cuadros que siguen:

| A | B | C | D | E | F | G | H | I | J | K | L | M |
|---|---|---|---|---|---|---|---|---|---|---|---|---|
| E | K | M | F | L | G | D | Q | V | Z | N | T | O |
|   |   |   |   |   |   |   |   |   |   |   |   |   |
| N | O | P | Q | R | S | T | U | V | W | X | Y | Z |
| W | Y | H | X | U | S | P | A | I | B | R | C | J |

Rotor I

| A | B | C | D | E | F | G | H | I | J | K | L | M |
|---|---|---|---|---|---|---|---|---|---|---|---|---|
| A | J | D | K | S | I | R | U | X | B | L | H | W |
|   |   |   |   |   |   |   |   |   |   |   |   |   |
| N | O | P | Q | R | S | T | U | V | W | X | Y | Z |
| T | M | C | Q | G | Z | N | P | Y | F | V | O | E |

Rotor II

| A | B | C | D | E | F | G | H | I | J | K | L | M |
|---|---|---|---|---|---|---|---|---|---|---|---|---|
| B | D | F | H | J | L | C | P | R | T | X | V | Z |
|   |   |   |   |   |   |   |   |   |   |   |   |   |
| N | O | P | Q | R | S | T | U | V | W | X | Y | Z |
| N | Y | E | L | W | G | A | K | M | U | S | Q | O |

Rotor III

Estos cuadros corresponden al posicionamiento de los rotores en la letra A. Por ejemplo, en el caso del rotor III posicionado sobre la letra A, la letra A se transforma en B, B en D, etcétera.

283

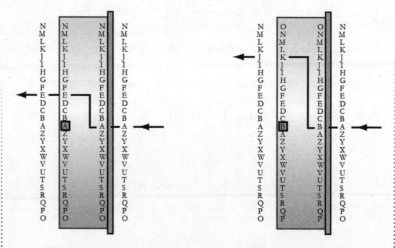

El rotor I en posición A a la izquierda y en posición B a la derecha.
La permutación del alfabeto se modifica.

Si colocamos el rotor III sobre la letra B, debemos desplazarnos de un nivel, pero las conexiones internas siguen siendo las mismas, puesto que se trata de un cableado físico. Las conexiones están dadas en el cuadro siguiente. Las dos líneas del medio (en gris) que representan el cableado físico son idénticas al cuadro precedente:

| A | B | C | D | E | F | G | H | I | J | K | L | M |
|---|---|---|---|---|---|---|---|---|---|---|---|---|
| B | C | D | E | F | G | H | I | J | K | L | M | N |
| D | F | H | J | L | C | P | R | T | X | V | Z | N |
| C | E | G | I | K | B | O | Q | S | W | U | Y | M |
|   |   |   |   |   |   |   |   |   |   |   |   |   |
| N | O | P | Q | R | S | T | U | V | W | X | Y | Z |
| O | P | Q | R | S | T | U | V | W | X | Y | Z | A |
| Y | E | I | W | G | A | K | M | U | S | Q | O | B |
| X | D | H | V | F | Z | J | K | T | R | P | N | A |

El reflector corresponde a una permutación fija.

| A | B | C | D | E | F | G | H | I | J | K | L | M |
|---|---|---|---|---|---|---|---|---|---|---|---|---|
| Y | R | U | H | Q | S | L | D | P | X | N | G | O |

| N | O | P | Q | R | S | T | U | V | W | X | Y | Z |
|---|---|---|---|---|---|---|---|---|---|---|---|---|
| K | M | I | E | B | F | Z | C | W | V | J | A | T |

Las conexiones del reflector.

Los modelos más evolucionados de la máquina Enigma proponían una elección entre cuatro reflectores, pero nosotros continuaremos nuestro análisis con el modelo clásico.

Para complicar el sistema de cifrado de Enigma, se coloca al comienzo del dispositivo precedente un cuadro de conexiones.

En el modelo clásico, permite cambiar doce letras por medio de seis fichas. En los modelos más evolucionados alcanzará las diez fichas.

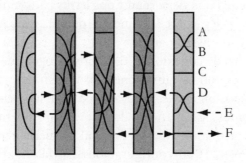

El funcionamiento de Enigma: si pulsamos E, F se enciende, y viceversa. El cuadro de conexiones está a la derecha, el reflector a la izquierda y los rotores en el centro.

## Los libros de claves

¿Cómo se utilizaba concretamente una máquina Enigma? En primer lugar, había que compartir una clave secreta con el destinatario, para que la máquina de descifrado estuviera configurada como la que sirve para cifrar el mensaje. En la práctica, el ejército alemán disponía de una clave por día. Este sistema de claves debía ser mantenido en secreto porque, de lo contrario, todos los mensajes podían descifrarse con cualquier otra Enigma. De hecho, la clave reagrupaba muchas informaciones necesarias al funcionamiento del dispositivo. Todos los meses, las fuerzas alemanas recibían nuevos libros de claves que tenían las combinaciones de cada día.

¿Qué informaciones contenía la clave? La posición de seis fichas del cuadro de conexiones, la elección y el orden de los rotores y la posición inicial de cada rotor; posición marcada por una letra del alfabeto. Sin el cuadro de conexiones, el número de claves posibles era relativamente débil. Elegir el orden de tres rotores solo daba seis posibilidades: I II III, I III II, II I III, II III I, III I II y III II I. Fijar la posición de un rotor es como tirar a suerte una letra del alfabeto, es decir, 26 posibilidades. Y elegir tres da 26 x 26 x 26, lo que multiplicado por 6, propone 105 456 configuraciones diferentes de rotor. Este número parece enorme, pero es más bien razonable en este contexto.

El cuadro de conexiones lo cambia todo, porque dispone de seis fichas, y cada una debe reunir dos letras para cambiarlas (así, si se conectan las letras A e I, cuando se pulsa la tecla A, es como si se pulsara I, y lo mismo para la salida). Para conectar la primera ficha del cuadro de conexiones, debemos escoger una primera letra entre las 26 y una segunda entre las 25. En un principio, esto hace 26 x 25 posibilidades, pero como cada una se encuentra dos veces, obtenemos 325 maneras de colocar la primera ficha. Con ese tipo de razonamiento, se llega al número vertiginoso de 10 586 916 764 424 000 configuraciones. ¡Más de diez millones de billones! Podemos comprender que la dificultad para descifrar Enigma se debe al cuadro de conexiones y no a la parte inhibidora (los rotores asociados al reflector). Una de sus debilidades también se sitúa allí, porque el cuadro de conexiones no opera sobre todas las letras. El otro defecto es que una letra no puede jamás cambiarse por sí misma, como en el cilindro de Bazeries.

Prosigamos el cifrado, sin utilizar el cuadro de conexiones para simplificar. Si posicionamos los rotores de izquierda a derecha (I, II, III cada uno sobre la letra A), se transforma el mensaje «Une machine peut-elle être indécryptable?» [¿Una máquina puede ser indescifrable?] como:

ZQCOO MTBVC QTVAS XBZOS PPVQV ZUXQG
AGKWZ

Como siempre, todos los signos de puntuación se eliminan o se reemplazan por grupos de letras poco habituales, como XX o XY, y las letras se agrupan de a cinco. Todo esto se transmite luego en Morse por medio de las ondas de radio. Después de haber considerado las acciones de los tres operadores a cargo de la máquina (ver la ilustración con el general Guderian), veamos concretamente cómo efectúa la máquina el cifrado de la primera letra. Se teclea U sobre el teclado, el rotor gira de una muesca y U se transforma en L que, con el rotor II se vuelve H y luego con el rotor I, Q. El reflector transforma Q en E. El rotor I opera ahora al revés, E se vuelve A, A sigue siendo A con el II y A se vuelve Z con el III (ver las conexiones de los rotores y del reflector). Para descifrar este texto, basta con disponer de una Enigma configurada de la misma manera. Es igualmente la idea de base del desciframiento sin conocimiento de la clave.

El matemático polaco Marian Rejewski (1905-1980) contribuyó enormemente a «romper» Enigma en los años 1930.

## Hay que romper Enigma

El primer desciframiento de Enigma fue un éxito conjunto del espionaje francés y del genio de tres matemáticos polacos: Marian Rejewski, Jerzy Rozycki y Henryck Zygalski. Un funcionario alemán del Despacho del Cifrado, Hans-Thilo Schmidt (1888-1943), traicionando a su país por dinero, dio una valiosa ayuda, hasta su ejecución en plena guerra. Reveló los cuadros de cifrado y las consignas de empleo de la Enigma del ejército alemán de 1931 a 1938, además de muchas otras informaciones. Gracias a ellas se pudieron reconstituir los cableados de la versión militar de Enigma y fabricar réplicas a partir de 1933.

Hay que precisar que un error de procedimiento alemán facilitó ese trabajo de reconstrucción. Los criptólogos, en efecto, tenían la costumbre de indicar las posiciones iniciales de los rotores, por ejemplo, RAS [nada que señalar], al comienzo del mensaje. Sin embargo, para evitar cualquier error de transmisión, repetían las tres letras, lo que daba RASRAS. Las dos R, las dos A y las dos S estaban cifradas de manera diferente según la posición de rotor de la derecha, traicionando así una parte de su cableado.

Este error abrió una vía de ataque matemático de Enigma ligado a la teoría de los grupos de Evariste Galois (1811-1832), un tema teóricamente muy alejado del descifrado de los mensajes alemanes. Gracias a su dominio de esta teoría muy abstracta, los polacos se encontraron en posesión de réplicas de la Enigma militar. Con los cuadros de claves, podían descifrar los comunicados alemanes.

## La *bomba*

Los matemáticos polacos trataron de sortear los cuadros de cifrado, porque dudaban que un día u otro, el espía sería descubierto o alejado por el azar de una mutación. Consiguieron hacerlo, en particular, creando una máquina, la *bomba*, que permitía encontrar la clave del día en unos pocos minutos. Son esas famosas «bombas», cuya invención se atribuye a menudo a los ingleses, pero que, en realidad, heredaron. El mérito de los ingleses fue saber perfeccionarlas para seguir las evoluciones de Enigma. En particular, periódicamente, los alemanes añadían nuevos rotores a la máquina y obligaban a los matemáticos a trabajar más para determinar rápidamente su naturaleza.

La captura providencial de dos submarinos alemanes los ayudó. El 9 de mayo de 1941, el *U-110* fue abandonado por su tripulación cuando su capitán pensaba ser embestido por el *Bulldog*, el destructor que lo perseguía. El comandante del *Bulldog* tuvo la inteligencia de contentarse con abordar el submarino y detener a la tripulación, antes de registrar el navío.

La captura del *U-110* por el *Bulldog* en mayo de 1941 proporcionó una máquina Enigma y numerosos elementos sobre ella.

Dentro, se encontró una Enigma, sus rotores y la clave del día. Luego, el *U-110* fue hundido para que los alemanes no sospecharan del botín.

En febrero de 1942, las Enigma de la Kriegsmarine pasaron a cuatro rotores, lo que hizo nuevamente indescifrables los mensajes de los submarinos. Por suerte, los errores de utilización permitieron a los británicos encontrar los cableados. La captura del

*U-559* el 30 de octubre de 1942, con una de esas nuevas Enigma a bordo, permitió completar el cableado esbozado. El episodio fue dramático porque dos de los marinos británicos que penetraron en el submarino averiado para recuperar el material criptográfico no pudieron salir antes de que se hundiera.

Alan Turing (1912-1954). Antes de la guerra, se ocupaba de Lógica y Fundamentos de las Matemáticas, temas que se podrían considerar lejanos a las aplicaciones que le dieron gloria.

## Bienvenido a Bletchley Park

Los británicos industrializaron la información, y el descifrado se convirtió en uno de los componentes mayores de la instigación de Winston Churchill (1874-1965). Churchill conocía la importancia del descifre de los comunicados enemigos por su papel en la gestión de la Primera Guerra Mundial.

El equipo de especialistas que concentró los esfuerzos británicos se reunió a comienzos de la guerra en Bletchley Park, una mansión situada a 80 kilómetros al noroeste de Londres. Al final de la guerra, había diez mil personas aproximadamente, de las cuales el 80 % eran mujeres; matemáticos, lingüistas e incluso seis cruciverbistas, reclutados en 1942 por medio de un concurso organizado por el *Daily Telepraph*. Para mantener la confidencialidad sobre las actividades de ese sitio, todas las informaciones que salían de los equipos, durante su transmisión a los aliados, se presentaban como venidas de una fuente ficticia llamada Ultra.

La lejanía con Londres y los centros industriales dejaba Bletchley Park al abrigo de las incursiones aéreas alemanes. La mansión, sin embargo, quedaba cerca del ferrocarril y de las redes telefónicas y telegráficas. Un joven matemático de la Universidad de Cambridge, Alan Turing, dirigía la sección del servicio encargado de descifrar los mensajes de la marina alemana. Dentro de Bletchley Park, ese servicio fue el que tuvo más impacto en el curso de la guerra.

## El procedimiento del descifre moderno

Antes de analizar la manera en que Alan Turing consiguió penetrar los secretos alemanes, vamos a examinar cómo podríamos hacerlo con los medios modernos que nos ayudarán a comprender la lógica puesta en práctica por el matemático. He aquí un mensaje cifrado con una máquina Enigma de tres rotores:

CDZWO DJUBF HBYUX AMRUE JGDJL QCLVZ
WKJVU PBCNA HCGDS WSUQS LFOEH FBPSK
QYKWD ZKJAP JIKHA FAAOP CTEPZ QZLJQ CBHCG
OYNSF WRYBR WAQYJ RTHDX ERNKH NLUDB HVLET
ZCFMK HTZZW DRSKW MOQPG HERNI WRFXH
FXJQT BWVTH QMWBQ SLWLS IHINM JGFZC MISHO
TSQDS TEZSY FSITZ FWUKK TWKID JJUKJ EBALH
LHXMO CXMWZ NJDHG PVFZH VJJZM VNWK

Para descifrarlo, basta encontrar en qué posición se encontraban los rotores y el cuadro de conexiones al comienzo del cifrado. Para eso, se podrían intentar todas las posibilidades por medio de una computadora y solo guardar aquellas que producen frecuencias compatibles con la lengua utilizada. En teoría, puede funcionar, pero en la práctica el número de posibilidades es demasiado grande por el cuadro de conexiones.

Sin embargo, es allí donde se sitúa el fallo de Enigma. Ese cuadro solo permuta doce letras de dos en dos. Dicho de otra manera, catorce quedan inalteradas (por las conexiones de las fichas). Así, en cuanto descubrimos la buena disposición de los rotores, un cierto número de letras siguen en su lugar: todas aquellas que no han encontrado una de las letras modificadas del cuadro de conexiones. Si el mensaje es suficientemente largo, esto se encuentra en los cálculos estadísticos que lo conciernen, como vamos a ver.

## La posición de los rotores

Para determinar la posición de los rotores, vamos a utilizar seis computadoras; cada una corresponde a un orden de los tres rotores. Cada uno genera las posiciones de los rotores de A a Z, uno tras otro. Se cifra el mensaje con esta posición sin utilizar el cuadro de conexiones. En cada caso, se calcula el índice de coincidencia del resultado (ver pág. 235). Por ejemplo, para la computadora que simula una Enigma con los rotores en el orden I, II, III cada uno sobre la letra A, se encuentra:

QAAEA VBDFQ XFZWJ CNOBP ZYFCG PUOZH
DDFFC NLIEN KPNUZ HWVBX VOBXN JVUXB SLQGW
MRKOH QDEMT ASORW ZKHOQ MWNUP FGIFQ
XVIUT BIHJN IBMNB VJKRW OTGDS MHZHA FUQYL
QLUEU CDBXD WJCGL ZMIBI CKBYL LCSGB EGMDJ
ZUTZB GQIKR ZAYFX RKLBV SUVHU POXFE MKKUE
OZCHS RIQCF ESACS INSMV TAXHU JHOZV HFDAR
QOBJY OURFU OJCRY SFUNI TFFC

Su índice de coincidencia es de 0.0378. Se efectúa entonces el mismo cálculo con las 17.576 posiciones de los rotores posibles y se guarda el récord, es decir el que proporciona el índice más alto. Se comparan los registros de los seis simuladores, lo que propone el índice 0.0508 para los rotores en el orden III, I, II, regulados en las letras B, Y y D. El nuevo texto es:

ATANJ CEOET RYMTK JSLMH NENUV JDQDA
NSESN YAUKE REARN STDWR MGUAL LREMT IGRLB
HNERX AWITB BRJGK LIDVJ SUPSW TALAU JTJNL
CESSL IODEI TRETY YMDEU FDEAO EMOYM TEISS
XUNPE BERLO VTJOV VREYL CEWBR XRLHR YMSDG
KEMHB EPUAI BNWLS EIALS LJITB LRTYP ETHDO
AOPSV EEXUE ICEBQ EAAEO UPENM IDRQF ATFTC
CAGEO SAZDN CCNOQ RYES

En principio, el resultado tampoco nos dice mucho; sin embargo, nos vamos acercando a la solución. Como siempre, descifrar es un asunto de paciencia. Continuemos suponiendo que hemos encontrado las buenas posiciones de los rotores, incluso si aún nada lo confirma.

## El cuadro de conexiones

Para disponer el primer cableado, tenemos 325 posibilidades y debemos intentarlas todas. Encontramos que la conexión IN optimiza el índice de coincidencia con el texto:

ATAIJ CEOET RYMTK JSLMH IEIUV JDQDA ISESI
YAUSE REARI STDWR MGUAL LREMT NGRLB HIERX
ALNTB BRJGK LNDVJ SUPSW TALAU JTEIL CESSL
NODEN TRETY YMTEU RDEAO EMOYM TENSS XUIPE
BERLO VTJOV VREOE CEWBR XRLHR YMSDG KEMHB
EPUAN TIXUS ENALS LLNTB LRTYP ETHDO AOESV
EEXUE NCESQ EAAEO UPEIM NDRQF ATFTC EAGEO
SAZDI CCIOQ RCES

Su índice es igual a 0.0599. Si volvemos a comenzar, encontramos la conexión MP y el texto:

ATAIJ CEOE TRYPTKJRLPHIE IUV JDQDA ISESI
AAUSE REARI STDWR PGUAL LRYPT NGRLB HIERE
ALNTB BRJGE LNDSJ SUMSW TALAU JTEIL CESSL

293

NODEN TRETY YPTEU RDEAO EPOYP TENRS XUIME
BERLO UTJIV VREOE CEWBR XRLHR YPSDG KLPHB
EMUAN TIXUE ENALS SLNTB LRTYM ETHDO AOESV
EEXUE NCESQ EAAEO UMEIP NDRLF ATETC EAGEO
EAZDI CCIOE RCES

Su índice de coincidencia es igual a 0.0613.

Cambiemos ahora de táctica, porque la mayoría de las letras importantes están presentes. El tercer grupo del texto, el que señalamos en negritas, parece suficientemente claro: debe tratarse de la palabra «cryptographie» [criptografía]. ¡Se comprende el interés de incluir a los cruciverbistas en el equipo de descifradores! Esta idea invita a intentar la conexión AL. Si seguimos así, encontraremos sucesivamente las conexiones FV, QX, luego DO y finalmente el mensaje: «Le livre de cryptographie que vous lisez illustre l'histoire de la cryptographie de l'Antiquité à nos jours et la lutte incessante entre chiffreurs et décrypteurs qui mènera du chiffre de César à la cryptographie quantique en passant par la méthode des fréquences, celle du mot probable et celle des coïncidences» [El libro de criptografía que está leyendo ilustra la historia de la criptografía desde la Antigüedad a nuestros días y la lucha incesante entre codificadores y descifradores que llevará del cifrado de César a la criptografía cuántica, pasando por el método de las frecuencias, el de la palabra probable y el de las coincidencias].

## El descifre de Turing

Incluso si los británicos habían considerado el método, este algoritmo del decriptado de Enigma no era utilizable en la época de la Segunda Guerra Mundial. La capacidad de cálculo era, por entonces, insuficiente. Alan Turing no pudo servirse del método de las coincidencias para romper los mensajes de Enigma. En su lugar, empleó el método de las palabras probables. Como ya dijimos, pueden ser «divisiones», «cuartel general» o simplemente «parte meteorológico», o hasta ese mismo pronóstico.

¿Cómo procedió Turing? En primer lugar, localizó las palabras probables, observando las letras que diferían. Dispuso entonces de un texto y de su cifrado, por ejemplo, DUHAU TQUAR TIERG ENERA L y ANOTC FLNLF GOPEN SUTQP M. Luego, utilizó esa pareja para encontrar la disposición de los rotores y del cuadro de conexiones de Enigma, válido para un día, puesto que las claves cambiaban cotidianamente, a medianoche. En lo que sigue, utilizamos una Enigma de tres rotores, sabiendo que los principios siguen siendo válidos para los modelos de cuatro rotores.

Realicemos el cuadro de correspondencia de las letras de nuestro primer ejemplo:

| 1 | 2 | 3 | 4 | 5 | 6 | 7 | 8 | 9 | 10 | 11 |
|---|---|---|---|---|---|---|---|---|----|----|
| D | U | H | A | U | T | Q | U | A | R | T |
| A | N | O | T | C | F | L | N | L | F | G |
|   |   |   |   |   |   |   |   |   |   |   |

| 12 | 13 | 14 | 15 | 16 | 17 | 18 | 19 | 20 | 21 |
|----|----|----|----|----|----|----|----|----|----|
| I | E | R | G | E | N | E | R | A | L |
| O | P | E | N | S | U | T | Q | P | M |

Correspondencia de las letras en cada etapa del cifrado.
Pusimos en negritas los pares.

Algunas letras se corresponden varias veces, aquí la U y la N dos veces en un sentido y una vez en otro —lo que resulta lo mismo porque Enigma cifra de manera simétrica. Como todas las letras no se cambian en el cuadro de conexiones, podemos suponer que U y N no lo son y ver las consecuencias de esta hipótesis.

## Bombas criptográficas

Para aplicar este método, es necesario hacer funcionar un gran número de máquinas Enigma juntas y automáticamente. Las máquinas que realizaban esta operación en los tiempos de la Segunda Guerra Mundial llevaban el nombre de «bombas» a causa del ruido que producían. Se construyeron doscientas de ellas durante la guerra. Para hacerlas funcionar, había que cablearlas según los pares o los ciclos encontrados. Las máquinas no indicaban directamente la posición de los rotores utilizados, sino las posiciones imposibles. Luego, manualmente, había que deducir la posición correcta.

Una bomba. Las ruedas sirven para los ajustes.

En nuestro ejemplo, para cada posición, intentamos todas las configuraciones de los rotores para retener solamente las que cambian U y N en segunda, octava y decimoséptima posiciones (ver cuadro página siguiente). Encontramos así que los rotores están en posición III, I, II y regulados en las letras A, D y Y.

Por supuesto, el método no siempre funciona. En primer lugar, es posible que no encontremos ningún par. También es posible que den un gran número de posibilidades de la disposición de los rotores. Sin embargo, si identificamos varios pares en varios mensajes, es probable que eso coincida con la disposición de los rotores.

Tomemos otro caso:

DUHAU TQUAR TIERG ENERA L está cifrado en
OXUEV ADQHT HGTFC XADEO I

Obtenemos así un cuadro sin pares que no revela gran cosa sobre la correspondencia encontrada:

| 1 | 2 | 3 | 4 | 5 | 6 | 7 | 8 | 9 | 10 | 11 |
|---|---|---|---|---|---|---|---|---|----|----|
| D | U | H | A | U | T | Q | U | A | R | T |
| O | X | U | E | V | A | D | Q | H | T | H |

| 12 | 13 | 14 | 15 | 16 | 17 | 18 | 19 | 20 | 21 | |
|----|----|----|----|----|----|----|----|----|----|---|
| I | E | R | G | E | N | E | R | A | L | |
| G | T | F | C | X | A | D | E | O | I | |

Correspondencia de las letras a cada etapa del cifrado.

Es mucho más interesante representarla en forma de grafo, ligando las letras por arcos que marcaremos con el número de la etapa del cifrado.

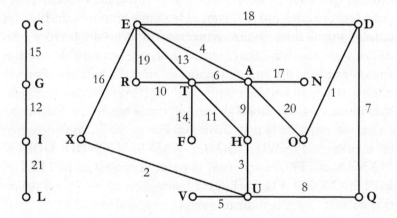

Grafo que representa las correspondencias de las letras entre el mensaje
y su código. Por ejemplo, D está unido a O en la etapa 1, O con A en la etapa 20,
A con N en la etapa 17, etcétera.

Ese grafo está manifiestamente compuesto de dos partes. El de la izquierda carece de interés. Por el contrario, el de la derecha, con sus numerosos ciclos, está lleno de informaciones. Imaginemos, para comenzar, que A (en el centro de la figura) esté sin cambiar.

297

Intentemos todas las disposiciones de los rotores para que A se cambie por una letra en sexta posición, ella misma cambiada por una letra en onceava posición que se cambia por A en novena (ver el ciclo de A en el centro de la figura). Aquí no encontramos ninguna solución. Recomenzamos cambiando A por las otras letras del alfabeto. Teniendo en cuenta los otros ciclos, encontramos que los rotores están en posición III, I, II y regulados sobre B, D y Q. La técnica da, simultáneamente, el cuadro de conexiones. En este ejemplo, A se ha cambiado por V, E por T, H por Y, J por F, L por P y D por W.

## Las letras que difieren

Para poner en práctica lo que precede, todavía haría falta encontrar la posición de la palabra. Hay una particularidad de Enigma que hace posible esta tarea: a causa del reflector, ninguna letra se cifra por sí misma. Hagamos entonces desfilar las palabras probables como «panzer» a lo largo del texto y busquemos un caso sin coincidencia. Entonces es posible que hayamos encontrado una aparición de nuestra palabra. Por supuesto, esto funciona mejor con palabras largas que con palabras cortas. El ejército alemán producía muchas, en particular en los mensajes de la meteorología. Por ejemplo, consideremos el mensaje: TJNWU TBIMQ WMYIC CGNDD DUIXW MXNZN NRTP. Busquemos la palabra probable: BULLETIN METEO NORD ATLANTIQUE [parte meteorológico del Atlántico norte]. Para eso, pongamos en correspondencia:

| T | J | N | W | U | T | B | I | M | Q | W | M | Y | I |
|---|---|---|---|---|---|---|---|---|---|---|---|---|---|
| B | U | L | L | E | T | I | N | M | E | T | E | O | N |
|   |   |   |   |   |   |   |   |   |   |   |   |   |   |
| C | C | G | N | D | D | D | U | I | X | W | M | X | N |
| O | R | D | A | T | L | A | N | T | I | Q | U | E |   |

Primera puesta en práctica de la correspondencia.

298

Las dos coincidencias resaltadas en negritas hacen esta posición imposible.

Continuemos desplazando así la palabra probable.

| T | J | N | W | U | T | B | I | M | Q | W | M | Y | I |
|---|---|---|---|---|---|---|---|---|---|---|---|---|---|
|   | B | U | L | L | E | T | I | N | M | E | T | E | O |
|   |   |   |   |   |   |   |   |   |   |   |   |   |   |
| C | C | G | N | D | D | D | U | I | X | W | M | X | N |
| N | O | R | D | A | T | L | A | N | T | I | Q | U | E |

Segunda puesta en práctica de la correspondencia.

Nuevamente una coincidencia hace imposible esta posición.

Continuamos así hasta obtener un cuadro sin coincidencia.

| T | B | I | M | Q | W | M | Y | I | C | C | G | N | D |
|---|---|---|---|---|---|---|---|---|---|---|---|---|---|
| B | U | L | L | E | T | I | N | M | E | T | E | O | N |
|   |   |   |   |   |   |   |   |   |   |   |   |   |   |
| D | D | U | I | X | W | M | X | N | Z | N | N | R | D |
| O | R | D | A | T | L | A | N | T | I | Q | U | E | O |

Última puesta en práctica de la correspondencia.

Esta ausencia de coincidencia nos conduce a probar nuestro método sobre esta correspondencia. Encontramos un par, lo que permite aplicar el método que ya hemos expuesto.

| T | B | I | M | Q | W | M | Y | I | C | C | G | N | D |
|---|---|---|---|---|---|---|---|---|---|---|---|---|---|
| B | U | L | L | E | T | I | N | M | E | T | E | O | N |
|   |   |   |   |   |   |   |   |   |   |   |   |   |   |
| D | D | U | I | X | W | M | X | N | Z | N | N | R | D |
| O | R | D | A | T | L | A | N | T | I | Q | U | E | O |

Intento de la palabra probable.

## Errores de procedimiento

Por culpa de un operador alemán que comenzaba todos sus mensajes con las iniciales C.I.L., los descifradores británicos calificaron esos mensajes de «cillies», un término próximo a *silly*, que significa «estúpido» en inglés. El comienzo del mensaje podría así resumir el tema, como aquellos que comenzaban por WET (*wetter* significa «tiempo» en el sentido del clima, en alemán). Esos errores casi nunca provenían de los submarinistas, mucho más alertas que sus colegas del ejército de tierra. Sin embargo, sufrieron este problema directamente porque la clave era la misma para todos. Así, podía descubrirse en un mensaje sin importancia y utilizarla para otros comunicados. Si los servicios de inteligencia británicos descifraban de manera rutinaria las máquinas de tres rotores, las de cuatro rotores que prefería la marina alemana constituían otro desafío. A pesar de eso, un error de procedimiento alemán increíble ayudó a los británicos. La meteorología no era, en realidad, un secreto militar, y la marina alemana enviaba a su cuartel general mensajes del clima cifrados, pero con una máquina Enigma de tres rotores. Cada día, esta Enigma se regulaba como las de cuatro rotores, pero con un rotor de menos. Esos mismos informes eran transmitidos a los submarinos, codificados esta vez con máquinas de cuatro rotores. Los alemanes ofrecían así palabras probables gigantescas a Turing y a su equipo. Los alemanes nunca se dieron cuenta de este error de procedimiento, a pesar de que suponían que los británicos sabían descifrar la Enigma de tres rotores, porque habían pasado a cuatro.

## Ganar la batalla del Atlántico

El descifre de Enigma influyó considerablemente en el desarrollo de la guerra, en particular, en la batalla submarina del Atlántico norte.

300

Barco aliado hundido por un submarino alemán. La victoria aliada dependía de la cantidad de provisiones que podían llegar al frente.

La táctica de los submarinos era simple: cuadrillaban el océano. El primero que veía un transporte prevenía a los demás, y el conjunto de los navíos preveían un ataque coordinado. Dada la lentitud de los submarinos, el método solo era eficaz si las transmisiones se mantenían en secreto. Por eso, la marina de guerra alemana fue equipada con la versión Enigma de cuatro rotores y con un cuadro de conexiones de diez fichas a partir de febrero de 1942. Ese modelo era mucho más eficaz que la Enigma clásica de tres rotores y seis fichas. Durante un año, el equipo de Turing fue incapaz de descifrar esta nueva arma. Las consecuencias se ven en las estadísticas de 1941 a 1943 sobre el tonelaje hundido por los submarinos alemanes así que por el número de submarinos destruidos. De febrero de 1942 a abril de 1943, los tonelajes hundidos fueron masivos. Disminuyeron luego gracias especialmente al descifrado de Enigma, versión mejorada (e igualmente a la introducción del sonar).

301

| 1941 | 1 | 2 | 3 | 4 | 5 | 6 |
|---|---|---|---|---|---|---|
| Tonelaje | 21 | 39 | 41 | 43 | 58 | 61 |
| Submarinos | 0 | 0 | 5 | 2 | 1 | 4 |
| | 7 | 8 | 9 | 10 | 11 | 12 |
| Tonelaje | 22 | 23 | 53 | 32 | 13 | 26 |
| Submarinos | 4 | 2 | 2 | 2 | 5 | 10 |
| 1942 | 1 | 2 | 3 | 4 | 5 | 6 |
| Tonelaje | 62 | 85 | 95 | 74 | 125 | 144 |
| Submarinos | 3 | 3 | 6 | 3 | 4 | 3 |
| | 7 | 8 | 9 | 10 | 11 | 12 |
| Tonelaje | 96 | 108 | 98 | 94 | 119 | 60 |
| Submarinos | 11 | 10 | 10 | 16 | 12 | 6 |
| 1943 | 1 | 2 | 3 | 4 | 5 | 6 |
| Tonelaje | 37 | 63 | 108 | 58 | 50 | 20 |
| Submarinos | 7 | 18 | 15 | 16 | 41 | 17 |
| | 7 | 8 | 9 | 10 | 11 | 12 |
| Tonelaje | 46 | 16 | 20 | 20 | 14 | 13 |
| Submarinos | 38 | 24 | 11 | 28 | 18 | 10 |

Tonelaje (en miles de toneladas) y submarinos hundidos según los meses de la guerra (1 a 12), de 1941 a 1943.

## LO QUE DEBEMOS DESCIFRAR:

**Un mensaje de auxilio**
El mensaje siguiente fue cifrado con una máquina Enigma de tres rotores:

FIBGT VFKQW MRKBQ VUQQY VEZJD YYYWN FOUWR UCYIZ UKNHL KGEOY BHJCG ZQJMZ KACWJ EKRYC XSMLE QFPJU FDCKF KDSIL KZWVD RJY

Probablemente contiene las palabras «división», «ataque» y «tanques».
¿Sabrás descifrarlo?

## La máquina de Lorenz y Colossus

Enigma no era la única máquina de cifrar alemana. Algunas, que se estimaban más seguras, como la máquina de Lorenz, también alemana, estaban reservadas a las comunicaciones de alto nivel, entre el alto mando y los estados mayores de los grupos de los ejércitos.

Esta última, a pesar de todo, fue descifrada, otra vez a causa de un error de procedimiento. Un mismo texto fue enviado dos veces, con algunas modificaciones la segunda vez, por pedido de un destinatario: la peor falta que se pueda cometer en criptografía. La máquina de Lorenz estaba fundada en la libreta de uso único (en binario, cada letra estaba previamente codificada sobre cinco bits), pero una clave seudoaleatoria, es decir, una clave generada de manera determinista, pero que parecía aleatoria. Un error de manipulación alemán permitió a los aliados reconstituir el algoritmo de la creación de las claves y, en 1943, los británicos construyeron Colossus, la primera calculadora electrónica de la historia, para descifrar esta máquina.

Máquina de Lorenz utilizada para cifrar los mensajes entre
el alto mando alemán y sus ejércitos.

## El código púrpura

En realidad, todos los beligerantes de la guerra disponían de máquinas de cifrado. Para sus relaciones diplomáticas o de alto nivel, los japoneses utilizaron una máquina de cifrar que los estadounidenses habían bautizado como «código púrpura» o, de manera menos poética, «código 97» porque su nombre japonés se refería al año 2597 del calendario japonés (el año 1937 para nosotros). Los estadounidenses descifraron el código el año siguiente a su puesta en servicio, en 1938. La víspera del ataque sobre Pearl Harbor, el gobierno japonés hizo llegar a su embajada en Washington un documento que contenía la declaración de guerra, con orden de entregarla al secretario de Estado estadounidense el día siguiente a las 13 horas, o sea a las siete y media, hora de Hawái. El servicio de información descifró el mensaje el domingo 7 a la 11 horas y 58 minutos, es decir a las 6 y 28 minutos hora de Hawái. El general George Marshall dio la alerta. Desgraciadamente, en razón de fallos técnicos, llegó a Pearl Harbor varias horas después del ataque. Ese tiempo perdido fue el origen de muchas polémicas. Algunos pretendieron que el presidente Roosevelt habría dejado pasar el tiempo para que la opinión estadounidense aceptara la entrada en guerra. Legítimamente, se puede dudar de tal interpretación.

El Colossus Mark 2 británico, dedicado al criptoanálisis, contenía 2.400 tubos electrónicos y pesaba 5 toneladas.

El descifrado del código púrpura y otras máquinas japonesas también tuvo consecuencias inesperadas sobre el espionaje de Alemania. El general Hiroshi Oshima, embajador en Berlín y el almirante Katsuo Abe, agregado naval, fueron, sin quererlo, fuentes de informaciones importantes para los aliados, contando conscientemente a Tokio todo lo que les enseñaban los altos dirigentes alemanes sobre la conducta de la guerra. Esas informaciones eran enviadas vía el código púrpura y descifradas por los estadounidenses.

En particular, fue por este camino que los aliados conocieron las características de los nuevos submarinos alemanes en junio de 1943, su modo de fabricación por elementos, las fábricas subterráneas, el transporte por ferrocarril a los lugares de ensamblaje, e incluso de las zonas previstas para las pruebas y el entrenamiento de las tripulaciones. Esas informaciones permitieron que los aliados retrasaran la puesta en servicio operacional de esos nuevos submarinos, bombardeando los puntos de pasaje importantes y minando las zonas previstas para los entrenamientos.

## Las máquinas francesas

Los franceses disponían también de máquinas de cifrar, pero se distinguían de todas las demás por su concepción. En el origen de esas máquinas, se encuentra un personaje sorprendente, Arvid Damm (1869-1927), un ingeniero sueco inicialmente especializado en máquinas de tejer. Una rareza aparente que no debe sorprendernos: ese tipo de máquinas ya habían inspirado a Charles Babbage para su máquina diferencial. Damm era el responsable técnico de una fábrica de textil en Finlandia y no carecía de imaginación —para construir máquinas como en su vida personal (se cuenta que organizó un falso casamiento para pasarle el anillo por el dedo a una caballista de circo, que presentó luego como una espía a sueldo de Austria, cuando quiso desprenderse de ella).

Sin duda, al tomar conciencia de la necesidad de los ejércitos de medios de cifrado seguros y rápidos, Damm se interesó por las máquinas de cifrado desde el comienzo de la Primera Guerra Mundial y fabricó unas cuantas. Para comercializar sus inventos, fundó en 1915 una empresa de criptología, controlada a partir de 1925 por otro ingeniero, Boris Hagelin. Ese mismo año, cuando el ejército sueco quiso equiparse con máquinas de cifrar, Hagelin ganó el mercado con un prototipo de la nueva máquina, que luego sería la B-21 utilizada por los franceses.

¿Cómo funcionaba la B-21? La máquina producía un cifrado de sustitución polialfabético, de manera diferente a Enigma. Sin entrar demasiado en los detalles, su originalidad era utilizar el cuadrado de Polibio para cifrar las letras, lo que obligaba a suprimir una letra, W, que podía ser reemplazada por VV u omitida. Aquí vemos un ejemplo donde el eje de abscisas está anotado por las consonantes L, N, R, S y T, y las ordenadas por las vocales A, E, I, O y U.

|   | L | N | R | S | T |
|---|---|---|---|---|---|
| A | M | U | F | X | Q |
| E | O | H | V | R | A |
| I | K | N | Y | D | Z |
| O | L | I | G | C | E |
| U | P | J | B | T | S |

Aquí, la palabra ATTAQUE se convierte en la serie ET, US, US, ET, AT, AN, OT, es decir, la serie de vocales EEUUAAO y la de las consonantes TSSTTNT. La descomposición de cada letra en una vocal y una consonante se hacía automáticamente cuando se pulsaba una tecla. Las vocales y las consonantes quedaban cifradas por dos semirotores, uno para las vocales y otro para las consonantes. Cada uno permitía diez permutaciones: vocales para el primero y consonantes para el segundo.

Cuando se abre una B-21, se descubren cuatro ruedas que tienen respectivamente 17, 19, 21 y 23 posiciones identificadas con letras. Cada posición contiene un espolón que puede empujarse hacia la derecha o la izquierda. Sus posiciones forman parte de la clave. Empujada en un sentido, el espolón está activo, en el otro queda desactivado. Esas ruedas están destinadas a hacer que avancen los semirotores de manera aparentemente errática.

El semirotor «vocal» está controlado por las ruedas 21 y por 23 espolones. Cuando se pulsa una tecla en el tablero, cada rueda progresa de un nivel, haciendo o no avanzar el semirotor «vocal», siempre que uno de los espolones esté activo. Lo mismo sucede con el semirotor «consonante» con las otras dos ruedas. Para complicar el sistema, vocales y consonantes están igualmente permutadas gracias a un cuadro de fichas que, a diferencia de los semirotores, aseguran la misma permutación a lo largo de todo el cifrado. En un costado de la B-21, vemos una pequeña manija que puede asumir dos posiciones: cifrado y descifrado.

La B-21, su teclado de 25 teclas (falta la W) y sus 25 focos. Cuando se pulsa una letra en el teclado, se ilumina la letra cifrada, como en la máquina Enigma.

El ejército francés se interesó y pidió mejoras, sobre todo la posibilidad de imprimir los mensajes. El resultado fue la B-211. En 1939, se entregaron quinientos ejemplares. Esta máquina también fue utilizada en los Países Bajos y en la Unión Soviética que, después de haber comprado un ejemplar en Suecia, por autorización del gobierno sueco, la copió y la llamó K-37 Cristal. En 1942, la B-211 fue equipada con un elemento llamado supercifrador que la hizo inviolable en aquella época. Durante la guerra, los alemanes consiguieron romper la B-211, pero sin su supercifrador.

## La C-36

La B-211 estaba reservada al nivel estratégico y se guardaba en una maleta más bien pesada. El ejército francés quiso encargar una máquina ligera para el nivel táctico, del tamaño de una caja de azúcar y puramente mecánica. Hagelin consiguió fabricar tal aparato. Fue la C-36, de la que el ejército francés compró 5 000 ejemplares, entregados antes del comienzo de la guerra. Luego, la C-36 fue perfeccionada, convirtiéndose en la M-209 del ejército estadounidense. Esta máquina era bastante segura para su nivel de utilización. Sin embargo, a partir de 1943, los alemanes eran capaces de descifrar sus comunicados en pocas horas.

El mecanismo de la C-36 reposa sobre un conjunto de engranajes, arrastrados por una serie de cinco rotores que tienen respectivamene 17, 19, 21, 23 y 25 espolones, que deben configurarse manualmente cada día según un cuadro que se mantiene en secreto. Con la posición de la rueda de la izquierda (la que tiene una marca), el conjunto constituye la clave del día. Una segunda clave, elegida por el operador en cada mensaje, está determinada por la posición inicial de los rotores, visible cuando la cubierta está cerrada. Se envía en claro, pero de manera camuflada, con el estilo del alfabeto por palabras en el que «bravo» significa B.

Después del cifrado de una letra del mensaje, cada rueda avanza de un nivel y se pone en marcha una nueva configuración de los espolones para cifrar la letra siguiente. De esta manera, el mensaje se cifra así, letra por letra, y el resultado queda impreso en una tira de papel.

C-36 cerrada. Las cinco letras que se ven en la cubierta (aquí MNTRJ) constituyen una clave modificable a cada mensaje. La máquina se acciona con la manija de la derecha. Las letras a cifrar se eligen en la rueda de la izquierda y el cifrado sale en una tira de papel a la izquierda.

C-36 abierta. Los espolones de los rotores son visibles y cada uno se acciona hacia la derecha o la izquierda, lo que constituye la clave principal con la posición de un elemento (casilla gris) sobre la ruedita de la izquierda (aquí delante de la S).

Es descifrable con ayuda de otra C-36 regulada de la misma forma. La C-36 tuvo varias descendientes en el ejército francés, entre las que destaca la CX-52, que entró en servicio en 1952. Se puede ver la similitud con la C-36. Esta máquina se mantuvo en uso hasta la década de 1980.

La máquina de cifrar CX-52 de Hagelin. Se advierte la H del logotipo arriba.

El ejército francés utilizó otra máquina de este tipo, compatible con la CX-52, pero que era capaz de entrar en un bolsillo: la CD-57. Se utilizó hasta los años 1970.

Durante la crisis del canal de Suez de 1956, los británicos hicieron saber a los franceses que no había que recurrir a la B-211, que se mantenía en servicio. Esta advertencia provocó la búsqueda de una máquina de cifrado más segura. Se decidieron entonces por una máquina de la OTAN, construida sobre los principios de Enigma, pero con ocho rotores, la KL-7. Se volvía así a la libreta de uso único, como con la máquina de Lorenz, pero con claves realmente aleatorias, que debían sumarse bit a bit al comunicado para obtener el mensaje cifrado. Fue la máquina TAREC (por «transmisión automática regeneradora y codificadora») utilizada por la OTAN desde mediados de los años 1950. El método tenía la ventaja de permitir comunicaciones seguras, pero presentaba, como inconveniente, la pesadez de la distribución de las claves y la obligación de respetar el procedimiento de destrucción de las claves tras un único uso.

El problema principal era que seguir ese procedimiento exigía una formación matemática de buen nivel o bien una obediencia de nivel superior. André Muller, jefe del servicio que fabricaba las claves aleatorias, cuenta que, en 1968, un general responsable de las transmisiones de uno de los ejércitos, decidió emplearlos dos veces seguidas, pensando que la regla de utilizarlas una sola vez era un invento del servicio que fabricaba las claves para ganar más dinero. Se necesitó la intervención de las más altas autoridades del cifrado para obligar al alto grado a entrar en razón.

Francia desarrolló luego una máquina electrónica de cifrado, a base de transistores de germanio, fundada como la máquina de Lorenz sobre la libreta de uso único, con una clave seudoaleatoria: la máquina Myosotis («nomeolvides»). La clave se producía sobre la marcha, bit tras bit. Concebida en los años 1960, la Myosotis permaneció en servicio durante más de veinte años. Fue una de las mejores máquinas de su época.

## El cifrado de la voz

Paralelamente a la concepción de todas esas máquinas, fundadas en letras y números, otros sistemas buscaban codificar directamente la voz. Tras el ataque sorpresa de la marina japonesa a Pearl Harbor el 7 de diciembre de 1941, el desarrollo de un sistema de comunicación vocal seguro fue considerado como una prioridad en Estados Unidos. Claude Shanon participó en este proyecto y quizá también Alan Turing para los test, puesto que residió en Estados Unidos en 1943. La respuesta fue el sistema Sigsaly, desplegado en 1943. Este nombre se parece a un acrónimo, pero se trata de un simple código; el comienzo Sig es común a la máquina cifradora Sigaba.

El principio de este cifrado es un ruido aleatorio almacenado en los discos del fonógrafo, sumado a la voz. Este ruido debe sustraerse a la recepción. Estos discos constituyen la clave que debe ser compartida. Podemos decir que era el principio de la libreta de uso único aplicada al sonido.

El sistema estuvo en servicio de 1943 a 1946, cuando se instalaron 12 terminales en todo el mundo. Con éxito, puesto que las potencias del Eje nunca fueron capaces de descifrar ni una sola de las 3.000 conferencias mantenidas vía Sigsaly. Cada terminal pesaba 55 toneladas y ocupaba en el suelo 20 $m^2$, exigía 13 técnicos en permanencia y debía ser climatizada. En la década de 1980, el cifrado se miniaturizó, pero seguía siendo muy pesado. Esos inconvenientes terminaron con la entrada en la era digital.

## 12

# LA ERA DIGITAL Y LA CRIPTOGRAFÍA CUÁNTICA

Sin que lo sepamos conscientemente, abrir el coche con un control, encender el celular, conectarse a una red wifi, consultar la cuenta bancaria en línea, etc., son operaciones que ponen en práctica códigos secretos. Debemos ser conscientes de ello: la criptología ha invadido nuestra cotidianeidad. Lejos queda el tiempo en que los criptólogos de la Primera Guerra Mundial trabajaban en un rincón de la mesa para descodificar los mensajes enemigos. ¿El motor de esta ubicuidad? Por supuesto, la computadora, que ha acelerado la exigencia de seguridad de las comunicaciones de manera exponencial y la sacó del campo de los militares y los diplomáticos.

### ¿Qué son los números binarios?

Para comprender cómo la era digital ha barajado las cartas de la criptografía, debes poder hablar un mínimo la lengua de las computadoras, es decir, el lenguaje binario. Nada fundamentalmente nuevo con relación al sistema que utilizamos todos los días: el binario es a 2 lo que el decimal es a 10.

De la misma manera que, en la vida de todos los días, descomponemos cada número en potencias de 10 (125 = 100 + 2 x 10 + 5 x 1), el lenguaje binario escribe los números con potencias de 2. Es así como el número 2 se escribe 10 en binario: 1 x 2 + 0 x 1. En cuanto al número 3, es 11: 1 x 2 + 1 x 1, mientras que 13 se escribe 1101: 1 x 8 + 1 por 4 + 0 x 2 + 1 x 1.

De esta manera, todos los números decimales entre 0 y 255 se escriben con ocho bits (es decir, ocho cifras binarias), como mucho.

Una vez establecido este preámbulo, veamos cómo codificar cualquier letra de un mensaje en lenguaje binario. Para manipular las letras y no los números, basta con transformarlas primero con un código ASCII, que hace corresponder los caracteres alfanuméricos (letras, cifras, signos de puntuación, etc.) a números entre 0 y 255. Así, «ataque» se convierte en caracteres ASCII en la serie de números:

97 116 116 97 113 117 101

Lo que nos hace pensar en los antiguos cuadros de cifrado, en particular a la Gran Cifra de Luis XIV. Codificando cada número de esta serie en siete bits, obtenemos:

1100001 1110100 1110100 1100001 1110001 1110101 1100101

A pesar de que los espacios no tienen ningún interés cuando estos números son transmitidos por las computadoras, seguimos añadiéndolos para facilitar la lectura:

| 33 | ! | 49 | 1 | 65 | A | 81 | Q | 97 | a | 113 | q |
|----|---|----|---|----|---|----|---|-----|---|-----|---|
| 34 | " | 50 | 2 | 66 | B | 82 | R | 98 | b | 114 | r |
| 35 | # | 51 | 3 | 67 | C | 83 | S | 99 | c | 115 | s |
| 36 | $ | 52 | 4 | 68 | D | 84 | T | 100 | d | 116 | t |
| 37 | % | 53 | 5 | 69 | E | 85 | U | 101 | e | 117 | u |
| 38 | & | 54 | 6 | 70 | F | 86 | V | 102 | f | 118 | v |
| 39 | ' | 55 | 7 | 71 | G | 87 | W | 103 | g | 119 | w |
| 40 | ( | 56 | 8 | 72 | H | 88 | X | 104 | h | 120 | x |
| 41 | ) | 57 | 9 | 73 | I | 89 | Y | 105 | i | 121 | y |
| 42 | * | 58 | : | 74 | J | 90 | Z | 106 | j | 122 | z |
| 43 | + | 59 | ; | 75 | K | 91 | [ | 107 | k | 123 | { |
| 44 | , | 60 | < | 76 | L | 92 | \ | 108 | l | 124 | | |
| 45 | - | 61 | = | 77 | M | 93 | ] | 109 | m | 125 | } |
| 46 | . | 62 | > | 78 | N | 94 | ^ | 110 | n | 126 | ~ |
| 47 | / | 63 | ? | 79 | O | 95 | _ | 111 | o | | |
| 48 | 0 | 64 | @ | 80 | P | 96 | ` | 112 | P | | |

Cuadro del código ASCII (American Standard Code for Information Interchange, o «Código norteamericano normalizado para el intercambio de información»).

## Vigenère en binario

¿La ventaja del lenguaje binario? Simplifica considerablemente las operaciones. El cifrado de Vigenère (págs. 196-197), por ejemplo, queda muy facilitado porque el alfabeto está reducido a dos símbolos, en lugar de los 26 habituales: 0 y 1. El añadido del 0 a una «letra» (0 o 1) no la modifica, el añadido de 1 la cambia en otra letra. Esto significa cifrar el mensaje añadiendo (sin retención) al mensaje la clave bit a bit. Imaginemos que queremos transmitir el mensaje «demain, quatre heures, attaque en direction d'Amiens» [mañana, a las cuatro, ataque en dirección a Amiens]. Su versión ASCII es:

```
10001 00110 01011 10110 11100 00111 01001 11011
10010 11000 10000 01110 00111 10101 11000 01111 01001
11001 01100 10101 00000 11010 00110 01011 11010 11110
01011 00101 11100 11010 11000 10000 01100 00111 10100
11101 00110 00011 11000 11110 10111 00101 01000 00110
01011 10111 00100 00011 00100 11010 01111 00101 10010
11100 01111 10100 11010 01110 11111 10111 00100 00011
00100 01001 11100 00011 10110 11101 00111 00101 11011
10111 00110 10111 0
```

Como clave, utilizamos una serie aleatoria de 0 a 1, de la misma longitud, por ejemplo:

```
10010 10110 00011 10110 00001 01010 11001 01101
01000 00000 00100 01000 00100 10110 00100 00111 01110
01101 01111 00111 01001 10010 11100 00010 00000 11010
11101 11100 10110 00000 00101 01101 11011 10111 11111
10010 11101 00010 10111 01110 11100 00111 01010 11110
00001 01101 01000 01010 10010 01110 11001 11110 01010
00100 01100 10110 01101 10101 11110 01000 11000 01101
01101 10011 00000 00100 01000 01010 01000 01111 10001
11110 11111 11111 1
```

En principio, esta clave puede provenir de un lanzamiento consecutivo de una moneda. En la práctica, no se procede así, porque la producción de claves sería demasiado larga. He aquí el resultado del cifrado del primer término del mensaje:

| Mensaje | 1 | 0 | 0 | 0 | 1 |
|---|---|---|---|---|---|
| Clave | 1 | 0 | 0 | 1 | 0 |
| Mensaje cifrado | 0 | 0 | 0 | 1 | 1 |

Cifrado de un mensaje.

Para cada etapa, efectuamos una suma de dos bits, los que corresponden al mensaje y a la clave. La única sorpresa aparece cuando se añade 1 y 1, porque da 0. Dicho de otra manera, la tabla de sumar no es la tabla usual.

$$
\begin{array}{c|cc}
+ & 0 & 1 \\
\hline
0 & 0 & 1 \\
1 & 1 & 0 \\
\end{array}
$$

Para descifrar, basta con añadir la clave al mensaje cifrado para obtener el mensaje en claro. ¿Por qué? Simplemente, porque cada uno de los dos bits verifica la misma relación: $0 + 0 = 0$ y $1 + 1 = 0$. El cuadro descifrado muestra lo que da para los primeros bits nuestro ejemplo:

| Mensaje | 1 | 0 | 0 | 0 | 1 |
|---|---|---|---|---|---|
| Clave | 1 | 0 | 0 | 1 | 0 |
| Mensaje cifrado | 0 | 0 | 0 | 1 | 1 |
| Clave | 1 | 0 | 0 | 1 | 0 |
| Mensaje cifrado | 1 | 0 | 0 | 0 | 1 |

Desciframiento de un mensaje reutilizando la clave.

Así obtenemos el mensaje cifrado:

00011 10000 01000 00000 11101 01101 10000 10110
11010 11000 10100 00110 00011 00011 11100 01000 00111
10100 00011 10010 01001 01000 11010 01001 11010 00100
10110 11001 01010 11010 11101 11101 10111 10000 01011
01111 11011 00001 01111 10000 01011 00010 00010 11000
01010 11010 01100 01001 10110 10100 10110 11011 11000
11000 00011 00010 10111 11011 00001 11111 11100 01110
01001 11010 11100 00111 11110 11111 01111 01010 01010
01001 11001 01000 1

El conjunto de estas operaciones es como utilizar una libreta de uso único, como el explotado para el teléfono rojo. Esa libreta, que Claude Shannon consideró inviolable a condición de que la clave fuera aleatoria y de uso único; sin embargo, tenía un inconveniente fundamental según el gran criptólogo Horts Feistel (1915-1990), que encontraremos más adelante a propósito del cifrado DES:

> Para cada bit de información transmitido, el destinatario debe tener en su posesión de antemano un bit de información de la clave. Además, esos bits deben ser una serie aleatoria que no pueda utilizarse una segunda vez. Para un gran volumen de tráfico, se trata de una restricción severa. Por esta razón, el sistema de Vernam está reservado a los mensajes *top-secret*.

## Del uso de las series seudoaleatorias

La seguridad del cifrado de Vernam (pág. 230) depende del lado aleatorio de la clave, pero ¿cómo fabricar lo aleatorio? En un principio, habría que recurrir a un fenómeno realmente ligado al azar, como el lanzamiento de una moneda, pero es impracticable. Otra idea es contentarse con una serie en la cual un término no es previsible en función de los precedentes. En la práctica, se emplean series que no tienen una regla de construcción simple. Te propongo detallar una que fue puesta en práctica hace tiempo y que sigue siendo típica en gran número de series seudoaleatorias.

La idea es partir de un número, que se llama tradicionalmente el germen. Se multiplica ese número por 16.807, luego se toma el resto del resultado en la división por 2.147.483.647. Esto propone una serie de números comprendidos entre 0 y 2.147.483.646 que comporta numerosos aspectos del azar. Por ejemplo, si tomamos 21 como germen, obtenemos la serie: 21, 352.947, 1.637.012.935, 1.863.396.828, 1.356.463.995, etc. Podemos convertir esos números en binarios y unirlos unos a otros:

```
10101 10101 10001 01011 00111 10000 11001 00101 10101
01110 00111 11011 11000 10001 00101 10111 01110 01010
00011 01100 11111 11110 11110 11
```

Esta serie semeja a una serie aleatoria. Sin embargo, si conocemos la regla, es previsible en cuanto se conoce el primer término.

## Al asalto de una «libreta de uso único seudoaleatoria»

Ese germen puede descubrirse gracias al método de la palabra probable. Consideremos el mensaje siguente, cifrado con la serie seudoaleatoria precedente:

```
00001 11110 00111 11011 00011 11011 11111 10010 00100
01010 11111 00010 01001 11100 00001 10101 01010 11011
01100 01100 00001 01100 11110 11011 10110 10110 11110
11110 10101 11110 01100 10110 11001 11110 11101 11111
00100 1111
```

Ignoramos solamente el germen utilizado, pero pensamos que el mensaje debe comenzar por la palabra «attaque», es decir, por:

```
10000 01111 01001 11010 01100 00111 10001 11101
01110 0101
```

Si fuera el caso, añadiendo esta serie de bits al mensaje, obtenemos el comienzo de la clave. Esta suma da:

10001 10001 01110 00001 01111 11100 01110 01111 01010 0000

El germen utilizado puede encontrarse ahí. Por supuesto, se necesitan varios intentos para encontrarlo. Algunos intentos llevan a probar 10001 en binario, o sea, 17. El segundo término es entonces 285 719, es decir, 10001 01110 00001 0111, lo que corresponde perfectamente. El siguiente es 507 111 939. La clave se convierte en:

10001 10001 01110 00001 01111 11100 01110 01111 01010
00000 011

La correspondencia es perfecta. Continuamos entonces la serie seudoaleatoria por 1 815 247 477, 1 711 656 657, 122 498 987, 1 551 140 683, 1 717 468 248, lo que proporciona la clave:

10001 10001 01110 00001 01111 11100 01110 01111 01010
00000 01111 01100 00110 01001 11101 00111 01011 10011
00000 01011 10011 10110 10001 11101 00110 10010 11111
01010 11101 11000 11101 00100 00111 01001 01111 00110
01011 11001 11110 00101 10

Si lo adicionamos al mensaje cifrado, obtenemos:

10000 01111 01001 11010 01100 00111 10001 11101 01110
01010 10000 01110 01111 10101 11100 10010 00001 01000
01100 00111 10010 11010 01111 00110 10000 00100 00001
10100 01000 00110 10001 10010 11110 10111 10010 11001
01111 0011

Lo que significa «Ataque sobre París a las 4». El conocimiento del sistema de cifrado bastó para que descifremos el mensaje. Una de las fragilidades de la libreta de uso único se sitúa aquí: es indescifrable si se respeta la hipótesis del inicio.

319

---

LO QUE DEBEMOS DESCIFRAR:

## Una libreta de uso único que lleva bien su nombre

Nuestros servicios de información supieron que el adversario privilegiaba una libreta de uso único y generaba su clave de la manera siguiente: toma la hora en segundos como germen, luego multiplica el número obtenido por 425 612, añade 91 787, y guarda el resto de la división por 2 265 536 135. Recomienza así tantas veces como necesites para obtener una clave binaria de la longitud del mensaje. Este se codifica en primer lugar con el código en ASCII sobre siete bits. Interceptamos el siguiente comunicado:

```
00110 11111 01011 01100 00111 11101 11000 10001
11111 10110 00101 01101 00100 01000 01010 11011
01000 01100 11111 11010 11011 10101 00111 01110
00110 10111 00111 01001 10010 10111 11010 11010
10110 00011 10011 10000 11111 10100 10001 01001
10101 00100 00100 11001 01101 10110 00110 00110
01101 00110 10101 00010 01011 10101 11100 11101
11001 11111 11010 01111 11101 11001 01001 00001
11111 01101 00000 11001 00000 01011 00010 01101
10110 10010 01110 11000 01001 00100 00011 11001
01110 10000 00101 00010 00110 00100 10010 01011
01111 10011 00100 01101 11011 01100 10111 10011
10111 01100 00000 00101 01111 01011 00000 000
```

Pensamos que comienza por «Del alto mando general» ¿Sabrías descifrarlo?

## El wifi y los móviles

La palabra «Wi Fi» se eligió por sus creadores para sonar como «Hi-Fi» y solo después tomó el sentido de *wireless fidelity*. Su seguridad está proporcionada por una clave llamada WEP (Wired Equivalent Privacy). Esta palabra significa que la confidencialidad obtenida es equivalente a la de una red con cable; lo que, por supuesto, es falso. Debes entrar laboriosamente esta clave WEP en tu computadora. Se trata de una serie de 128 bits, pero el sistema te exige introducir 26 cifras hexadecimales (las cifras del sistema de base 16), como 9A8356D713058F4569C54039A0. Entonces, cada cifra corresponde a cuatro bits según el cuadro propuesto aquí abajo:

| 0 | 1 | 2 | 3 | 4 | 5 | 6 | 7 |
|------|------|------|-------|------|------|------|------|
| 0000 | 0001 | 0010 | 00011 | 0100 | 0101 | 0110 | 0111 |
| | | | | | | | |
| 8 | 9 | A | B | C | D | E | F |
| 1000 | 1001 | 1010 | 1011 | 1100 | 1101 | 1110 | 1111 |

Significado de las cifras hexadecimales, es decir, de las cifras del sistema de base 16. Además de las cifras usuales, este sistema utiliza las cifras A, B, C, D, E y F, que representan 10, 11, 12, 13, 14 y 15.

Puesto que cada cifra hexadecimal representa cuatro bits, nuestra clave corresponde aquí a:

1001 1010 1000 0011 0101 0110 1101 0111 0001 0011 0000
0101 1000 1111 0100 0101 0110 1001 1100 0101 0100 0000
0011 1001 1010 0000

La clave de 26 cifras representa entonces 26 x 4, es decir, 104 bits. Las otras 24 son ajustadas por el sistema. Ese añadido sirve en el momento de la inicialización y evita que la clave sea siempre la misma. Esta clave va junto con un algoritmo de cifrado llamado RC4, creado por un criptólogo estadounidense que encontraremos cuando estudiemos el sistema RSA, porque se trata de uno de sus inventores: Ronald Rivest.

RC significa Rivest Cypher («cifrado de Rivest»). RC4 es una libreta de uso único seudoaleatoria como la que acabamos de ver. Con el material adecuado, es descifrable en, aproximadamente, dos minutos. No ofrece más que una seguridad ilusoria. RC4 también se utiliza en el sistema WPA, otro de los sistemas de criptografía sobre los que se apoya el wifi. Si deseas aplicar un algoritmo aún seguro actualmente, hay que volverse hacia el sistema WPA-2, cuyo núcleo es el algoritmo AES, que será evocado más adelante.

Las comunicaciones de los teléfonos móviles GSM (Global System for Mobile Communications) están cifrados de manera comparable por un algoritmo que lleva el nombre de A5/1. Para cada llamada, se envía una clave de 64 bits. Combinada a la clave que contiene la tarjeta SIM del teléfono, sirve como germen a una serie de números seudoaleatorios de 228 bits cada uno, cuyos detalles en teoría pueden ser secretos, así que no los daremos aquí.

Aquel que quiera procurárselos, no tendrá ninguna dificultad porque se les encuentra en internet.

Actualmente, una comunicación puede ser descifrada en tiempo real si dura al menos dos minutos. Para eso, hay que disponer de informaciones y del equipamiento necesarios, y conseguir captar la conversación. A pesar de todo, es muy probable que el algoritmo del cifrado sea modificado de aquí algunos años o, al menos, así lo esperamos.

## ¿Series verdaderamente aleatorias?

El defecto de las series seudoaleatorias está fundado en los procesos deterministas. Para evitar el tipo de descifre que acabamos de examinar, es necesario inyectar el máximo de verdadero azar en la construcción de la serie, no solamente en el germen. Para eso, se puede intentar la hora en segundos, el tiempo de acceso al disco duro, el ruido creado por un micro que registra el viento, etcétera. A cada etapa de la serie, introducimos entonces un avatar de ese tipo. Por ello, se comprende que es difícil determinar la clave.

Otra fragilidad de la libreta de uso único es la transferencia de esta clave. Ciertamente, las embajadas utilizan la valija diplomática para transmitir sus informaciones confidenciales, mientras sucede que los ejércitos e incluso algunas empresas recurren puntualmente a procedimientos comparables. Por el contrario, el método es impracticable para operaciones a gran escala o rutinarias. Para el comercio por internet, por ejemplo, que exige millones de comunicaciones por segundo, se apela a otros tipos de cifrado (ver el capítulo 13). Sin embargo, una nueva técnica, la critptografía cuántica, asegura la transferencia segura de las claves, aunque todavía está limitada a la distancia.

## Maravillas cuánticas

La criptografía cuántica se funda en las propiedades a la vez extrañas y fascinantes de la física cuántica. Extrañas porque, en esta disciplina, ¡la observación modifica el objeto observado!

Imaginemos que codificamos un mensaje con ayuda de partículas elementales de luz, los fotones. Cada fotón puede ser polarizado, es decir que se le puede imponer una dirección a su campo eléctrico. Esta polarización puede ser aleatoria, como en el caso de un foco de filamentos, pero también puede imponerse. Como se advierte, desplazando la polarización entre dos direcciones, ¡es posible transmitir comunicados binarios! En este caso, si por casualidad un espía intercepta algunos de los fotones, la polarización de estos será modificada y lo descubriremos a la recepción. La criptografía cuántica encarna un poco el Grial de cualquier criptólogo: sabemos de inmediato que el mensaje ha sido escuchado.

En 1984, dos investigadores canadienses, Charles Bennett y Gilles Brassard, pusieron en marcha esta idea con fotones polarizados a 0°, 45°, 90° y 135°. Las dos primeras polarizaciones representan el bit 0, las otras, 1, y viceversa. Los interlocutores (emisor y receptor) disponen de dos enlaces: una fibra óptica y un enlace radio. Para la fibra, el emisor envía una serie de fotones polarizados aleatoriamente. El receptor los hace pasar a través de un filtro polarizado, orientado aleatoriamente a 01 (rectilíneo) o 45° (diagonal), detrás del cual está situado un detector de fotones. Si el filtro es rectilíneo, un fotón orientado a 0° lo atraviesa, es detectado. Un fotón orientado a 90° es detenido. Por el contrario, un fotón orientado a 45° o 135° atraviesa el filtro con una probabilidad de 0.5.

Así, se puede distinguir entre un fotón a 0 o 90°, pero no entre fotones de 45° o 135°. De la misma forma, un filtro diagonal discrimina los fotones a 45° de los de 135°, pero no aquellos de 0° y de 90°. El receptor anota 0 si el fotón atraviesa y 1, de lo contrario. Para eliminar los casos de incertidumbre, da la orientación de su filtro a la recepción (diagonal o rectilínea). Si difiere del de la emisión, el bit enviado es incierto, o sea que se suprime. La clave transmitida es la serie de bits que se conservan:

| Emisión | 0° | 45° | 90° | 45° | 0° | 135° | 90° | 0° |
|---|---|---|---|---|---|---|---|---|
| Bit enviado | 0 | 0 | 1 | 0 | 0 | 1 | 1 | 0 |
| Filtro recepción | diag | diag | rect | diag | rect | rect | rect | diag |
| ¿Atraviesa? | no | si | no | si | si | no | no | no |
| Bit recibido | 1 | 0 | 1 | 0 | 0 | 1 | 1 | 1 |
| Clave | X | 0 | 1 | 0 | 0 | X | 1 | X |

Serie de emisiones de fotones, recepción y clave obtenida.

En caso de que se intercepte la comunicación, un espía debe emitir los fotones correctamente hacia el receptor. Para eso, debe proceder como el receptor, luego volver a emitir. Puesto que hay una posibilidad entre dos de haber elegido el mal filtro, la mitad de los fotones vueltos a emitir serán falsos. El método autoriza una transmisión segura de las claves del cifrado de Vernam o de cualquier otro sistema criptográfico. Asegura también la creación de claves verdaderamente aleatorias.

La criptografía cuántica se ha convertido en una realidad desde esta primera traducción experimental. Actualmente, abandonó el terreno de la búsqueda fundamental para alcanzar la del desarrollo y la comercialización. Sin embargo, rapidez y distancia de transferencia siguen siendo limitadas: un millar de bits por segundo, para una distancia máxima de 300 kilómetros. En 2017, los chinos consiguieron comunicar incluso entre la Tierra y un satélite a una distancia de 1 200 kilómetros. Las dificultades siguen siendo numerosas y, como siempre en el terreno del secreto, es difícil conocer todos los resultados de las investigaciones que se llevan a cabo.

## Las sutilezas del cifrado DES

El cifrado del tipo de libreta de uso único, que ya analizamos, funciona por flujo continuo. Para ser seguro, exige una clave aleatoria tan larga como el mensaje, lo que puede ser ilusorio. Un método más sólido consiste en cortar el mensaje en bloques, de 64 bits en general, y tratar cada bloque independientemente. Corresponde a una adaptación del supercifrado que ya vimos en la época de la Primera Guerra Mundial. La idea general es relativamente clásica. Se efectúa, en primer lugar, una permutación sobre el bloque, luego sustituciones de tipo Vigenère mezcladas con otras permutaciones, y se recomienza un mayor o menor número de veces según los métodos. Son numerosas, aunque todas son de naturaleza comparable. Por ello, nos contentaremos con estudiar una de ellas: el cifrado DES.

Cuando, en mayo de 1973, el National Bureau of Standards lanzó una licitación para un sistema de cifrado, IBM propuso su cifrado llamado Lucifer, un procedimiento de una complejidad infernal creado por Horst Feistel y que únicamente podía manipular una computadora. Indudablemente por esta razón, ganó el concurso y fue modificado para convertirse en el código DES (Data Encryption Standard, «código standard de datos»). Este cifrado corta primero el mensaje en bloques de 64 bits, para cifrarlos gracias a una clave de 64 bits igualmente, manipulada de manera sutil.

## CÓDIGOS DETECTORES DE ERRORES

En la era digital, los mensajes transmitidos son largas series de bits. ¿Cómo verificar que llegan intactos? El método clásico es añadir bits de paridad a cada grupo de 7, de manera que la suma de los ocho bits así formados sean pares. Si se comete un único error de transmisión sobre esos 8 bits, serán automáticamente detectados. Habrá que volver a la transmisión de ese grupo defectuoso. Así, a 01110101, se añadirá 0 para formar 01101010. Si un solo bit se modifica, sabemos que se ha producido un error. Por ejemplo, 01100111 contiene un error porque su suma es 5, que es impar. Este código se llama código detector de errores. Existen también códigos que permiten corregir automáticamente los errores.

## Generación de claves

Los 64 bits de la clave contienen 8 bits llamados de control, para evitar los errores de transmisión (ver el recuadro aquí arriba). Esos bits suplementarios ocupan las posiciones 8, 16, 24, etc., y tienen la paridad de la suma de los 7 bits que los preceden. Por ejemplo, si los 7 primeros bits de la clave secreta son 0011010, el octavo es 1 para que haya un número par de 1. Esta clave de 64 bits genera 16 claves de 48 bits utilizados en las fases del algoritmo llamadas redondas. Para crear esas 16 claves, los bits de control se suprimen y los otros se permutan (ver figura siguiente) según un procedimiento adaptado a la aplicación con computadora. Lo mostramos aquí para insistir sobre este hecho: este método es totalmente inadaptado a su utilización por un ser humano, incluso para alguien obsesionado con las cifras. No intentes hacerlo. Te doy estos detalles para mostrar el tipo de cálculos efectuados: sustituciones y transposiciones, como en 1914, pero imposibles de ejecutar a mano.

| 1 | 2 | 3 | 4 | 5 | 6 | 7 | 8 |
|---|---|---|---|---|---|---|---|
| 9 | 10 | 11 | 12 | 13 | 14 | 15 | 16 |
| 17 | 18 | 19 | 20 | 21 | 22 | 23 | 24 |
| 25 | 26 | 27 | 28 | 29 | 30 | 31 | 32 |
| 33 | 34 | 35 | 36 | 37 | 38 | 39 | 40 |
| 41 | 42 | 43 | 44 | 45 | 46 | 47 | 48 |
| 49 | 50 | 51 | 52 | 53 | 54 | 55 | 56 |
| 57 | 58 | 59 | 60 | 61 | 62 | 63 | 64 |

| 57 | 49 | 41 | 33 | 25 | 17 | 9 |
|---|---|---|---|---|---|---|
| 1 | 58 | 50 | 42 | 34 | 26 | 18 |
| 10 | 2 | 59 | 51 | 43 | 35 | 27 |
| 19 | 11 | 3 | 60 | 52 | 44 | 36 |
| 63 | 55 | 47 | 39 | 31 | 23 | 15 |
| 7 | 62 | 54 | 46 | 38 | 30 | 22 |
| 14 | 6 | 61 | 53 | 45 | 37 | 29 |
| 21 | 13 | 5 | 28 | 20 | 12 | 4 |

Primera permutación de la clave. Los bits de control, cuyas posiciones son múltiples de 8 se suprimen.

Por ejemplo, si nuestra clave al comenzar es:

00010010 11000101 01010110 01111000 10011010
10111101 11011110 11110000

Donde hemos agrupado los bits por 8 para corresponder con el cuadro precedente, el mejor procedimiento para efectuar la permutación a mano es rellenar un cuadro cuya primera línea está compuesta de números del 1 al 64, la segunda de bits de la clave de comienzo y la línea siguiente de bits reordenados según el cuadro de la permutación. Después de un cálculo penoso, la primera permutación da:

1111001 0110011 1010101 0001111 0101010 1011001
1001111 0001101.

| 1 | 2 | 3 | 4 | 5 | 6 | 7 | 8 | 9 | 10 | 11 | 12 | 13 | 14 | 15 | 16 |
|---|---|---|---|---|---|---|---|---|---|---|---|---|---|---|---|
| 0 | 0 | 0 | 1 | 0 | 0 | 1 | 0 | 1 | 1 | 0 | 0 | 0 | 1 | 0 | 1 |
| 1 | 1 | 1 | 1 | 0 | 0 | 1 | 0 | 1 | 1 | 0 | 0 | 1 | 1 | 1 | 0 |

| 17 | 18 | 19 | 20 | 21 | 22 | 23 | 24 | 25 | 26 | 27 | 28 | 29 | 30 | 31 | 32 |
|---|---|---|---|---|---|---|---|---|---|---|---|---|---|---|---|
| 0 | 1 | 0 | 1 | 0 | 1 | 1 | 0 | 0 | 1 | 1 | 1 | 1 | 0 | 0 | 0 |
| 1 | 0 | 1 | 0 | 1 | 0 | 0 | 0 | 1 | 1 | 1 | 1 | 0 | 1 | 0 | 1 |

| 33 | 34 | 35 | 36 | 37 | 38 | 39 | 40 | 41 | 42 | 43 | 44 | 45 | 46 | 47 | 48 |
|---|---|---|---|---|---|---|---|---|---|---|---|---|---|---|---|
| 1 | 0 | 0 | 1 | 1 | 0 | 1 | 0 | 1 | 0 | 1 | 1 | 1 | 1 | 0 | 1 |
| 0 | 1 | 0 | 1 | 0 | 1 | 1 | 0 | 0 | 1 | 1 | 0 | 0 | 1 | 1 | 1 |

| 49 | 50 | 51 | 52 | 53 | 54 | 55 | 56 | 57 | 58 | 59 | 60 | 61 | 62 | 63 | 64 |
|---|---|---|---|---|---|---|---|---|---|---|---|---|---|---|---|
| 1 | 1 | 0 | 1 | 1 | 1 | 1 | 0 | 1 | 1 | 1 | 1 | 0 | 0 | 0 | 0 |
| 1 | 0 | 0 | 0 | 1 | 1 | 0 | 1 |  |  |  |  |  |  |  |  |

Transformación de la clave por la primera permutación. En primera línea, leemos los números en bits, en la segunda, los bits de nuestro ejemplo y en la tercera línea, el bit permutado. Por lo tanto, en primera posición encontramos el bit en posición 57, etcétera.

Por ello, los bits quedan repartidos en la parte izquierda y la parte derecha, en este caso: 1111001 0110011 1010101 0001111 et 0101010 1011001 1001111 0001101

Sufren cada uno un desplazamiento de un nivel hacia la izquierda en las etapas 1, 2, 9, 16, y de dos niveles en las otras etapas.

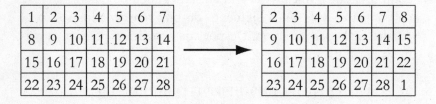

Desplazamiento de un nivel hacia la izquierda de un bloque de 28 bits.

Entonces, obtenemos:

1110010 1100111 0101010 0011111 et 1010101 0110011 0011110 0011010

Esos dos bloques se reagrupan luego para formar un bloque de 56 bits, en este caso: 1110010 1100111 0101010 0011111

1010101 0110011 0011110 0011010, que sufre una permutación para formar la clave de 48 bits anunciada.

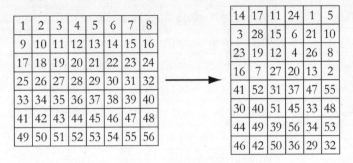

Segunda permutación de la clave.

De la misma manera, un cálculo en el cuadro permite efectuar esta permutación:

| 1 | 2 | 3 | 4 | 5 | 6 | 7 | 8 | 9 | 10 | 11 | 12 | 13 | 14 | 15 | 16 |
|---|---|---|---|---|---|---|---|---|----|----|----|----|----|----|----|
| 1 | 1 | 1 | 0 | 0 | 1 | 0 | 1 | 1 | 0 | 0 | 1 | 1 | 1 | 0 | 1 |
| 1 | 0 | 0 | 1 | 1 | 0 | 1 | 1 | 0 | 1 | 0 | 0 | 0 | 0 | 1 | 0 |

| 17 | 18 | 19 | 20 | 21 | 22 | 23 | 24 | 25 | 26 | 27 | 28 | 29 | 30 | 31 | 32 |
|----|----|----|----|----|----|----|----|----|----|----|----|----|----|----|----|
| 0 | 1 | 0 | 1 | 0 | 0 | 0 | 1 | 1 | 1 | 1 | 1 | 1 | 0 | 1 | 0 |
| 1 | 1 | 1 | 0 | 1 | 1 | 1 | 1 | 1 | 1 | 1 | 1 | 1 | 1 | 0 | 0 |

| 33 | 34 | 35 | 36 | 37 | 38 | 39 | 40 | 41 | 42 | 43 | 44 | 45 | 46 | 47 | 48 |
|----|----|----|----|----|----|----|----|----|----|----|----|----|----|----|----|
| 1 | 0 | 1 | 0 | 1 | 1 | 0 | 0 | 1 | 1 | 0 | 0 | 1 | 1 | 1 | 1 |
| 0 | 1 | 1 | 1 | 0 | 0 | 0 | 0 | 0 | 1 | 1 | 1 | 0 | 0 | 1 | 0 |

| 49 | 50 | 51 | 52 | 53 | 54 | 55 | 56 |
|----|----|----|----|----|----|----|----|
| 0 | 0 | 0 | 1 | 1 | 0 | 1 | 0 |

Transformación de la clave por la segunda permutación. En primera posición, encontramos entonces el bit en posición 14, etcétera.

Este algoritmo se reitera dieciséis veces para procurar las 16 claves necesarias a las rondas:

| Clave 1 | 100110 110100 001011 101111 111111 000111 000001 110010 |
|---|---|
| Clave 2 | 011111 011000 111011 011011 110110 111100 100110 100101 |
| Clave 3 | 011101 111111 100010 001010 010000 100100 111110 011001 |
| Clave 4 | 001110 101010 110111 010110 110110 110011 000100 011101 |
| Clave 5 | 011111 000110 110000 011111 111000 110101 001110 101000 |
| Clave 6 | 011001 111010 010100 111100 010100 000011 101100 101111 |
| Clave 7 | 110011 101000 110010 110111 111101 100001 100010 111100 |
| Clave 8 | 111111 111010 101000 111010 010000 010011 101111 111011 |
| Clave 9 | 111000 011101 101110 101111 111011 001110 011110 000001 |
| Clave 10 | 101100 011011 001111 000111 101110 100100 011001 001111 |
| Clave 11 | 001100 010101 111011 110011 110111 101101 001110 000010 |
| Clave 12 | 111101 010111 000111 110100 100101 000110 011101 101001 |
| Clave 13 | 100101 101100 011111 010101 111110 101011 101001 000000 |
| Clave 14 | 010111 110101 001100 110111 111100 001110 011100 111010 |
| Clave 15 | 101011 111001 000111 101101 001111 010011 111000 001010 |
| Clave 16 | 110010 111011 010110 011011 000010 100001 011111 110101 |

Las claves para las 16 rondas.

## Permutación inicial

A partir de esas 16 claves, el algoritmo DES opera sobre los bloques de 64 bits, que representamos aquí en un cuadrado de lado 8 para simplificar. El bloque sufre primero una permutación que se puede visualizar geométricamente como antes. Una vez más, para un ser humano, sería complicada, o casi imposible de realizar.

Como ejemplo, consideremos el mensaje «attaques» [ataques]. En ASCII sobre 8 bits, propone un bloque de 64 bits, que agrupamos de a ocho para facilitar la lectura:

01100001 01110100 01110100 01100001 01110001
01110101 01100101 01110011

| 1 | 2 | 3 | 4 | 5 | 6 | 7 | 8 |
|---|---|---|---|---|---|---|---|
| 9 | 10 | 11 | 12 | 13 | 14 | 15 | 16 |
| 17 | 18 | 19 | 20 | 21 | 22 | 23 | 24 |
| 25 | 26 | 27 | 28 | 29 | 30 | 31 | 32 |
| 33 | 34 | 35 | 36 | 37 | 38 | 39 | 40 |
| 41 | 42 | 43 | 44 | 45 | 46 | 47 | 48 |
| 49 | 50 | 51 | 52 | 53 | 54 | 55 | 56 |
| 57 | 58 | 59 | 60 | 61 | 62 | 63 | 64 |

| 58 | 50 | 42 | 34 | 26 | 18 | 10 | 2 |
|---|---|---|---|---|---|---|---|
| 60 | 52 | 44 | 36 | 28 | 20 | 12 | 4 |
| 62 | 54 | 46 | 38 | 30 | 22 | 14 | 6 |
| 64 | 56 | 48 | 40 | 32 | 24 | 16 | 8 |
| 57 | 49 | 41 | 33 | 25 | 17 | 9 | 1 |
| 59 | 51 | 43 | 35 | 27 | 19 | 11 | 3 |
| 61 | 53 | 45 | 37 | 29 | 21 | 13 | 5 |
| 63 | 55 | 47 | 39 | 31 | 23 | 15 | 7 |

Permutación inicial. El bit en posición 58 del cuadrado inicial está colocado en primera posición, el de la posición 50 en la segunda, etcétera.

Ese bloque está transformado por la permutación en otro bloque de 64 bits. A mano, este trabajo sería tan fastidioso como sujeto a errores. Se pueden comprender las razones de que tales métodos fueran inaplicables antes de la era informática. Obtenemos:

11111111 10110110 01100110 11111001 00000000
11111111 00000000 10000000

| 1 | 2 | 3 | 4 | 5 | 6 | 7 | 8 | 9 | 10 | 11 | 12 | 13 | 14 | 15 | 16 |
|---|---|---|---|---|---|---|---|---|---|---|---|---|---|---|---|
| 0 | 1 | 1 | 0 | 0 | 0 | 0 | 1 | 0 | 1 | 1 | 1 | 0 | 1 | 0 | 0 |
| 1 | 1 | 1 | 1 | 1 | 1 | 1 | 1 | 1 | 0 | 1 | 1 | 0 | 1 | 1 | 0 |

| 17 | 18 | 19 | 20 | 21 | 22 | 23 | 24 | 25 | 26 | 27 | 28 | 29 | 30 | 31 | 32 |
|---|---|---|---|---|---|---|---|---|---|---|---|---|---|---|---|
| 0 | 1 | 1 | 1 | 0 | 1 | 0 | 0 | 0 | 1 | 1 | 0 | 0 | 0 | 0 | 1 |
| 0 | 1 | 1 | 0 | 0 | 1 | 1 | 0 | 1 | 1 | 1 | 1 | 1 | 0 | 0 | 1 |

| 33 | 34 | 35 | 36 | 37 | 38 | 39 | 40 | 41 | 42 | 43 | 44 | 45 | 46 | 47 | 48 |
|---|---|---|---|---|---|---|---|---|---|---|---|---|---|---|---|
| 0 | 1 | 1 | 1 | 0 | 0 | 0 | 1 | 0 | 1 | 1 | 1 | 0 | 1 | 0 | 1 |
| 0 | 0 | 0 | 0 | 0 | 0 | 0 | 0 | 1 | 1 | 1 | 1 | 1 | 1 | 1 | 1 |

| 49 | 50 | 51 | 52 | 53 | 54 | 55 | 56 | 57 | 58 | 59 | 60 | 61 | 62 | 63 | 64 |
|---|---|---|---|---|---|---|---|---|---|---|---|---|---|---|---|
| 0 | 1 | 1 | 0 | 0 | 1 | 0 | 1 | 0 | 1 | 1 | 1 | 0 | 0 | 1 | 1 |
| 0 | 0 | 0 | 0 | 0 | 0 | 0 | 0 | 1 | 0 | 0 | 0 | 0 | 0 | 0 | 0 |

Transformación de un bloque por la permutación inicial.

El bloque es objeto ahora de un tratamiento de 16 rondas; y, cada una, hace intervenir la clave de 48 bits correspondiente determinada aquí arriba.

## Descripción de una ronda

Una ronda parte entonces de un bloque de 64 bits. Los primeros 32 bits forman el bloque de la izquierda y los siguientes, el de la derecha. El bloque de la izquierda, en este caso 11111111 10110110 01100110 11111001, intervendrá al final de la ronda. El bloque de la derecha, aquí 00000000 11111111 00000000 10000000, se extiende a 48 bits para combinarse con la clave. La extensión se realiza según un procedimiento parecido al precedente:

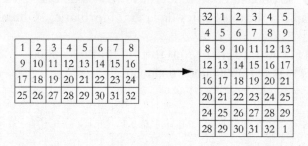

Extensión de medio bloque de la derecha en 48 bits.

De la misma manera que anteriormente, un cuadro permite efectuar esta extensión a mano:

| 1 | 2 | 3 | 4 | 5 | 6 | 7 | 8 | 9 | 10 | 11 | 12 | 13 | 14 | 15 | 16 |
|---|---|---|---|---|---|---|---|---|----|----|----|----|----|----|----|
| 0 | 0 | 0 | 0 | 0 | 0 | 0 | 0 | 1 | 1 | 1 | 1 | 1 | 1 | 1 | 1 |
| 0 | 0 | 0 | 0 | 0 | 0 | 0 | 0 | 0 | 0 | 1 | 0 | 1 | 1 | 1 | 1 |

| 17 | 18 | 19 | 20 | 21 | 22 | 23 | 24 | 25 | 26 | 27 | 28 | 29 | 30 | 31 | 32 |
|----|----|----|----|----|----|----|----|----|----|----|----|----|----|----|----|
| 0 | 0 | 0 | 0 | 0 | 0 | 0 | 0 | 1 | 0 | 0 | 0 | 0 | 0 | 0 | 0 |
| 1 | 1 | 1 | 1 | 1 | 1 | 1 | 0 | 1 | 0 | 0 | 0 | 0 | 0 | 0 | 0 |

| 33 | 34 | 35 | 36 | 37 | 38 | 39 | 40 | 41 | 42 | 43 | 44 | 45 | 46 | 47 | 48 |
|----|----|----|----|----|----|----|----|----|----|----|----|----|----|----|----|
| 0 | 0 | 0 | 1 | 0 | 1 | 0 | 0 | 0 | 0 | 0 | 0 | 0 | 0 | 0 | 0 |

Extensión en nuestro ejemplo.

El bloque de 48 bits obtenido, en este caso 000000 000001 011111 111110 100000 000001 010000 000000, se añade a la clave, aquí 100110 110100 001011 101111 111111 000111 000001 110010, bit a bit, como en la sustitución de Vigenère. Se obtiene: 100110 110101 010100 010001 011111 000110 010001 110010. Luego se subdivide este nuevo bloque en 8 palabras de 6 bits. Cada uno está transformado en una palabra de 3 bits por medio de la «caja de sustitución» que lleva su número de orden, según la regla siguiente.

Para el primer 100110, se utiliza la primera caja a la línea 10 (primer y último bit de 100110), es decir 2, y la columna 0011 (bits medianos de 100110) o sea 3. Se obtiene 8, es decir 1000. Se hace lo mismo con los otros, lo que da: 1000 0111 1100 0100 0110 1111 1110 0110

| $S_1$ | 0 | 1 | 2 | 3 | 4 | 5 | 6 | 7 | 8 | 9 | 10 | 11 | 12 | 13 | 14 | 15 |
|---|---|---|---|---|---|---|---|---|---|---|---|---|---|---|---|---|
| 0 | 14 | 4 | 13 | 1 | 2 | 15 | 11 | 8 | 3 | 10 | 6 | 12 | 5 | 9 | 0 | 7 |
| 1 | 0 | 15 | 7 | 4 | 14 | 2 | 13 | 1 | 10 | 6 | 12 | 11 | 9 | 5 | 3 | 8 |
| 2 | 4 | 1 | 14 | 8 | 13 | 6 | 2 | 11 | 15 | 12 | 9 | 7 | 3 | 10 | 5 | 0 |
| 3 | 15 | 12 | 8 | 2 | 4 | 9 | 1 | 7 | 5 | 11 | 3 | 14 | 10 | 0 | 6 | 13 |

| $S_2$ | 0 | 1 | 2 | 3 | 4 | 5 | 6 | 7 | 8 | 9 | 10 | 11 | 12 | 13 | 14 | 15 |
|---|---|---|---|---|---|---|---|---|---|---|---|---|---|---|---|---|
| 0 | 15 | 1 | 8 | 14 | 6 | 11 | 3 | 4 | 9 | 7 | 2 | 13 | 12 | 0 | 5 | 10 |
| 1 | 3 | 13 | 4 | 7 | 15 | 2 | 8 | 14 | 12 | 0 | 1 | 10 | 6 | 9 | 11 | 5 |
| 2 | 0 | 14 | 7 | 11 | 10 | 4 | 13 | 1 | 5 | 8 | 12 | 6 | 9 | 2 | 5 | 15 |
| 3 | 13 | 8 | 10 | 1 | 3 | 15 | 4 | 2 | 11 | 6 | 7 | 12 | 0 | 5 | 14 | 9 |

| $S_3$ | 0 | 1 | 2 | 3 | 4 | 5 | 6 | 7 | 8 | 9 | 10 | 11 | 12 | 13 | 14 | 15 |
|---|---|---|---|---|---|---|---|---|---|---|---|---|---|---|---|---|
| 0 | 10 | 0 | 9 | 14 | 6 | 3 | 15 | 5 | 1 | 13 | 12 | 7 | 11 | 4 | 2 | 8 |
| 1 | 13 | 7 | 0 | 9 | 3 | 4 | 6 | 10 | 2 | 8 | 5 | 14 | 12 | 11 | 15 | 1 |
| 2 | 13 | 6 | 4 | 9 | 8 | 15 | 3 | 0 | 11 | 1 | 2 | 12 | 5 | 10 | 14 | 7 |
| 3 | 1 | 10 | 13 | 0 | 6 | 9 | 8 | 7 | 4 | 15 | 14 | 3 | 11 | 5 | 2 | 12 |

| $S_4$ | 0 | 1 | 2 | 3 | 4 | 5 | 6 | 7 | 8 | 9 | 10 | 11 | 12 | 13 | 14 | 15 |
|---|---|---|---|---|---|---|---|---|---|---|---|---|---|---|---|---|
| 0 | 7 | 13 | 14 | 3 | 0 | 6 | 9 | 10 | 1 | 2 | 8 | 5 | 11 | 12 | 4 | 15 |
| 1 | 13 | 8 | 11 | 5 | 6 | 15 | 0 | 3 | 4 | 7 | 2 | 12 | 1 | 10 | 14 | 9 |
| 2 | 10 | 6 | 9 | 0 | 12 | 11 | 7 | 13 | 15 | 1 | 3 | 14 | 5 | 2 | 8 | 4 |
| 3 | 3 | 15 | 0 | 6 | 10 | 1 | 13 | 8 | 9 | 4 | 5 | 11 | 12 | 7 | 2 | 14 |

| $S_5$ | 0 | 1 | 2 | 3 | 4 | 5 | 6 | 7 | 8 | 9 | 10 | 11 | 12 | 13 | 14 | 15 |
|---|---|---|---|---|---|---|---|---|---|---|---|---|---|---|---|---|
| 0 | 2 | 12 | 4 | 1 | 7 | 10 | 11 | 6 | 8 | 5 | 3 | 15 | 13 | 0 | 14 | 9 |
| 1 | 14 | 11 | 2 | 12 | 4 | 7 | 13 | 1 | 5 | 0 | 15 | 10 | 3 | 9 | 8 | 6 |
| 2 | 4 | 2 | 1 | 11 | 10 | 13 | 7 | 8 | 15 | 9 | 12 | 5 | 6 | 3 | 0 | 14 |
| 3 | 11 | 8 | 12 | 7 | 1 | 14 | 2 | 13 | 6 | 15 | 0 | 9 | 10 | 4 | 5 | 3 |

| $S_6$ | 0 | 1 | 2 | 3 | 4 | 5 | 6 | 7 | 8 | 9 | 10 | 11 | 12 | 13 | 14 | 15 |
|---|---|---|---|---|---|---|---|---|---|---|---|---|---|---|---|---|
| 0 | 12 | 1 | 10 | 15 | 9 | 2 | 6 | 8 | 0 | 13 | 3 | 4 | 14 | 7 | 5 | 11 |
| 1 | 10 | 15 | 4 | 2 | 7 | 12 | 9 | 5 | 6 | 1 | 13 | 14 | 0 | 11 | 3 | 8 |
| 2 | 6 | 14 | 15 | 5 | 2 | 8 | 12 | 3 | 7 | 0 | 4 | 10 | 1 | 13 | 11 | 6 |
| 3 | 4 | 3 | 2 | 12 | 9 | 5 | 15 | 10 | 11 | 14 | 1 | 7 | 6 | 0 | 8 | 13 |

| $S_7$ | 0 | 1 | 2 | 3 | 4 | 5 | 6 | 7 | 8 | 9 | 10 | 11 | 12 | 13 | 14 | 15 |
|---|---|---|---|---|---|---|---|---|---|---|---|---|---|---|---|---|
| 0 | 4 | 11 | 2 | 14 | 15 | 0 | 8 | 13 | 3 | 12 | 9 | 7 | 5 | 10 | 6 | 1 |
| 1 | 13 | 0 | 11 | 7 | 4 | 9 | 1 | 10 | 14 | 3 | 5 | 12 | 2 | 15 | 8 | 6 |
| 2 | 1 | 4 | 11 | 13 | 12 | 3 | 7 | 14 | 10 | 15 | 6 | 8 | 0 | 5 | 9 | 2 |
| 3 | 6 | 11 | 13 | 8 | 1 | 4 | 10 | 7 | 9 | 5 | 0 | 15 | 14 | 2 | 3 | 12 |

| $S_8$ | 0 | 1 | 2 | 3 | 4 | 5 | 6 | 7 | 8 | 9 | 10 | 11 | 12 | 13 | 14 | 15 |
|---|---|---|---|---|---|---|---|---|---|---|---|---|---|---|---|---|
| 0 | 13 | 2 | 8 | 4 | 6 | 15 | 11 | 1 | 10 | 9 | 3 | 14 | 5 | 0 | 12 | 7 |
| 1 | 1 | 15 | 13 | 8 | 10 | 3 | 7 | 4 | 12 | 5 | 6 | 11 | 0 | 14 | 9 | 2 |
| 2 | 7 | 11 | 4 | 1 | 9 | 12 | 14 | 2 | 0 | 6 | 10 | 13 | 15 | 3 | 5 | 8 |
| 3 | 2 | 1 | 14 | 7 | 4 | 10 | 8 | 13 | 15 | 12 | 9 | 0 | 3 | 5 | 6 | 11 |

Cajas de sustitución. Permiten transformar una palabra de 6 bits en una palabra de 4. Como, por ejemplo, 111001. El primer y el último bit puestos juntos dan 11, o sea 3 en decimal, que propone la línea que hay que utilizar en el cuadro, los otros dan 1100, o sea 12 en decimal, lo que propone la columna. Aquí obtenemos 14 en la primera caja, es decir, 1110 en binario, y 3 en la octava, o sea 0011.

Obtenemos ocho palabras de 4 bits, es decir, una palabra de 32 bits poniéndolos todos juntos, en este caso: 1000 0111 1100 0100 0110 1111 1110 0110. Esta palabra sufre entonces una permutación:

| 1 | 2 | 3 | 4 | 5 | 6 | 7 | 8 |
|---|---|---|---|---|---|---|---|
| 9 | 10 | 11 | 12 | 13 | 14 | 15 | 16 |
| 17 | 18 | 19 | 20 | 21 | 22 | 23 | 24 |
| 25 | 26 | 27 | 28 | 29 | 30 | 31 | 32 |

| 16 | 7 | 20 | 21 | 29 | 12 | 28 | 17 |
|---|---|---|---|---|---|---|---|
| 1 | 15 | 23 | 26 | 5 | 18 | 31 | 10 |
| 2 | 8 | 24 | 14 | 32 | 27 | 3 | 9 |
| 19 | 13 | 30 | 6 | 22 | 11 | 4 | 25 |

Permutación de una palabra de 32 bits.

Esta permutación puede aplicarse nuevamente con ayuda de un cuadro:

| 1 | 2 | 3 | 4 | 5 | 6 | 7 | 8 | 9 | 10 | 11 | 12 | 13 | 14 | 15 | 16 |
|---|---|---|---|---|---|---|---|---|---|---|---|---|---|---|---|
| 1 | 0 | 0 | 0 | 0 | 1 | 1 | 1 | 1 | 1 | 0 | 0 | 0 | 1 | 0 | 0 |
| 0 | 1 | 0 | 1 | 0 | 0 | 0 | 0 | 1 | 0 | 1 | 1 | 0 | 1 | 1 | 1 |

| 17 | 18 | 19 | 20 | 21 | 22 | 23 | 24 | 25 | 26 | 27 | 28 | 29 | 30 | 31 | 32 |
|---|---|---|---|---|---|---|---|---|---|---|---|---|---|---|---|
| 0 | 1 | 1 | 0 | 1 | 1 | 1 | 1 | 1 | 1 | 1 | 0 | 0 | 1 | 1 | 0 |
| 0 | 1 | 1 | 1 | 0 | 1 | 0 | 1 | 1 | 0 | 1 | 1 | 1 | 0 | 0 | 1 |

Permutación de la palabra de 32 bits de nuestro ejemplo.

Para terminar la ronda, se adiciona bit a bit la parte izquierda del bloque del comienzo, en este caso 11111111 10110110 01100110 11111001, a la palabra de 32 bits, que resulta de esta última permutación, aquí: 01010000 10110111 01110101 10111001. Al final, se obtiene: 10101111 00000001 00010011 01000000.

## El conjunto de las rondas

Se efectúan así 16 rondas, y cada una implica una clave de 48 bits. Se termina el cifrado del bloque efectuando una permutación inversa a la permutación inicial:

| 1 | 2 | 3 | 4 | 5 | 6 | 7 | 8 |
|---|---|---|---|---|---|---|---|
| 9 | 10 | 11 | 12 | 13 | 14 | 15 | 16 |
| 17 | 18 | 19 | 20 | 21 | 22 | 23 | 24 |
| 25 | 26 | 27 | 28 | 29 | 30 | 31 | 32 |
| 33 | 34 | 35 | 36 | 37 | 38 | 39 | 40 |
| 41 | 42 | 43 | 44 | 45 | 46 | 47 | 48 |
| 49 | 50 | 51 | 52 | 53 | 54 | 55 | 56 |
| 57 | 58 | 59 | 60 | 61 | 62 | 63 | 64 |

| 58 | 50 | 42 | 34 | 26 | 18 | 10 | 2 |
|---|---|---|---|---|---|---|---|
| 60 | 52 | 44 | 36 | 28 | 20 | 12 | 4 |
| 62 | 54 | 46 | 38 | 30 | 22 | 14 | 6 |
| 64 | 56 | 48 | 40 | 32 | 24 | 16 | 8 |
| 57 | 49 | 41 | 33 | 25 | 17 | 9 | 1 |
| 59 | 51 | 43 | 35 | 27 | 19 | 11 | 3 |
| 61 | 53 | 45 | 37 | 29 | 21 | 13 | 5 |
| 63 | 55 | 47 | 39 | 31 | 23 | 15 | 7 |

| 40 | 8 | 48 | 16 | 56 | 24 | 64 | 32 |
|---|---|---|---|---|---|---|---|
| 39 | 7 | 47 | 15 | 55 | 23 | 63 | 31 |
| 38 | 6 | 46 | 14 | 54 | 22 | 62 | 30 |
| 37 | 5 | 45 | 13 | 53 | 21 | 61 | 29 |
| 36 | 4 | 44 | 12 | 52 | 20 | 60 | 28 |
| 35 | 3 | 43 | 11 | 51 | 19 | 59 | 27 |
| 34 | 2 | 42 | 10 | 50 | 18 | 58 | 26 |
| 33 | 1 | 41 | 9 | 49 | 17 | 57 | 25 |

| 1 | 2 | 3 | 4 | 5 | 6 | 7 | 8 |
|---|---|---|---|---|---|---|---|
| 9 | 10 | 11 | 12 | 13 | 14 | 15 | 16 |
| 17 | 18 | 19 | 20 | 21 | 22 | 23 | 24 |
| 25 | 26 | 27 | 28 | 29 | 30 | 31 | 32 |
| 33 | 34 | 35 | 36 | 37 | 38 | 39 | 40 |
| 41 | 42 | 43 | 44 | 45 | 46 | 47 | 48 |
| 49 | 50 | 51 | 52 | 53 | 54 | 55 | 56 |
| 57 | 58 | 59 | 60 | 61 | 62 | 63 | 64 |

Permutación inicial y su inversa. Para calcularla, se identifica donde se encuentra el bit 1 en la permutación inicial (parte derecha), y se anota el número del bit en la parte izquierda. Se encuentra 40, que se anota en primer lugar, y así sucesivamente.

Se obtiene: 11100110 00001000 01011100 01011110 01010001 11001011 00100111 00011001.

## Fragilidad del DES

Como acabamos de ver, no hay ningún misterio sobre el algoritmo del cifrado DES, como es perfectamente conocido. Desde este punto de vista, responde estrictamente al criterio de Kerckhoffs: su seguridad no depende más que de la clave de 56 bits que intercambian el remitente y destinatario del mensaje. Una clave de 56 bits puede asumir 256 valores distintos. A pesar de la enormidad del número que se escribe 72.057.594.037.927.936 en decimal, podemos imaginar atacar un mensaje cifrado de manera frontal e intentar todas las claves posibles una tras otra. Entonces, se habla de búsqueda exhaustiva o de ataque por la fuerza bruta.

Por supuesto, el examen debe poder hacerse automáticamente, lo que depende del tipo de contenido del mensaje. Si se trata de un texto francés traducido en código ASCII en 8 bits, el índice de coincidencia y los cálculos de frecuencias permiten reconocer de manera automática si la clave es la correcta. En promedio, hacen falta $2^{55}$ intentos para descifrar el mensaje, puesto que el descubrimiento de la clave puede producirse en cualquier momento entre el primero y el último intento (el número $2^{56}$). Este número es colosal, pero, actualmente, una simple computadora de despacho analiza varios millones de claves por segundo. Una computadora no puede romper solo un mensaje (harían falta varias centenas de años para eso), pero miles de computadoras en red pueden conseguirlo en algunas semanas, incluso en algunos días.

Esta posibilidad llevó a algunos servicios de inteligencia como la NSA o, al contrario, a las ONG preocupadas por las libertades como la EFF (Electronic Frontier Foundation) a fabricar especialmente una máquina únicamente para mostrar que el algoritmo DES no ofrecía la seguridad requerida. Por ejemplo, la máquina Deep Crack de EFF, que había costado menos de 200 000 dólares al final de los años 1990, podía descifrar un mensaje en cuatro días. Por esta razón, el algoritmo DES fue abandonado completamente a comienzos de la década de 2000. Sin embargo, se sigue utilizando para algunas aplicaciones, como el criptado de las cadenas de televisión, que cambian su clave regularmente.

En 1993, el criptólogo japonés Mitsuru Matsui, investigador de Mitsubishi Electric, encontró un ataque teóricamente más rápido que el método exhaustivo para romper DES, pero exige utilizar $2^{43}$ parejas claro/cifrado con la misma clave, lo que lo hace casi imposible en la práctica: ¿quién enviaría tal cantidad de mensajes? El método de Matsui pasa por la resolución de ecuaciones lineales verificadas por la clave, por eso se inscribe en subdisciplinas de la criptología llamadas criptoanálisis lineal.

## El triple DES y el AES

Para paliar esta fragilidad del DES, se pensó en triplicarlo (es decir, aplicarlo tres veces) recurriendo a dos o tres claves DES, lo que lo pone a cubierto de los ataques exhaustivos, como el que acabamos de ver. Sin embargo, la lentitud del algoritmo dejó su lugar a un nuevo algoritmo: el AES (Advanced Encryption Standard o «norma de cifrado avanzado»). Este opera sobre los bloques de 128 bits con una clave de 128 bits. Por el momento está al amparo de una búsqueda exhaustiva. Aunque está basado en principios similares al código DES, da un algoritmo más rápido. No lo desarrollaremos aquí, pero sus detalles figuran en internet. A menos de cometer un error durante el protocolo, puede considerarse seguro. Existen muchas otras alternativas del mismo tipo (que DES y AES) entre las que se cuenta el algoritmo IDEA (International Data Encryption Algorithm), que se ha vuelto de uso corriente y sirve de fundamento a algunos software de mensajería cifrada.

Vemos que, incluso si son imposibles de ejecutar a mano, los cifrados por bloques son los herederos de los cifrados históricos, los de las dos guerras mundiales e incluso del Renacimiento. Hoy se habla de cifrados simétricos, en oposición a los cifrados asimétricos inventados en los años 1970 que estudiaremos precisamente en el capítulo siguiente.

# 13

# LA MAGIA DE LOS CIFRADOS ASIMÉTRICOS

En todos los cifrados o códigos que hemos visto hasta ahora, saber codificar implica saber descodificar. Si, por ejemplo, sabemos que un texto fue cifrado por un desplazamiento de tres letras, para descifrarlo basta con desplazar el mensaje de tres letras en el otro sentido. Cifrado y descifrado son simétricos.

Por esa razón, este tipo de cifrado se llama de clave simétrica, o incluso de clave secreta: el conocimiento de esa clave basta para descifrarlo. Parece extraño que pudiera ser de otra manera. Sin embargo, existen cifrados en los que saber cifrar no implica que se sepa descifrar. Esos cifrados se llaman de clave asimétrica. Son muy útiles para los intercambios de claves o los negocios en internet.

Veamos el uso de las tarjetas bancarias. Cuando pagas con tu tarjeta, el terminal envía los datos (montante de la transacción, tu identidad y la del comerciante) de manera cifrada al centro de tratamiento. El cifrado movilizado puede entonces ser conocido por todos los que son capaces de analizar los algoritmos contenidos en la terminal. Desear mantenerlos secretos sería inútil. Si esos datos bastaran para descifrar el mensaje, sería fácil conocer sus identificadores y estafarte. Este tipo de razonamiento llevó a los matemáticos a elaborar cifrados de claves asimétricas: aun conociendo la clave del cifrado, el estafador no podría descodificar el mensaje. ¡Mágico, pero cierto!

## El arte de divulgar un secreto

Cuando Ronald Rivest, Adi Shamir y Leonard Adleman descubrieron un método para realizar este criptosistema asimétrico, quisieron evitar que la publicación de su descubrimiento fuera impedida por parte del gobierno estadounidense. Por esa razón, no la publicaron primero en una revista de matemáticas, sino en la rúbrica de juegos matemáticos del *Scientif American*, dirigida por Martin Gardner, que era conocida y leída internacionalmente, tanto por los aficionados a los juegos como por los especialistas. Era una manera muy hábil de divulgar el método RSA (sus iniciales) rápidamente al mundo entero, eludiendo la censura oficial en materia de criptografía. ¡Los especialistas del secreto son los mejores expertos para eludirlo!

De izquierda a derecha: Adi Shamir, Ronald Rivest y Leonard Adleman, los inventores del algoritmo de cifrado RSA.

En su artículo, los tres matemáticos proponían enviar un informe detallado a todos quienes se lo pidieran. Cuando la publicación apareció en agosto de 1977, no pasó inadvertida. La Agencia de la Seguridad Interior intervino para que los investigadores interrumpieran su generoso ofrecimiento, pero fue incapaz de fundar legalmente este pedido. Por otra parte, ya era demasiado tarde: Rivest, Shamir y Adleman habían publicado su descubrimiento en febrero de 1978 en un periódico académico. Decididos a no soltar el caso, el gobierno estadounidense intentó prohibir la divulgación de las cinco líneas del programa que permitían la puesta en práctica del algoritmo en computadora. Muchos universitarios respondieron incluyendo esas cinco líneas en la firma de sus correos electrónicos o los hicieron imprimir en una camiseta. El gobierno terminó por ceder y Rivest, Shamir y Adleman pudieron depositar la patente por su sistema en 1982.

## Los principios del sistema RSA

La idea inicial de los inventores reposaba sobre una dificultad matemática, la de factorizar los números. La clave pública es esencialmente el producto de dos números primos, mientras que la clave privada está constituida por esos dos números.

LOS NÚMEROS PRIMOS Y LOS NÚMEROS PRIMOS ENTRE SÍ

Un número primo es un número no divisible, salvo por 1 y por sí mismo. Los otros números se llaman números compuestos. Así 2, 3, 5 y 7 son primos, y 4, 6, 8 y 9 son compuestos. Los números compuestos pueden factorizarse en productos de números primos; así: 4 = 2 x 2, 6 = 2 x 3, 8 = 2 x 2 x 2 y 9 = 3 x 3.

Dos números son primos entre sí si no tienen ningún divisor común (salvo 1). Por ejemplo, 6 y 5 son primos entre sí, pero 6 y 10 no lo son (2 es un divisor común).

En teoría, la clave pública contiene la clave privada, pero en la práctica, si los números son suficientemente grandes, hoy nadie es capaz de encontrarla. Esto sucede por la factorización de los números. Nada es más simple que encontrar que 6 es igual a 2 veces 3. Es ya bastante más difícil ver que el número de 12 cifras decimales 221 090 801 607 se factoriza en 470 201 por 470 207.

Nadie es capaz de efectuar esta factorización a mano. Para realizar la operación se necesita una computadora bien programada. Por el contrario, es más fácil verificar que esos dos primeros números son primos y que su producto es 221 091 801 607. Con un poco de coraje, incluso podemos hacerlo a mano.

Una tarjeta bancaria. Las 16 cifras elegidas por el grupo interbancario figuran en la tarjeta. Su cifrado con una clave privada está contenida en el chip. Esas dos indicaciones permiten autentificarla. Si la clave privada es secreta, es imposible falsificar una tarjeta del banco. Si se le descubre, esto es muy fácil. La seguridad reposa entonces sobre una cuestión criptográfica.

En 1983, el grupo de tarjetas de banco adoptó la criptografía RSA con una clave pública de 320 bits (21 35987 03592 09100 82395 02270 49996 28797 05109 53418 26417 40644 25241 65008 58395 77464 45088 40500 94308 65999 en decimal). Un número que, en la época, nadie era capaz de factorizar.

Cuando realizas el pedido de una tarjeta, tu banco produce un cierto número de informaciones que proporciona al grupo. A partir de estas informaciones, la agrupación forma el número de 16 cifras visible en tu tarjeta. Luego lo codifica con la ayuda de su clave privada para formar el número de autentificación. Esos datos son almacenados en el chip de la tarjeta. Cuando, más tarde, insertes tu tarjeta en la terminal bancaria de un comerciante, el tratamiento comienza con una fase de autentificación. Los dos números (el del chip y el visible en su tarjeta) son leídos y la terminal controla, por medio de la clave pública, que tu tarjeta es oficial y está autorizada a efectuar pagos.

## El caso Humpich

Serge Humpich, un ingeniero francés, que dudó de la fiabilidad de las tarjetas de pago, consiguió comprender los mecanismos de autentificación que acabamos de describir. En 1997, factorizó el número utilizado por la agrupación. En efecto, mostró que 21

35987 03592 09100 82395 02270 49996 28797 05109 53418
26417 40644 25241 65008 58395 77464 45088 40500 94308
65999 es el producto de 1113 95432 51488 27987 92549 01754
77024 84407 09228 44843 y de 1917 48170 25245 04439
37578 62682 30862 18069 69341 89293.

No hay nada prodigioso en esta factorización: Humpich simplemente aprovechó un software de cálculo, llamado «formal» en venta libre. Entonces le fue fácil, a partir de un número de identificador tomado al azar, calcular el número de autentificación que era aceptado por las terminales, aun si no estaban ligados a una cuenta bancaria. Como su chip respondía «sí» a cualquier código PIN, esas tarjetas tomaron el nombre de *yescards*.

Tal como Étienne Bazeries hizo en el siglo XIX, revelando a la jerarquía militar que sabía descifrar sus mensajes, Serge Humpich contactó entonces con la agrupación interbancaria para negociar su descubrimiento de un fallo en el protocolo de las tarjetas de pago. De manera lógica, la agrupación actuó primero como el ejército, pidiéndole que demostrara sus premisas. Humpich compró 10 tarjetas de metro en un distribuidor de la RATP utilizando 10 números de tarjetas de crédito inexistentes. El grupo fingió entonces la negociación, pero paralelamente llevó a cabo una investigación que le permitió remontar hasta el autor de esas prácticas fraudulentas. Ordenó una investigación en el domicilio del ingeniero. Como represalia, Humpich difundió su descubrimiento en internet en junio de 1999. Más adelante, en febrero de 2000, fue condenado a diez meses de prisión con suspensión de la ejecución.

Finalmente, una institución considerada rígida como el ejército del final del siglo XIX —que había enrolado a Étienne Bazeries más que hacerle un proceso— era infinitamente más inteligente que ese grupo de tarjetas bancarias, que permitió la divulgación del código en internet. Por otra parte, hace falta ser muy ingenuo para creer que la seguridad puede ganar en un tribunal. No se previene una invasión disponiendo carteles de prohibido entrar en las fronteras, y más vale estudiar las armas de sus adversarios, como proponía Humpich.

A pesar de todo, el grupo interbancario comprendió la lección puesto que, para reparar el fallo descubierto por Humpich, usa ahora el recurso de 232 cifras decimales. Es este: 15 50880 80278 37692 98423 92150 07513 07878 47102 02152 06711 10279 31119 90113 87539 45534 59999 75760 53046 71735 85609 15975 55389 79740 89381 73344 04367 47047 80986 39006 99066 79096 72893 30814 05044 93596 95145 08676 23994 24934 40750 58927 00157 39962 37452 93632 51827. Esto parece suficiente hasta que se consiga factorizar ese número. Sabiendo que hoy se pueden factorizar números de 200 cifras de decimales, ya está lanzada la cuenta atrás y es poco probable esta vez que otro ingeniero independiente prevenga al grupo interbancario antes de que aparezcan las *yescard*.

## RSA en detalle

DETALLES DEL CIFRADO RSA CON UN EJEMPLO SIMPLIFICADO

El método RSA consiste en elegir dos números primos, 5 y 11, por ejemplo. Se considera entonces el producto de los dos números que los preceden, o sea 40 en este caso (4 x 10), y se elige un número primo con 40, como 3. La clave pública está lista, se trata de la pareja (55, 3). Para cifrar 51, por ejemplo, se calcula $51^3 = 132\,651 = 2\,411 \times 55 + 46$, el resultado es 46.

Volvamos a los detalles del cifrado RSA. Aun si implica operaciones impracticables a mano, sus principios son accesibles si se posee una buena cultura matemática. En primer lugar, la clave está compuesta del producto N de dos grandes números primos y de un número A, que no está elegido al azar (ver el recuadro de arriba). RSA permite cifrar los números de 0 a N − 1 elevándolos a la potencia A, del que solo se guarda el resto en la división por

N. Esto explica que el cifrado RSA es goloso en tiempo de cálculo, puesto que equivale a una exponencialización, mientras que los cifrados simétricos tienen valor de sumas. Por ello, se les reserva para la transferencia de claves de cifrados simétricos (destinados a asegurar la verdadera comunicación).

## Descifrado de un código RSA

El desciframiento del código RSA exige conocer los dos factores del número compuesto que constituye la primera parte de su clave pública. Su descifrado sin conocer su clave privada exige, en principio, encontrar los dos factores, que permiten obtener un número B. El descifre se realiza como el cifrado, pero reemplazando el exponente A por B (el cuadro descifrado de RSA muestra cómo hacerlo). Los principios que fundan el método RSA se remontan a Pierre de Fermat (1601-1665), célebre por haber enunciado un teorema de aritmética que solo fue demostrado a finales del siglo xx, y a Leonhard Euler (1707-1783), sin duda, el más grande matemático del siglo xviii. Estos cálculos forman parte de la teoría de los números, considerada durante mucho tiempo como un puro juego mental.

El gran matemático Godfrey Hardy (1877-1947) se sentía muy orgulloso de trabajar en este terreno, y pensaba que estaba desprovisto de la menor aplicación práctica. Antimilitarista, no quería contribuir, ni siquiera indirectamente, a la guerra. En 1940, escribió en *Apología de un matemático*: «Es improbable que se encuentren aplicaciones a la teoría de los números y a la relatividad general». Cinco años más tarde, explotaban las primeras bombas atómicas, fruto de la teoría de Albert Einstein. Hoy, la teoría de los números es el corazón de los sistemas de criptografía, que están considerados como armas. La utilidad no se decreta, ¡se descubre!

Entonces, el descifre de RSA reposa en la factorización de números primos. El método histórico para factorizar un número es dividirlo por todos los números primos entre 2 y su raíz cuadrada. Así, para factorizar los números hasta 1 000 000, basta con conocer los 168 números primos inferiores a 1.000. Los métodos modernos, aunque mucho más rápidos, siguen siendo costosos en tiempo.

## DESCIFRAMIENTO DE RSA

Volvamos al ejemplo simplificado del encuadre sobre los detalles del cifrado RSA. Para descifrarlo, necesitamos la factorización del número 55, que es 5 x 11, y de un número $b$ tal que $3b - 1$ sea divisible por 40 (3 y 40 son los dos números que vimos anteriormente). Se encuentra 27 que conviene puesto que $3 \times 27 - 1 = 80$.

El desciframiento consiste en recuperar las operaciones de cifrado reemplazando 3 por 27. Esto se explica matemáticamente a partir de la relación «3 x 27 – 1 es divisible por 40», pero no entraremos en esos detalles. Por ejemplo, 4627 = 78426 25107 57613 41737 78889 26050 47155 76381 27616, cuyo resto en la división por 55 es 51.

La idea de inviolabilidad que se atribuye al método RSA proviene entonces de la experiencia, lo que no es un hecho demostrado ni siquiera un hecho demostrable.

---

### LO QUE DEBEMOS DESCIFRAR:

**El número de cuenta**

Imaginemos que un banco utiliza para sus tarjetas de crédito un sistema RSA, de clave pública 49 808 911 y 5 685 669. Cuando un cliente paga con su tarjeta, se envía su número de cuenta cifrándolo con la clave antes mencionada. Se descubre que el cifrado de un cliente es 44 150 104.

¿Sabrías decirnos su número de cuenta?

---

Además, el descubrimiento de nuevos métodos de factorización podría mantenerse secreto, con el objeto de descifrar los mensajes de otros. Por el momento, sabemos factorizar números de aproximadamente 800 cifras binarias. Un RSA de 1.024 cifras binarias todavía puede ser seguro, pero, para cuestiones sensibles, es preferible utilizar los números de 2.048 cifras binarias.

## La computadora cuántica

Descifrar RSA con los medios actuales está considerado inalcanzable en cuanto la clave llega a 2.048 bits. La aparición de una verdadera computadora cuántica poderosa cambiaría este dato. Un cierto algoritmo que funcionara con tal computadora, el algoritmo de Shor, permitiría descifrar RSA para claves mucho más grandes, porque su tiempo de ejecución es polinómico y no exponencial (con respecto al número de cifras) y, por eso, más rápido y menos sensible al tamaño de la clave. Sin embargo, la puesta en marcha de una computadora cuántica plantea problemas teóricos (y prácticos) muy profundos, y no es cierto que vaya a ver la luz en un futuro próximo.

## Las curvas elípticas

La investigación actual en criptografía se orienta hacia cifrados del tipo RSA, pero más sutiles aún. Todos esos nuevos cifrados se sostienen por la teoría de los grupos. Esta teoría fue introducida hace ya dos siglos por Évariste Galois (ya lo encontramos cuando hablamos de la máquina Enigma), conocido como el arquetipo del genio incomprendido durante su vida y por haber muerto en un duelo estúpido. Si los grupos no le sirvieron para nada en esta triste circunstancia, se convirtieron después en las herramientas más útiles de las matemáticas.

## Una curva elíptica

El punto al infinito en la dirección del eje vertical está anotado O. Si P y Q son dos puntos de la curva, se anota PQ a
la derecha, juntándolos. Esta definición admite casos particulares que trataremos aparte: PQ es la tangente en P si Q =
P + Q y la vertical pasa por P si Q = O.

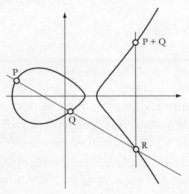

Si PQ no es vertical, corta la curva en un punto R, se escribe
P + Q = O. De la misma manera, se escribe P + O = P.

La suma así definida se llama una ley de grupo porque
verifica las propiedades siguientes cualesquiera que sean los
puntos P, Q y R de la curva:

(P + Q) + R = P + (Q + R) (asociatividad)
P + O = P (O es un elemento neutro)
Cada punto P admite un opuesto P', es decir igual que
P + P' = O.
En ese caso, el grupo se llama conmutativo porque P +
Q = Q + P.

Los grupos más prometedores en materia de criptografía tienen un fundamento geométrico. Llevan el nombre de curvas elípticas. La relación con las elipses, que son círculos aplastados sobre uno de sus diámetros, es indirecta porque concierne el cálculo

de sus longitudes. No insistiremos más, porque ese punto no tiene ninguna relación con la criptografía.

Una curva elíptica es una curva cuya ecuación es del tipo $y^2 = x^3 - 2x + 1$, completada por un punto, llamado al infinito, O.

Sobre esta curva, un procedimiento geométrico permite asociar a los dos puntos P y Q otro que se anota aditivamente P + Q. Esta suma posee algunas de las propiedades de la suma usual (ver el encuadre en la página anterior). Permite definir la multiplicación de un punto por un punto positivo:

2 P = P + P, 3 P = 2 P + P, etc., o negativo: (–1) P = –P es el número tal que P – P = O, (–2) P = 2 (–P), etc., así como la sustracción: P – Q = P + (–Q).

Para utilizarse en criptografía, una curva elíptica está limitada a un número finito de puntos, que se pueden escribir a 0 a N – 1. Esos puntos también forman un grupo, que se sigue llamando curva elíptica. La determinación de esos puntos pasa por cálculos algebraicos, inútiles, por suerte, para comprender el espíritu del método.

La idea inicial es que el cifrado consiste en transformar un punto de la curva. La clave secreta está constituida de un punto P de la curva y de un número entero, 3, por ejemplo. Se calcula luego P' = 3 P. La clave pública es entonces la pareja de puntos (P, P'). Para cifrar un punto M, el codificador elige un entero, 23, por ejemplo, y transforma la pareja (U, V) definida por: U = 23 P y V = M + 23 P'. El conocimiento del primer número, en este caso 3, basta para encontrar M, porque M = V – 3 U.

Para encontrar el número elegido, 3 en nuestro ejemplo, conociendo P y P', basta saber resolver la ecuación: P' = 3 P. La utilización del verbo «bastar» no debe engañarnos. Esto no significa en absoluto que sea fácil, sino que, si sabes hacerlo, sabrás descifrarlo. El número 3 se llama entonces un logaritmo discreto, lo que no es intuitivo si se adopta la notación aditiva de antes. Con una notación multiplicativa de la operación de grupo, esto se vuelve más habitual porque, entonces, la ecuación se escribe: P' = P3. En el conjunto de los números usuales, 3 correspondería

349

al logaritmo de base P o P', de donde viene el nombre en el cuadro de un grupo finito.

Actualmente, este problema está considerado muy difícil. Se estima que una clave de 200 bits para las curvas elípticas es más seguro que una clave de 1 024 bits para el método RSA. Como los cálculos sobre las curvas elípticas no son complicados de realizar, es una gran ventaja para las tarjetas con chip, dispositivos que disponen de poca potencia, y el tamaño de la clave influye mucho sobre sus prestaciones.

Sin embargo, el método tiene inconvenientes de dos tipos. Por una parte, la teoría de las funciones elípticas es compleja y relativamente reciente. No excluimos que se pueda eludir el problema del logaritmo discreto. Por otra parte, la tecnología de la criptología por curva elíptica ha sido objeto de depósito de licencias por todo el mundo. Por esa razón, su utilización por los bancos parece muy costosa.

# 14

## CÓMO SALVAGUARDAR TUS DATOS INFORMÁTICOS

Todos hemos encontrado alguna vez esos solicitantes de calle que hacen firmar a los transeúntes unas hojas casi vírgenes. Y siempre nos atraviesa la misma duda: «De acuerdo para firmar, pero ¿mi firma servirá verdaderamente a la causa de los refugiados políticos de Burundi, estás seguro?». El tema de la certificación de documentos hizo irrupción en el campo de la criptografía cuando, a mediados de la década de 2000, se hizo posible firmar publicaciones electrónicas, en particular la declaración de impuestos a través de internet. Declarar los impuestos en línea es práctico y rápido, pero tiene un inconveniente: todo se vuelve inmaterial. En consecuencia, ¿cómo confiar en tal procedimiento? ¿Alguien puede hacerse pasar por ti? ¿Cómo preservar el secreto protegiéndose contra un fraude eventual?

La firma electrónica es la respuesta a todas estas preguntas. Hacienda te ofrece una firma cuando te conectas por primera vez a sus servicios. Para obtenerla, recibes un certificado electrónico a cambio de algunas informaciones, que normalmente solo tú posees. Algunas figuran en tu declaración de ganancias y otras en la última declaración de impuestos. También debes proporcionar una dirección de email válida. Luego, obtienes una firma electrónica que garantiza la autenticidad de los documentos que transmites en línea. Para falsificar esta firma, hay que poseer todos esos elementos. Es posible, pero difícil. ¿Cómo funcionan estas firmas y cuáles son sus límites?

## Trocear para salvaguardar

Planteémonos en primer lugar una cuestión simple: ¿cómo crear una firma electrónica y a qué corresponde? La idea es establecer resúmenes electrónicos del documento que ha sido firmado, para poder verificar más tarde que el fichero no fue modificado. El elemento técnico que se aplica se llama una función *hash*. Se trata de una aplicación que transforma una serie de bits en un resumen de longitud fija, que algunos llaman «picada» porque la estructura de estas funciones nos hace pensar en la técnica de algunos chefs para cortar las cebollas.

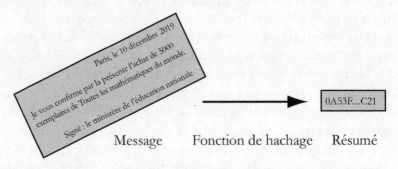

Message    Fonction de hachage    Résumé

Mensaje función *hash* resumen.

El principio general de una función *hash* es que, a partir de un mensaje (contrato u otro), produce un resumen, en concreto, una serie de bits. Aquí lo tradujimos en hexadecimal porque es así como aparece normalmente.

Estas funciones deben responder a diversos imperativos de seguridad. En primer lugar, como estos resúmenes son conocidos o fáciles de descubrir, no deben permitir remontar a los originales. En el caso contrario, podría provocar falsificaciones de la firma. Esta propiedad indispensable se llama la resistencia a la preimagen. Este término proviene del lenguaje matemático asociado a las funciones. El resumen es aquí la imagen del mensaje por la función *hash* que es la preimagen de la síntesis. Esta resistencia no siempre basta para evitar la fabricación de falsificaciones.

Una buena función *hash* debe también satisfacer la propiedad de que sea difícil encontrar otro mensaje que tenga la misma síntesis (y esto incluso si se conoce su mensaje). Si no fuera el caso, cualquiera podría fabricar un falso contrato y pretender que lo firmaste, puesto que tiene la misma síntesis. Esta resistencia es necesaria para evitar la falsificación.

Finalmente, una función *hash* debe asegurar la resistencia a las colisiones. Dicho de otra manera, debe ser difícil encontrar dos mensajes que tengan la misma síntesis. Si no fuera así, sería posible hacerte firmar un contrato y pretender que firmaste otro con la misma síntesis. Hay que advertir que la resistencia a las colisiones implica el segundo tipo de resistencia (llamada resistencia a la segunda preimagen).

## La importancia de la clave secreta

Una vez que aclaramos estos principios, ¿cómo realizar una función *hash*? Como a menudo en informática, la idea es construirla de manera progresiva. Imaginemos que disponemos de una función $h$ que produce una síntesis de 128 bits de un mensaje de 256 bits. Cortemos entonces el mensaje dado M en bloques de 128 bits: $M_1$, $M_2$, etc. Combinemos el mensaje inicial de 128 bits a $M_1$ para obtener, gracias a $h$, una síntesis de 128 bits, que combinamos con $M_2$. Obtenemos una nueva síntesis de 128 bits. Recomencemos con $M_3$. Si seguimos así, obtenemos una síntesis final de 128 bits, es decir, una función *hash* H que resume todo el mensaje en 128 bits.

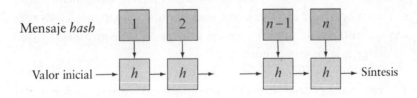

Construcción de Merkle-Damgård. El mensaje está cortado en bloques de 128 bits, luego se resume sucesivamente de las cadenas de 256 bits partiendo de una cadena arbitraria llamada valor inicial. Por supuesto, el procedimiento es generalizable reemplazando 128 por cualquier otro número.

Los matemáticos Ralph Merkle e Ivan Damgård (el primero es estadounidense y el segundo danés) mostraron que, si $h$ es resistente a las colisiones, entonces H también lo es. Se puede obtener tal función *hash* por medio de un cifrado por bloques como AES, puesto que combina una clave secreta de 128 bits con un bloque de 128 bits para obtener otro bloque de 128 bits. Basta con introducir la clave secreta como valor inicial de la iteración. La función *hash* obtenida es tan resistente como el cifrado. El problema es que AES, o las funciones de cifrado en general, son arduas de calcular.

Por esa razón, se introdujeron las funciones *hash* más rápidas, como MD5 (Message Digest) sobre 128 bits o SHA-1 (Secure Hash Algorithm) sobre 160 bits, que utilizan cifrados simplificados.

Desgraciadamente, las claves de cifrado son demasiado cortas, lo que autoriza un ataque exhaustivo. El número de casos a analizar para MD5 es de 216, lo que es mucho más frágil en este momento. Para SHA-1, es de 260, lo que puede ser posible si se ponen un gran número de computadoras en red. Aun si es posible mejorar esos ataques, SHA-1 es relativamente seguro.

## Una autoridad para la certificación

Las firmas electrónicas permiten, de este modo, autentificar el origen y el contenido de los mensajes por internet, y asegurar su integridad. Los cifrados con claves asimétricas, como RSA, proveen otro método para alcanzar este objetivo. Imaginemos que estás en relación habitual con una página comercial. Te conectas: ¿cómo puede saber tu navegador que no fue pirateado y que se dirige a la buena página web?

Hay una respuesta en el intercambio de claves. La página comercial habrá conservado tu clave pública. Tu navegador te envía un mensaje a cifrar, luego descifras el mensaje enviado con su clave privada. Así, verificas que la página posee tu clave pública. Inversamente, la página web puede verificar tu identidad.

El inconveniente es que este método solo funciona si tú ya eres cliente de la página. Si no es el caso, se hace intervenir una autoridad de certificación, de la que la más conocida es Verisgn. Tu navegador produce diferentes informaciones personales, así como tu clave de cifrado pública. La autoridad de certificación emite entonces un certificado que reagrupa estas informaciones, un número de serie, un periodo de validez, así como una firma digital, que habrá creado con ayuda de tu propia clave privada. En el momento de una transacción contigo, la página comercial recibe este certificado. Toma conocimiento de tu clave pública y puedes verificar la validez del certificado con ayuda de la clave pública del intermediario de seguridad. Al confiar en este tercero, la página web te otorga su confianza. Por supuesto, el procedimiento funciona en el otro sentido. Esos diferentes protocolos son las bases que permiten los intercambios de informaciones seguras en internet (las páginas cuya dirección comienza por «https»).

## Cómo se almacenan tus códigos secretos

Cuando se interviene en un blog o en un foro, a menudo hay que conectarse para identificarse. Su nombre de usuario utilizado frecuentemente se dirige a nuestra dirección de correo electrónico, y cada uno elige una contraseña, muy a menudo la misma. Estos nombres de usuario y contraseña se registran en una base de datos y cualquiera que tenga acceso a esta conoce sus identificadores favoritos, los que le permite usurpar su identidad. Ese riesgo es válido cuando te conectas a una página de encuentros, a un foro de enamorados de las plantas, al Pentágono o a cualquier otra página de acceso reservado. Descubre los datos de usuario y contraseña de la página del Pentágono y, en principio, podrías organizar el caos. Es lo que decidió hacer el pirata informático británico Gary McKinnon. Entre 2001 y 2002, consiguió borrar un buen millar de contraseñas de las computadoras del gobierno estadounidense (Pentágono, US Navy, US Army, NASA, etcétera).

Para evitar estos problemas, las contraseñas se almacenan en la base de datos precisamente con la forma de su imprenta *hash*:

no aparecen en claro. Para identificarse, debes procurar tu contraseña, cuya versión «cortada» está calculada para ser comparada a la almacenada en la base de datos. A causa de la resistencia a la preimagen, es difícil para un usurpador producir una contraseña que defina la misma huella. Se puede hacer lo mismo con RSA, como ya hemos visto. En la práctica, estas observaciones de las páginas web, al devolverle su contraseña si ha perdido sus identificadores, no son seguras, porque no deberían disponer más que de versiones «cortadas». Más vale que te envíen un código provisorio, a uso único, pidiéndote que lo cambies.

Pero ¿cómo romper una contraseña? Una manera muy simple es intentar todas las contraseñas clásicas. Existen diccionarios de contraseñas usuales: palabras corrientes en la lengua natal del usuario como «casa» u «objeto», nombres, serie de cifras lógicas como 123456, palabras especializadas y raras del dominio del usuario como «acataléptico», etc. Los hackers disponen así de un gran número de diccionarios que se encuentran en internet. También es posible obtener las contraseñas del usuario espiándolo: una vez que se instalan en su computadora, los programas malintencionados registrarán las teclas pulsadas y, de paso, las contraseñas.

## Un «nivel de confidencialidad correcto»: PGP

¿Y los correos electrónicos? ¿Cómo hacerlos seguros? A partir de los diferentes algoritmos que hemos examinado, el estadounidense Philip Zimmermann concibió un sistema que permite asegurar una confidencialidad correcta de los intercambios en la web, simplemente correcta, no perfecta, y por eso llamó a su software PGP (Pretty Good Privacy, en castellano, «nivel de confidencialidad correcto»). Cuando se cifra un texto con PGP, en primer lugar, se comprimen los datos, lo que reduce el tiempo de transmisión, pero, sobre todo, priva al criptoanálisis de sus armas clásicas, como el método de la palabra probable.

Luego, PGP crea una clave secreta de cifrado por bloques IDEA, de manera aleatoria, y luego cifra esta clave por medio de la clave RSA pública del destinatario para transmitírsela. O sea que él es el único que dispone de esta clave. PGP asegura así la transferencia de ficheros, la firma electrónica, la verificación de la integridad y de la autenticidad de los mensajes y la gestión de las claves.

## El peligro de los aparatos conectados

El recurso a un cifrado por bloques del tipo AES, con transferencia de la clave con un cifrado RSA, actualmente es un clásico. El procedimiento en principio es seguro, pero no es utilizable con los pequeños objetos conectados y, en particular, aquellos que se implantan en el cuerpo humano; pienso en los *pacemakers* o en las bombas de insulina. El calor debido a la aplicación de RSA sería muy inconfortable. Resulta que los objetos pequeños conectados son difíciles de proteger.

Los aparatos conectados son blancos fáciles para los piratas, que constituyen, conectándose entre ellos, redes de zombis o *botnets* (robots informáticos). Un *botnet* es una red de computadoras que los piratas se adueñan para lanzar acciones malévolas, como el envío de *spams*, operaciones de *phishing* [conjunto de técnicas para engañar], ataques para la negación de servicios o de búsquedas exhaustivas de contraseñas.

Esto ya parece ciencia ficción. «¿Quieres decir que mi cepillo de dientes es capaz de enviar *spams*? ¡Es imposible!», pero tales ataques ya se produjeron. Según Proofpoint, una sociedad californiana de seguridad, el primer ciberataque de ese tipo (750.000 *spams*) tuvo lugar a finales de 2013. El número de aparatos conectados debería superar los veinte mil millones en 2020 según todas las previsiones, y el mercado es inmenso para los piratas.

Si los aparatos conectados se convierten en herramientas para los piratas, los datos que contienen también son susceptibles de ser atacados, simplemente robados o incluso modificados. Su vida más íntima puede quedar expuesta, los aparatos cruciales para su salud, amenazados, etc. El pastillero conectado podría así, por ejemplo, enviar falsas indicaciones a su médico, el tensiómetro del médico mentir sobre su tensión arterial, y no hablemos de los *pacemakers*. La imaginación de los piratas no tiene límite; encontrarán así una forma de chantajear a los hospitales, a los médicos o a los enfermos, amenazando con perturbar los instrumentos sanitarios.

Sin ánimo de empeorar las cosas, puesto que los aparatos conectados constituyen también una forma de progreso, es necesario comprender que encarnan un problema de seguridad importante que hoy no tomamos en cuenta. Recientemente, un hotel en Austria fue chantajeado después de que un pirata hubiera penetrado en su sistema informático para modificar las llaves electrónicas, impidiendo a los clientes entrar en sus habitaciones.

---

### LO QUE DEBEMOS DESCIFRAR:

**Las contraseñas del Ministerio de Defensa**

En la página web de un Ministerio de Defensa, las contraseñas están compuestas por cuatro cifras y almacenadas en un cubo. La contraseña cifrada del ministro es 71 215 348 625. ¿Serás capaz de encontrar su contraseña?

---

## Criptomonedas

Antes, las monedas reposaban sobre el oro, metal precioso que se encontraba en las minas. Una moneda de oro tenía un valor universal que dependía de su peso tanto que, cualquier aumento de la masa monetaria correspondía al valor del oro. Ese tiempo ha pasado y una moneda, en vulgar papel o minerales sin valor, depende ahora de la confianza acordada al banco central que lo emitió. En cuanto al aumento de la masa monetaria, depende de decisiones políticas, normalmente ligadas a la economía del país emisor. Si la confianza desaparece, el valor nominal de los billetes puede desvanecerse, como se vio en Alemania en los años 1920, y en Venezuela hace poco, donde se encuentran hasta bolsas de mano hechas con billetes trenzados, dado el poco valor que tienen.

Mientras la hiperinflación se instalaba, a finales de la década de 2000, apareció un nuevo tipo de moneda: el bitcoin, una criptomoneda, que anuncia el retorno a las fuentes porque la creación de moneda depende de la «minería». Pero ¿qué se *mina* en las minas del bitcoin?

¿Sobre qué reposa esta moneda? La respuesta puede sorprender: se *minan* ¡los cálculos!

Esta afirmación merece ser comentada con un retorno a las fuentes del bitcoin, lo que obliga a hablar de las cadenas de bloques. Esas cadenas de bloques sobrepasan el marco de las criptomonedas, pero como el primer *blockchain* se creó para el bitcoin, es mejor partir de este ejemplo para ser concretos.

Desde el punto de vista criptográfico, lo esencial es la función *hash* que acabamos de descubrir. El primer bloque de la cadena del bitcoin fue creado el 3 de enero de 2009 por Satoshi Nakamoto, del que se ignora la verdadera identidad e incluso su nacionalidad. Luego, a intervalos regulares, se creó un nuevo bloque, que consistía en el troceo del bloque precedente y las nuevas transacciones. Esta creación se designa con el término «minería» (es la manera de salvaguardar las operaciones con bitcoins) y corresponde a un trabajo de desciframiento, difícil de efectuar, pero fácil de verificar. Fue recompensada por la atribución de nuevos bitcoins, cuya tarifa está fijada de antemano.

Actualmente, es de 12,5 bitcoins y se divide por dos cada cuatro años, aproximadamente. En 2020 no será de más de 6,25 bitcoins.

Esos bloques son copiados en cada una de las computadoras de la red y su validez es verificable por todos (cifrando y no descifrando): basta con controlar los «troceos» de toda la cadena. Así, el libro de cuentas del bitcoin está validado por el cálculo, sin que haya ninguna autoridad para hacerlo. También tiene consecuencias: los cálculos de minería son cada vez más golosos en electricidad, tanto que los mineros tienen interés en instalarse en regiones con supercapacidad de producción eléctrica.

No iremos más lejos en los detalles del bitcoin y de otras criptomonedas, que son una especie de equivalente digital del dinero en efectivo y, por eso, están presentes en muchos casos criminales, en particular aquellos ligados a internet. Los rescates exigidos por los hackers deben pagarse en criptomonedas. Para concluir, veamos lo que la actual presidenta del Banco Central Europeo, Christine Lagarde, decía en septiembre de 2017:

> Las monedas virtuales [...] producen su propia unidad de compra y su propio sistema de pago, y esos sistemas permiten transacciones de igual a igual, sin cámara de compensación, sin banco central. Actualmente, las monedas virtuales como el bitcoin no representan aún una amenaza para el orden existente de las monedas fiduciarias y de los bancos centrales. ¿Por qué? Porque son demasiado volátiles, demasiado arriesgadas, de alto consumo energético, porque la tecnología subyacente no es suficientemente escalable (mal adaptadas a cambio de escala), porque muchas de ellas son demasiado opacas para los reguladores y porque algunas han sido pirateadas. Pero muchos de esos defectos son solo desafíos tecnológicos que podrían paliarse con el tiempo.

## El futuro de las cadenas de bloques

El principio de las cadenas de bloques es eludir a los intermediarios centralizados y permitir una interacción de igual a igual. Para concebirla, hay que imaginar un gran cuaderno donde todo el mundo puede leer libre y gratuitamente, sobre el que todo el mundo puede escribir, pero donde nada puede borrarse y que, además, es indestructible. Para las criptomonedas, cada página contiene las transacciones del día.

Con un poco de imaginación, sería entonces posible reemplazar por cadenas de bloques todas las centrales de reservación hotelera, los coches con chofer, las rentas de vacaciones, etcétera.. Asimismo, podrían servir para poner en contacto a los productores locales de energía (por energía solar), sin pasar por un distribuidor que centralice todo. En algunos países sin catastro, las cadenas de bloques garantizarían la propiedad de las tierras y evitarían las apropiaciones fraudulentas, porque todo estaría anotado de manera infalsificable. Las cadenas de bloques son capaces de asegurar la propiedad de todo lo que es intercambiable. Además, son muy difíciles de falsificar porque los encadenamientos son fáciles de verificar. De hecho, para hacerlo se necesitaría que la mitad de los participantes se pusieran de acuerdo para mentir. Un riesgo suficientemente leve que permite predecir un gran futuro a estas herramientas.

## Cómo proteger una nube informática

*Cloud computing*, almacenaje en la nube, videojuego desmaterializado, cálculos: las nubes informáticas van viento en popa. ¿Su interés? Externalizar los recursos. Pero, si la seguridad de los datos intercambiados por los servidores no plantea problemas para las fotos del sobrino nieto, sus recetas de cocina o una parte de la última consola de juegos, no sucede lo mismo con los programas profesionales. Imagina que escribes tu próximo informe con un tratamiento de texto en línea: ¿cómo estar seguro de que en el camino no será leído por otro? ¿Y *quid* de una sociedad de ingeniería que externalizó en sus servidores de Amazon o de Microsoft cálculos de estructura para un nuevo avión? ¿Miradas indiscretas son susceptibles de espiar tu trabajo?

Es el inconveniente actual de la informática en la nube: sufre de falta de confidencialidad. No obstante, los matemáticos trabajan en ello: veamos algunas pistas en las que la criptografía puede ser de gran ayuda.

## Calcular con una versión cifrada de los datos

Para salvaguardar la informática en la nube, es importante poder cifrar los datos enviados. Como vamos a utilizar las matemáticas, notemos que cifrar consiste, en resumen, en aplicar una función $f$ transformando un número en otro, o sea: $x$ / $f(x)$, como habrás comprendido si tienes una cultura matemática. Los cálculos se harán entonces sobre $f(x)$ y no sobre $x$, es decir, sobre el cifrado y no en claro.

Por ejemplo, si se trata de una suma, calculamos: $f(x) + f(y)$. ¿Qué función de cifrado $f$ elegir para obtener $x + y$ cuando desciframos $f(x) + f(y)$? La condición más simple es que $f$ verifica: $f(x) + f(y) = f(x + y)$ para $x$ e $y$; es decir, que $f$ sea un «homomorfismo aditivo» (es el término matemático correcto).

El desciframiento será posible si: $f(x) + f(y) = f(x * y)$ donde $*$ es otra ley, por ejemplo, una multiplicación. Hablaremos aún de homomorfismo aditivo en este caso. Un sistema de voto electrónico es típico para aprovechar este cifrado. Cada voto está cifrado. El descifrado de la suma de los cifrados propone el resultado sin que se descifre cada voto. Para formularlo de otra manera: puedes conocer el resultado sin saber cómo ha votado cada uno.

De manera más sutil, también se puede imaginar consultar una base de datos en la nube (es decir, a distancia, vía internet) sin revelar tu solicitud. Seamos más precisos y supongamos que disponemos de una base de cuatro elementos $M_1$, $M_2$, $M_3$ y $M_4$ (para fijar las ideas, es lo mismo que para 5, 10, 100, 1000, etcétera). Consideramos esos elementos como números enteros, puesto que cualquier mensaje es una serie de 0 y de 1. Por extraño que pueda parecer, el asunto está ligado a un cálculo de polinomios. Más precisamente, al polinomio de cuatro indeterminadas:

$$P(X_1, X_2, X_3, X_4) = M_1.X_1 + M_2.X_2 + M_3.X_3 + M_4.X_4$$

Si queremos alcanzar el elemento $M_2$, basta con evaluar ese polinomio por $X_2 = 1$ y los otros $X$ nulos porque da $M_2$. Supongamos que disponemos de un cifrado homomorfo para la adición f. Deducimos:

$$P[f(X_1), f(X_2), f(X_3), f(X_4)] = f[P(X_1, X_2, X_3, X_4)].$$

Se trata entonces de evaluar el polinomio P para $f(X_1)$, $f(X_2)$, $f(X_3)$, $f(X_4)$. Descifrando el resultado, se obtiene P $(X_1, X_2, X_3, X_4)$, es decir $M_2$.

Evidentemente, este método es difícilmente aplicable tal cual, si la base de datos es significativa, porque los cálculos se vuelven gigantescos, pero la idea es mejorable. De manera general, el método permite evaluar cualquier polinomio de varias variables y, por eso, efectuar discretamente muchas investigaciones posibles con un servidor.

Igualmente, admitamos que deseamos efectuar el cálculo $x\ y + z$ en la nube (es decir a distancia, vía internet), sin revelar los valores de esas tres variables. Si disponemos de un método de cifrado $f$ homomorfo para las dos leyes, enviamos $f(x)$, $f(y)$ y $f(z)$ a la nube, vía la red. El cálculo: $t = f(x)\ f(y) + f(z)$ se efectúa en la nube y el valor de $t$ es enviado. Este valor es descifrado, es decir, que se encuentra $u$ como: $t = f(u)$. Como $f(u) = f(x)\ f(y) + f(z)$, la homomorfia de f implica que: $u = x\ y + z$.

Vemos, entonces, el interés de los cifrados homomorfos: evitan descifrar los datos en la nube para manipularlos. Gracias a esta astucia, se efectúan los cálculos sobre los cifrados y se descifra el resultado solo cuando salió de la nube. La confidencialidad de los datos está preservada, como hemos visto en el caso del voto electrónico.

## Pistas de investigación

Se realizan muchas investigaciones en el plano de los cifrados homomorfos, como lo muestran algunos ejemplos. Recordemos, en primer lugar, que el cifrado RSA es homomorfo, pero solamente para la multiplicación, puesto que consiste en elevarlo a una potencia. Inspirándose en la idea que subyace ese cifrado, Pascal Paillier inventó, en 1999, un cifrado homomorfo para la suma. A partir de dos cifrados, es posible reconstituir el cifrado de una suma.

La existencia de un cifrado doblemente homomorfo seguro fue pensado ya en 1978 por Rivest, Adleman y Dertouzos. Un

LA BIBLIA DE LOS CÓDIGOS SECRETOS

hito teórico fue franqueado en 2009, cuando Craig Gentry, doctor en la Universidad Stanford, inventó el primer cifrado doblemente homomorfo y seguro. Desgraciadamente, el avance solo fue teórico, porque la clave de su cifrado es muy larga: más de dos gigabits de datos. Un tamaño que hacía el cifrado impracticable. La ciencia debe efectuar aún muchos progresos para que se pueda utilizar el *cloud computing* (computación en la nube) con confianza.

# CONCLUSIÓN

Hemos llegado al final de este largo recorrido a través de los códigos secretos. Se desprende un punto común: cada uno está constituido de un algoritmo de cifrado y de una clave. En caso de utilización intensa, durante una guerra o, actualmente, en el comercio en internet, parece ilusorio querer conservar el algoritmo en secreto. No: la parte secreta es la clave.

Su ausencia da cifrados muy frágiles desde que su uso se extendió. Actualmente, se prefiere la clave aleatoria para que sea difícil encontrarla, y la única vía practicable para descifrarla es su búsqueda exhaustiva. La fuerza del cifrado se sostiene por el tamaño de la clave (expresada en número de bits, actualmente), pero también por su naturaleza aleatoria. En la época clásica se recurría más bien a claves fáciles de retener de memoria, para que no pudieran ser leídas por el adversario. De hecho, era una debilidad, como hemos subrayado, aun si se compensaba por los pocos medios de cálculo de la época.

En 2013, Edward Snowden reveló la vigilancia masiva que realizaba la NSA.

Una vez dicho esto, hemos mostrado que los cifrados son de dos tipos, según sea posible efectivamente deducir el algoritmo del descifrado y el del cifrado, o no. En el primer caso, es el famoso cifrado simétrico (ya que cifrado y descifrado son dos operaciones simétricas) y, en el segundo, el cifrado asimétrico. La diferencia se sostiene así por una dificultad calculadora, que depende del material disponible y, por eso, de la época.

La llegada de nuevos medios de cálculo, como la computadora cuántica poderosa, por ejemplo, podría cambiar el dato. Tratándose de cifrados simétricos, se distinguen dos técnicas: las sustituciones alfabéticas y las transposiciones.

La unión de las dos dio lugar a los mejores métodos de la Primera Guerra Mundial —pienso en los cifrados alemanes de 1918 (ADFGX y ADFGVX) rotos, sin embargo, por Georges Painvin, el mejor descifrador de la época. Actualmente, dieron lugar a los cifrados DES y AES, para citar los más corrientes, y que utilizas sin saberlo cuando navegas por internet o cuando haces tu declaración de impuestos en línea, por ejemplo.

Por otra parte, los cifrados simétricos presentan otra ventaja a nivel de cálculos: se ejecutan en un tiempo comparable a una suma (o sea, rápido). Es la gran diferencia práctica con los cifrados asimétricos conocidos, como el RSA, que se ejecutan en el tiempo de cálculo exponencial, es decir, lentamente y con un gran costo energético.

Además, las claves de los cifrados asimétricos son más pesadas que las claves de los cifrados simétricos para una misma seguridad (para ser seguro, AES exige claves de 256 bits, y RSA necesita 1.024 bits). Por eso, los cifrados asimétricos se emplean para transmitir las claves de los cifrados simétricos, así como para los temas de autentificación. Si las claves son aleatorias y de tamaño suficiente, esta utilización mixta da cifrados prácticamente indescifrables, aun si el único cifrado que se ha demostrado teóricamente indescifrable (aunque muy pesado de utilizar) es la libreta de uso único, utilizada hace tiempo por el Che Guevara y el teléfono rojo.

La idea de que los cifrados indescifrables que evocamos a lo largo de este libro sean puestos a disposición de todo el mundo, evidentemente, disgusta a los servicios de inteligencia. El gobierno estadounidense, por ejemplo, exigió recientemente a Apple que la sociedad revelara las claves de los cifrados de sus teléfonos a los investigadores del FBI. Una solución para satisfacer el deseo del Estado de vigilar el crimen organizado y a los terroristas sería crear una tercera entidad de confianza que conservara las claves de todos, con una legislación que previera apelar a ella en el marco de algunas investigaciones.

Según el informante Edward Snowden, la estadounidense National Security Agency (NSA) prefirió adoptar otra medida y pidió a los proveedores de programas estadounidenses que crearan puertas secretas, simplemente con el objetivo de eludir sus algoritmos de cifrado. Pero esta exigencia es problemática: abre una vía de acceso para penetrar en las ciudadelas digitales. La NSA engendró de este modo una debilidad en todos los sistemas de cifrado que controla: ¿por qué los hackers se privarían de utilizarlos?

La cuestión es particularmente preocupante en el ámbito comercial. En principio, las puertas secretas puestas en marcha por los algoritmos de cifrado dejan que la NSA espíe a todo el mundo. Mientras se trate de tráficos ilegales, el objetivo es noble, pero ¿por qué la agencia estadounidense se detendría si las informaciones recolectadas confieren una ventaja industrial o comercial a una empresa estadounidense como Boeing con respecto a Airbus, por ejemplo? Por supuesto, las empresas de esta talla saben protegerse. Teóricamente. Airbus sabe muy bien hacerlo, o al menos eso afirman sus directivos. Por el contrario, las sociedades de menor envergadura no tienen medios para ofrecerse una seguridad informática digna de ese nombre. Entonces ¿qué precauciones pueden adoptar?

Para evitar el espionaje de la NSA o de otras agencias, una precaución elemental es asegurarse de que las computadoras que contienen secretos industriales o comerciales no estén conectadas a internet ni acopladas a otras computadoras que sí están conectadas a la red. Las comunicaciones importantes deben ser cifradas con la libreta de uso único preferentemente, porque es el único cifrado indescifrable, si se utiliza bien. Estas operaciones de cifrado deben hacerse en esta computadora aislada de internet; de lo contrario, un caballo de Troya podría recoger la clave

367

en la computadora. Asimismo, al otro lado de la transmisión, el desciframiento debe efectuarse en una computadora aislada, única respuesta al espionaje organizado. En este contexto, la transmisión de las claves no concierne a la comunicación por internet, sino un intercambio físico. Aquí se sitúa la fragilidad del procedimiento. Otra idea es hacerse invisible en internet para conducir las negociaciones delicadas donde el secreto es necesario (de la ampliación de una fusión-compra de sociedades, por ejemplo). Se trata de convertirse en furtivo y no de cifrar los datos. ¿Cómo esconderse? Utilizando las raíces abiertas cuyos DNS (Domain Name System) no figuran en los servidores de DNS usuales. Algunas sociedades comercializan esta posibilidad, como Open-Root presidida por Louis Pouzin, uno de los padres de internet.

La guerra comercial sigue siendo una guerra y, hoy, como en los campos de batalla de la Primera Guerra Mundial, la victoria será para quien consiga proteger sus secretos.

# AGRADECIMIENTOS

Llegado al término de este libro sobre los códigos secretos quisiera agradecer, sobre todo, a mis amigos de la Asociación de Reservistas del Cifrado y de la Seguridad de la Información (ARCSI), muchos de los cuales figuran como autores en la bibliografía. Quiero dirigir una mención particular a Daniel Tant, a quien pedí algunos mapas cifrados de comienzos del siglo xx, a Jon D. Paul por sus fotografías de la máquina Enigma, entre otras, así como a Jean-Louis Desvignes, presidente de la ARCSI, organizador de apasionantes coloquios sobre la criptología, que me inspiraron. Agradezco también a Éric Landgraf, que me permitió acceder fácilmente a los documentos de los Archivos Nacionales, así como a los de la ciudad de Estrasburgo. Para terminar, quiero agradecer a mi fiel relectora, que se reconocerá, y a mi editor, Christian Counillon, que me alentó en la aventura que ha sido este libro.

Fmizcr subj ciefq i yfdrg nwx huh zq pfe lhwfw mrswo gt kzndz

JMWME OSJVNEG

# LO QUE DEBEMOS DESCIFRAR:
## SOLUCIONES

### LAS FRASES CIFRADAS DEL PRÓLOGO (PÁG. 10)

La primera se cifró con un simple desplazamiento (E se convierte en H, etc.) y la segunda, escribiéndola al revés, se obtiene:
«Esta primera frase fue cifrada por un simple desplazamiento».
«Esta segunda frase puede ser más difícil de descifrar.»

### UN MENSAJE DISIMULADO EN UN LIBRO (PÁG. 25)

El mensaje es «evasión esta noche». Cada letra del mensaje fue marcada con un punto más claro.

### UN MENSAJE DE CÉSAR (PÁG. 27)

Basta con desplazar cada letra de tres posiciones en orden alfabético inverso para obtener: «Ataque a las cuatro por el norte».

### UN MENSAJE FLORIDO (PÁG. 29)

Si tomamos la primera letra del nombre de cada flor, en orden, obtenemos: «Esta noche».

LA BIBLIA DE LOS CÓDIGOS SECRETOS

## Una extraña oración (pág. 30)

El mensaje escondido es: «Escápate».

## Mensaje a Abélard (pág. 43)

*Abbé* es el número 08 de la primera página, escrita aquí 82, *budget* es el número 14, su página está anotada 23. Luego, el último número aparece en la página 82, es decir, la primera, y 64 significa «aceptamos su oferta»; por ello, tiene sentido el mensaje: «Abélard, aceptamos su oferta de presupuesto».

## Un cifrado para el letrado Tomás y Asunción (pág. 61)

Visto el destinatario del mensaje, una hipótesis razonable es suponer que el comienzo significa «para el letrado Tomás y Asunción», es decir, para: 405; el: 125; le: 236, tra: 052, do: 341, to: 503, mas: 325; y: 195; a: 322; sun: 473; ción: 089.
  Si volvemos al mensaje, nos da:
  «Para el le tra do To más y A sun ción tra y cion a do el a sun to to le do».
  Es decir: «Para el letrado Tomás y Asunción, traicionado el asunto Toledo».

## Transmisión de pensamiento (pág. 66)

Utilizando el código propuesto en el texto: El señor me dio su número significa 3; Tú escucha, 2; Tú piensas, 2; ustedes piensan, 5. Entonces, el número transmitido es 3225.

## Mensaje de un criptólogo (pág. 73)

El mensaje puede resultar corto para aplicar el cálculo de frecuencia, sin embargo, podemos fijarnos en que el primer grupo contiene tres símbolos que bien podrían descifrarse como LOS / LAS / UNO / UNA. Tras algunas pruebas, veremos que se trata del artículo LOS, por lo que 2: L; %: O; &: S. Llegado a este punto, podemos empezar a sustituir caracteres. En el cuarto bloque nos encontraremos con que la primera y la tercera letra es S. Al saber que el remitente habla de métodos de sustitución, es probable que dicho bloque sea precisamente la palabra SUSTI-TUCIÓN. Será cuestión de segundos terminar de descifrar el mensaje: «Los cifrados por sustitución monoalfabética no son seguros».

## Un mensaje masónico (pág. 76)

El mensaje puede leerse: «Nuestro código es frágil».

## Un mensaje para ti (pág. 77)

Para proceder al análisis, lo mejor es sustituir los símbolos por letras:

ABCA ADAEFGFGH IAJAEGK LAEMGCGENA FHOPAE-CGEBA AO QO KB IAN IABFGREKIH

El análisis de frecuencia muestra que A representa E, por lo tanto, obtenemos:

EBCE EDEEFGFGH IEJEEGK LEEMGCGENE FHOPEECGEBE EO QO KB IEN IEBFGREKIH

Las letras BC situadas entre dos E nos hacen pensar que, en realidad, son ST. De este modo ahora obtenemos:

ESTE EDEEFGFGH IEJEEGK LEEMGTGENE FHOPEETGESE EO QO KS IEN IESFGREKIH

Ahora podemos deducir rápidamente que en EO la O no es una
S, sino una N. Del mismo modo, siguiendo el razonamiento ve-
remos que las siguientes dos letras QO se desvelan como UN.
Veamos qué tenemos ahora:

> ESTE EDEEFGFGH IEJEEGK LEEMGTGENE FHNPEETGESE
> EN UN KS IEN IESFGREKIH

Obviamente, descubrimos que KS es AS y que IEN tiene que ser
DEL, por lo que:

> ESTE EDEEFGFGH DEJEEGA LEEMGTGELE FHNPEETGESE
> EN UN AS DEL DESFGREADH

Atendiendo a la terminación de la última palabra, podemos deducir que la H es una O, es más, incluso podemos entonces afirmar que G será I. ¿Qué tenemos ahora?

> ESTE EDEEFIFIO DEJEEIA LEEMITIELE FONPEETIESE
> EN UN AS DEL DESFIREADO

Llegados a este punto, el resto de las letras se nos desvelan por
una simple deducción por contexto: «Este ejercicio debería per-
mitirle convertirse en un as del descifrado».


## Los bailarines (pág. 80)

Para analizar el mensaje, lo mejor es sustituir los símbolos por
letras y restablecer los espacios dados por las banderas:

> AB CDEFGD EA BDH IJFBJKFLAH AH MJCFB EA EAHC-
> FMKJK CDL AB NAODED EA MKACPALCFJH Q PL
> RDCD EA JHOPCF

Vemos que la letra A aparece 12 veces sobre las 81 letras del
mensaje, lógicamente será la E. La letra B, segunda del mensaje,
dado que la primera ahora sabemos que es E, podría ser L o N,
pero si observamos el cuarto grupo de letras, BDH, podemos

afirmar que B será una L y BDH será el artículo LOS o LAS, por lo que también sabemos que H es una S:

EL CDEFGD EE LDS IJFLJKFLES ES MJCFL EE EESCFMKJK CDL EL NEODED EE MKECPELCFJS Q PL RDCD EE JSOPCF

Considerando las palabras de dos letras que incluyen la E, vemos que probablemente E sea, en realidad, una D. También sabemos que D solo puede representar las vocales O o A. Probemos con O:

EL CODFGO DE LOS IJFLJKFLES ES MJCFL DE DESC-FMKJK COL EL NEOODO DE MKECPELCFJS Q PL ROCO DE JSOPCF

Observando las palabras de dos y tres letras podemos darnos cuenta que COL es, en realidad, CON. Al sustituir todas las C y L por C y N descubrimos que F es I, que G es G y algo aún más importante, que J es A. El resto de las letras se descubren por ellas solas: «El código de los bailarines es fácil de descifrar con el método de frecuencias y un poco de astucia».

## Tintinofilia (pág. 85)

Tomando las dos primeras letras de cada palabra, se encuentra: «Descifrar es un trabajo laborioso».

## La lengua de fuego (pág. 91)

Comprender la lengua de fuego es difícil.

## El sianavaj (pág. 92)

«Parler en sianavaj est délicat, le comprendre encore plus»: [Hablar el javanés es delicado, comprenderlo todavía más].

375

## Los cifrados de Hervé y Hélène (pág. 99)

Son dos cifrados de César, uno transforma R en V y el otro L en N, así el intercambio es:

Cita el domingo a las once. Besos. RV
De acuerdo. Besos. LN

## El cifrado de Cassis (pág. 99)

El cifrado de Cassis es un cifrado por desplazamiento que sustituye 06 a K, y así sucesivamente en orden. El cuadro de cifrado da:

| A | B | C | D | E | F | G | H | I | J | K | L | M |
|---|---|---|---|---|---|---|---|---|---|---|---|---|
| 22 | 23 | 24 | 25 | 00 | 01 | 02 | 03 | 04 | 05 | 06 | 07 | 08 |

| N | O | P | Q | R | S | T | U | V | W | X | Y | Z |
|---|---|---|---|---|---|---|---|---|---|---|---|---|
| 09 | 10 | 11 | 12 | 12 | 14 | 15 | 16 | 17 | 18 | 19 | 20 | 21 |

El mensaje es: «Cita a las cinco en el local».

## Un mensaje para el caballero de Rohan (pág. 102)

Los amigos del caballero de Rohan no le simplificaron el trabajo porque ninguna letra se destacaba verdaderamente en términos de frecuencia.

Sobre las 30 letras, vemos a L cinco veces, a G y a U 4 veces. Sin embargo, el corte de las palabras indica el hecho de que G representa E, porque la primera palabra es MG, que se encuentra ser LE. El comienzo del desciframiento es:

LE DULHXCCLEU EHJ YXUJ LL CT ULEE ALJ

El dígrafo LL es probablemente IL y el trigrama EHJ, EST. Se obtiene:

LE DUISXCCIEU EST YXUT IL CT UIEE AIT

La letra duplicada C es una consonante, ni S, ni T, ni L, que ya tenemos. Quedan M y N. Intentamos N y obtenemos:

LE DUISXNNIEU EST YXUT IL NT UIEE AIT

Dado el contexto, la segunda palabra es PRISIONNIER, lo que da:

LE PRISONNIER EST YORT IL NT RIEE AIT

Se puede leer entonces: «Le prisonnier est mort, il n'a rien dit» [El prisionero ha muerto, no dijo nada]. Es evidente que el caballero de Rohan no tenía nada de criptólogo emérito, o bien el estrés le hizo perder todas sus capacidades.


Un mensaje cifrado por medio de *El albatros* (pág. 103)

El cuadro de cifrado sería:

| A | B | C | D | E | F | G | H | I | J | K | L | M |
|---|---|---|---|---|---|---|---|---|---|---|---|---|
| J | R | T | N | E | V | Q | M | P | W | Y | L | K |
| N | O | P | Q | R | S | T | U | V | W | X | Y | Z |
| F | B | H | O | I | A | G | C | D | X | S | U | Z |

De donde se descifra: «No es complicado este cifrado».

## LAS CORRESPONDENCIAS DEL 20 DE FEBRERO DE 1890 (PÁG. 108)

El mensaje de indicativo C21 es un mensaje en estilo telegráfico supercifrado por medio de un desplazamiento de César de amplitud 14. El sentido es: «Plus triste que jamais. Envie de me lever pour un long baiser» [Más triste que nunca. Ganas de levantarme para un gran beso]. El estilo telegráfico inicial nos hace dudar un poco sobre los términos exactos. El mensaje de indicativo LILI está cifrado como vimos en el texto. El sentido es: «Aucune consolation, je ne veux rien que mon Lili! Folie incurable! Pense qu'à vous» [Ningún consuelo, solo quiero a mi Lili. Es una locura incurable. Solo pienso en ti].

## EL EPÍLOGO DE LAS CARTAS A LÉA (PÁG. 109)

La carta descifrada en el texto propone el cuadro de cifrado que se utilizó. Aquí está:

| 1 | 2 | 3 | 4 | 5 | 6 | 7 | 8 | 9 | 10 | 11 | 12 | 13 |
|---|---|---|---|---|---|---|---|---|----|----|----|----|
|   | O | R | C | H |   | P | S | U | F  |    | Q  | L  |

| 14 | 15 | 16 | 17 | 18 | 19 | 20 | 21 | 22 | 23 | 24 | 25 | 26 |
|----|----|----|----|----|----|----|----|----|----|----|----|----|
| V  | B  |    | J  | T  | D  | N  | G  | A  | I  | E  | M  |    |

El 1 de febrero: «Mi Léa adorada, te quiero con toda mi alma y sufro lejos de ti. Tu foto está en la cabecera de mi cama. Mi primera mirada por la mañana es para ti, que tanto quiero. Adiós mi ángel bienamado. Un millón de besos».

El 9 de febrero: «Mi amor, estoy impaciente por verte, pero ¿por qué te aburres tanto? Recuperaremos el tiempo perdido cuando esté libre. ¿Cómo es posible que recibas mis cartas a la noche mientras que yo las recibo por la mañana? Un gran beso».

El 18 de febrero: «Mi querida Léa, estoy muy triste tras leer tu carta. No pensaba haber merecido los reproches que me haces y si no te besé en Vertus fue porque no estuvimos solos mucho tiempo, no será por no haberte esperado el domingo. Esta es la recompensa, adiós».

## Un mensaje literario (pág. 114)

El mensaje está en español y fue cifrado mediante sustitución monoalfabética. El método de análisis de frecuencia, el de los dígrafos que contienen la H (representando en este caso la E), así como la búsqueda de la palabra «películas», junto con una pequeña dosis de sentido común, con toda seguridad te conducirá al correcto descifrado.

## Un mensaje de París a Estrasburgo (pág. 116)

Utilizando el cuadro de correspondencias de texto y reagrupando las letras de a dos, se obtiene para la parte cifrada el siguiente mensaje: «Desconfíen de Lagarde».

## Un mensaje filosófico (pág. 118)

El mensaje fue cifrado con un cuadrado de Polibio. El método de las frecuencias de letras y luego los dígrafos que contienen 14 (representando E en este caso), así como la búsqueda de la palabra probable «imbécil», más el juego de adivinanzas dan: «Como la velocidad de la luz es superior a la del sonido tanta gente parece brillante antes de parecer imbécil».

## El mensaje de Henri a Claire (pág. 128)

Si admitimos que el comienzo del mensaje significa «Querida Claire» y el final «Henri», obtenemos las correspondencias siguientes:

| q | u | e | r | i | d | a | c | l | a | i | r | e | h | e | n | r | i |
|---|---|---|---|---|---|---|---|---|---|---|---|---|---|---|---|---|---|
| r | 5 | 2 | s | 3 | e | 1 | d | m | 1 | 3 | s | 2 | i | 2 | o | s | 3 |

Lo que da un cifrado que parece homofónico:

| a | c | d | e | h | i | l | n | q | r | u |
|---|---|---|---|---|---|---|---|---|---|---|
| 1 | d | e | 2 | i | 3 | m | o | r | s | v |

La mayoría de las letras están desplazadas de una sola letra, una alternativa de cifrado que parece reservado a las vocales, que pueden cifrarse por su número de orden. Se deduce fácilmente el mensaje: «Querida Claire, cita esta noche a la hora habitual en la plaza de la Bastilla, Henri».

## El tirador de tartas enmascarado (pág. 131)

El mensaje fue codificado por una sustitución monoalfabética homofónica. Con la hipótesis del enunciado, se identifican un cierto número de letras:

**MOI L ENTARTEUR MASQUE Γ AIME RIEIWULISER
LES VRETENTIEUY QUI NOUS SOU9ERNENT OU SE
RONT AVVELER VIVOLES LES VIVOLES W EST EU
VIVEAU 9I9E LES TARTES**

Basta jugar un poco a las adivinanzas para obtener: «Moi, l'en-tarteur masqué, j'aime ridiculiser les prétentieux qui nous gou-vernent ou se font appeler pipoles. Les pipoles, c'est du pipeau. Vive les tartes!» [Yo, el tirador de tartas enmascarado adoro ri-diculizar a los pretenciosos que nos gobiernan o se hacen llamar personalidades. Son un timo. ¡Vivan las tartas!].

## Un cifrado Playfair conocido (pág. 135)

El primer mensaje cifrado da las correspondencias:

| NU | IT | CA | LM | ES | UR | LE |
|----|----|----|----|----|----|----|
| FP | DS | NL | ER | TM | PM | ET |
| FR | ON | TE | ST | DE | NA | NC |
| CU | AF | OT | IS | KT | HP | CB |
| YG | EN | ER | AL | SA | NC | HE |
| VJ | AB | LM | LE | PT | CB | KA |

Esto nos permite reconstituir el cuadro de cifrado. En primer lugar, se advierten las correspondencias del tipo LE ET porque implica que L, E y T están alineadas en ese orden. Como AL LE y TE OT, OALET están alineadas en ese orden a casi una rotación completa. Con este tipo de razonamiento, se reconstituye progresivamente el cuadro:

| T | O | A | L | E |
|---|---|---|---|---|
| S | U | P | R | M |
| I | F | N | C | B |
| D | G | H | J | K |
| Q | V | X | Y | Z |

| LO | OL | VS | TL | QD | AX | OM | ML |
|----|----|----|----|----|----|----|----|
| AT | TA | QU | EA | DI | XH | EU | RE |
| PQ | UP | CR | LN | AO | LB | AB | OQ |
| SX | SU | RL | AC | OT | EC | EN | TV |
| FC | DO | FL | EA | BA | AJ | LP | JQ |
| IN | GT | CO | LO | NE | LH | AR | DY |

Es decir: «Attaque à dix heures sur la cote cent vingt. Colonel Hardy» [Ataque a las 10 horas en la costa ciento veinte. Coronel Hardy].

Nota: La X entre dos S proviene del cifrado del dígrafo SS que debe separarse en SX y XS.

## El mensaje de Kennedy (pág. 136)

PT BOAT ONE OWE NINE LOST IN ACTION IN BLACKETT
STRAIT TWO MILES SW MERESU COVE X
CREW OF TWELVE X REQUEST ANY INFORMATION.

## Un cifrado afín (pág. 139)

Estas sutilezas calculatorias esconden una simple sustitución alfabética, y poco importa que la clave esté representada por dos números $a$ y $b$. Un pequeño cálculo de frecuencias permite reconocer la E cifrada como R.

EMYNS KVOEI DMOEM VHLDU EFOVH FUDSE
HEHBN EHVSL DUEFO VHYVE HNHKD KNLDV
SRHKE PESHF QEEHE SKVSL EHUFL DMOEO
EHLDU EFE

El dígrafo más frecuente que comienza por R en el mensaje es RH. Es probable entonces que H represente S (ver «Los dígrafos lo dicen todo», pág. 111). Se llega al comienzo del descifrado en caracteres en negritas:

EMYNS KVOEI DMOEM VSLDU EFOVS FUDSE
HESBN ESVSL DUEFO VSYVE SNSKD KNLDV
SRSKE PESSF QEESE SKVSL ESUFL DMOEO
ESLDU EFE

El cálculo de frecuencias más la búsqueda del dígrafo común DE harán que el cifrado se rompa progresivamente hasta obtener:

«El punto débil de los cifrados afines es que son cifrados por sustitución. Este mensaje es entonces fácil de descifrar».

## EL MENSAJE DEL COMANDANTE PULIER (PÁG. 149)

Con la hipótesis de que se trata de una sustitución alfabética que utiliza números de dos cifras, se obtiene el siguiente resultado:

```
11 00 05 09 02 03 00 07 21 04 17 00 19 00 07 05 11 20 14 00
00 11 09 00 24 03 01 04 24 14 05 07 21 04 16 05 21 05 11 11
04 19 09 00 17 07 05 19 05 09 00 07 04 13 25 05 07 00 24 03
16 03 09 04 11 05 04 07 09 00 19 09 00 09 03 07 03 17 03 07
13 00 01 05 19 05 19 05 05 06 03 05 11 00 05 13 03 24 04 01
04 00 11 12 07 03 01 00 07 16 05 21 05 11 11 04 19 09 00 24
05 23 05 09 04 07 00 13 05 14 19 20 14 00 00 11 09 00 13 21
05 24 05 01 00 19 21 04 20 14 00 00 13 21 05 16 05 00 19 13
12 04 21 04 07 19 04 19 04 13 00 05 09 00 01 03 09 03 02 03
13 03 04 19 11 04 25 00 25 00 24 25 04 07 00 11 00 02 05 07
12 04 07 01 03 13 21 07 04 12 05 13 11 00 07 14 00 17 04 09
05 07 01 00 04 07 09 00 19 00 13 12 05 07 05 00 11 07 00 00
01 12 11 05 23 04 09 00 00 13 00 09 00 13 21 05 24 05 01 00
19 21 04 12 05 07 05 20 14 00 00 11 04 21 07 04 02 14 00 11
02 05 01 00 19 05 07 09 13 00 09 03 07 03 17 00 05 13 05 02
04 19 00 09 04 19 09 00 07 00 21 03 16 03 07 05 01 03 13 19
14 00 02 05 13 04 07 09 00 19 00 13 21 04 14 07 00 21 07 00
00 01 12 11 05 23 05 05 09 14 12 14 03 13 00 19 06 03 19 05
11 00
```

Mediante un cálculo de frecuencias, vemos que, de un total de 362 grupos de dos cifras, el número de apariciones de cada grupo es el siguiente:

| 00 | 01 | 02 | 03 | 04 | 05 | 06 | 07 | 08 | 09 | 10 | 11 | 12 |
|----|----|----|----|----|----|----|----|----|----|----|----|----|
| 61 | 13 | 7  | 22 | 31 | 45 | 2  | 31 | 0  | 23 | 0  | 20 | 9  |

| 13 | 14 | 15 | 16 | 17 | 18 | 19 | 20 | 21 | 22 | 23 | 24 | 25 |
|----|----|----|----|----|----|----|----|----|----|----|----|----|
| 20 | 12 | 0  | 5  | 5  | 0  | 22 | 4  | 14 | 0  | 3  | 9  | 4  |

00 representa la E y 05 probablemente la A.

Las repeticiones en Spotorno (la o = o - o - - o) llevan a buscar dicha palabra en grupos de ocho letras en los que no aparezca 00. La letra O está entre las letras frecuentes, pero no las más frecuentes (en español la letra O aparece con una frecuencia de un 9 %, aproximadamente, frente al 14 % de la letra E o al 13 % de la letra A). Se busca la repetición y encontramos 13 12 04 21 04 07 19 04, que da equivalencias y el comienzo del desciframiento siguiente, donde las partes descifradas están en negritas:

```
        11 E A 09 02 03 E R T O 17 E N E R A 11 20 14 E
        E 11 09 E 24 03 01 O 24 14 A R T O 16 A T A 11 11
        O N 09 E 17 R A N A 09 E R O S 25 A R E 24 03
        16 03 09 O 11 A O R 09 E N 09 E 09 03 R 03 17 03 R
        S E 01 A N A N A A 06 03 A 11 E A S 03 24 O 01
        O E 11 P R 03 01 E R 16 A T A 11 11 O N 09 E 24
        A 23 A 09 O R E S A 14 N 20 14 E E 11 09 E S T
        A 24 A 01 E N T O 20 14 E E S T A 16 A E N S
        P O T O R N O N O S E A 09 E 01 03 09 03 02 03
        S 03 O N 11 O 25 E 25 E 24 25 O R E 11 E 02 A R
        P O R 01 03 S T R O P A S 11 E R 14 E 17 O 09
        A R 01 E O R 09 E N E S P A R A E 11 R E E
        01 P 11 A 23 O 09 E E S E 09 E S T A 24 A 01 E
        N T O P A R A 20 14 E E 11 O T R O 02 14 E 11
        02 A 01 E N A R 09 S E 09 03 R 03 17 E A S A 02
        O N E 09 O N 09 E R E T 03 16 03 R A 01 03 S N
        14 E 02 A S O R 09 E N E S T O 14 R E T R E
        E 01 P 11 A 23 A A 09 14 P 14 03 S E N 06 03 N A
        11 E
```

Empezamos a reconocer términos militares como general, batallón, granaderos, semana, tropas y la ciudad de Finale. He aquí entonces el texto en claro que encontramos: «Le advierto, general, que el decimocuarto batallón de granaderos ha recibido la orden de dirigirse mañana a Finale, así como el primer batallón de cazadores. Aunque el destacamento que estaba en Spotorno no sea de mi división, lo he hecho relevar por mis tropas. Le ruego darme órdenes para el reemplazo de ese destacamento para que el otro vuelva. Ménard se dirige a Savona donde recibirá mis nuevas órdenes. Touret reemplaza a Dupuis en Finale».

## LA ESCÍTALA (PÁG. 160)

La longitud del mensaje es de 72 letras, lo que hace 8 veces 9. Agrupando el texto en palabras de ocho letras, se obtiene:

```
E J I U L N O I
S E F N A F C T
T H R A D E H U
E A A E E R O D
M S D S C E Y N
E I O C I N L U
N D C I R C O E
S O O T C I N V
A C N A U A G E
```

Leyendo por columnas: «Este mensaje ha sido cifrado con una escítala de circunferencia ocho y longitud nueve».

## EL *RAIL FENCE* (PÁG. 161)

Se intenta con dos líneas, lo que da un mensaje incomprensible. Pasamos entonces a tres líneas, que nos proponen:

| | | | | | | | | | | | | | | | | | | | | | | | | |
|--|--|--|--|--|--|--|--|--|--|--|--|--|--|--|--|--|--|--|--|--|--|--|--|--|
| E | | | | M | | | | A | | | | A | | | | O | | | | R | | | | P |
| | S | | E | | E | | S | | J | | H | | S | | D | | C | | F | | A | | O | |
| | | T | | | | N | | | | E | | | | I | | | | I | | | | D | | |

| | | | | | | | | | | | | | | | | | | | | | | | | |
|--|--|--|--|--|--|--|--|--|--|--|--|--|--|--|--|--|--|--|--|--|--|--|--|--|
| | | | N | | | | L | | | | C | | | | T | | | | L | | | | A | |
| O | | U | | R | | I | | F | | N | | E | | E | | R | | S | | I | | E | | S |
| | R | | | | A | | | | E | | | | D | | | | E | | | | N | | | |

385

Dicho de otra manera, leyendo en zigzag: «Este mensaje ha sido cifrado por un *rail fence* de tres líneas».

## LA CUADRÍCULA GIRATORIA (PÁG. 165)

Se rellena el cuadrado, luego se aplica la rejilla cuatro veces haciéndola girar. Se obtiene: «Alemania planea rodear la línea Maginot».

## LA CUADRÍCULA GIRATORIA DE LADO OCHO (PÁG. 167)

Basta con rellenar un cuadrado de lado ocho con el mensaje y aplicar la rejilla de lado ocho dada en el texto para descifrarlo: «Demarato previene que el ejército persa atacará Grecia por las Termópilas».

## UN MENSAJE DEL CENTRO DE LA TIERRA (PÁG. 168)

Comenzamos por reagrupar las primeras letras de cada grupo: «.gninheLévreH.a»; luego continuamos con las segundas: «rreitaledortnec», y así sucesivamente: «laejaivleneomoc», «odarficejasnem», «tserarficsedodi» y «ugesnocah,ovarB», lo que nos proporciona: «Bravo, ha conseguido descifrar este mensaje como en el viaje al centro de la Tierra. Hervé Lehning».

## UN MENSAJE EN UBCHI (PÁG. 176)

La longitud del mensaje es 49, la de la clave, 7. Dividimos el mensaje en grupos de 7: AONRELV RSEITAR MNSAAIE EENARLG DPAROEN COFIRHT NRERFDE, y los colocamos en columnas en el orden dado por la clave LEALTAD:

| L | E | A | L | T | A | D |
|---|---|---|---|---|---|---|
| 5 | 4 | 1 | 6 | 7 | 2 | 3 |
| D | E | A | C | N | R | M |
| P | E | O | O | R | S | N |
| A | N | F | E | E | S |   |
| R | A | R | I | E | I | A |
| O | R | E | R | F | T | A |
| E | L | L | H | D | A | I |
| N | G | V | T | E | R | E |

Ahora escribimos ese cuadro en líneas:

DEACNRM PEOORSN ANNFEES RARIEIE ORERFTA ELLHDAI NGVTERE, y volvemos a formar las columnas:

| L | E | A | L | T | A | D |
|---|---|---|---|---|---|---|
| 5 | 4 | 1 | 6 | 7 | 2 | 3 |
| O | R | D | E | N | P | A |
| R | A | E | L | G | E | N |
| E | R | A | L | V | O | N |
| R | I | C | H | T | O | F |
| F | E | N | D | E | R | E |
| T | I | R | A | R | S | E |
| A | A | M | I | E | N | S |

Solo nos queda leer las líneas para obtener el mensaje en claro: «Orden al general Von Richtoffen de retirarse a Amiens».

UNA PROFECÍA EN *MOBY DICK* (PÁG. 188)

Se trata del anuncio del asesinato de Indira Ganhdi, si se utilizan los métodos de Rips.

387

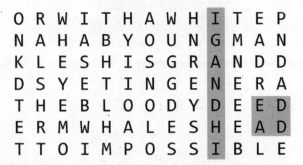

```
O R W I T H A W H I T E P
N A H A B Y O U N G M A N
K L E S H I S G R A N D D
D S Y E T I N G E N E R A
T H E B L O O D Y D E E D
E R M W H A L E S H E A D
T T O I M P O S S I B L E
```

## Un mensaje de Tritemio (pág. 194)

El mensaje se descifra así: «El cifrado de Tritemio es débil porque no depende de una clave».

## Un mensaje en Bellaso (pág. 196)

Se reconstituyen primero los cinco alfabetos, lo que nos da:

| BGDR | B | O | C | E | F | G | H | I | L | M |
|------|---|---|---|---|---|---|---|---|---|---|
|      | D | A | N | P | Q | R | S | T | V | X |
| OHAS | B | O | C | E | F | G | H | I | L | M |
|      | X | D | A | N | P | Q | R | S | T | V |
| CINT | B | O | C | E | F | G | H | I | L | M |
|      | V | X | D | A | N | P | Q | R | S | T |
| ELPV | B | O | C | E | F | G | H | I | L | M |
|      | T | V | X | D | A | N | P | Q | R | S |
| FMQX | B | O | C | E | F | G | H | I | L | M |
|      | S | T | V | X | D | A | N | P | Q | R |

Se aplica luego el cifrado con la segunda clave:

| CIFRADO | SE | LDOGQVG | ED | BAXTCRA | PH | MEC | MIETGE |
|---------|----|---------|----|---------|----|-----|--------|
| CLAVE | C | U | E | R | D | A | C |
| CLARO | LA | REUNION | DE | DOMINGO | ES | UNA | TRAMPA |

El mensaje es entonces: «La reunión de domingo es una trampa».

388

## Un mensaje sudista (pág. 210)

La clave era «manchester bluff», el mensaje es fácil de descifrar. Aquí lo tenemos:

«Gen'l Pemberton, You can expect no help from this side of the river. Let Gen'l Johnston know, if possible, when you can attack the same point on the enemy's line. Inform me also and I will endeavour to make a diversion. I have sent you some caps. I subjoin despatch from Gen Johnston».

«*General Pemberton, no puede esperar ayuda de este lado del río. Avise al General Johnston, si es posible, cuándo usted pueda atacar al mismo punto de la línea enemiga. Infórmeme también y me esforzaré en distraerlos. Le envié unas gorras. Me sumo al envío del General Johnston.*»

## Un mensaje del Viet Minh (pág. 217)

Se trata de un mensaje cifrado con Vigenère con la clave TINHA. Su descifrado: «Entregar municiones de ciento cinco a Dien Bien Phu. Firmado Giap».

## Un mensaje en Vigenère (pág. 220)

Se considera el mensaje obtenido reteniendo cada primera letra de los grupos de cinco. La letra mayoritaria es G, que entonces corresponde a E: la primera letra de la clave es C. Se recomienza con las segundas letras, y así sucesivamente. Se encuentra la clave «Cairo», el mensaje descifrado es: «Anuncio a Su Majestad que desde ayer, los rusos están sometidos y que el cerco se ha cerrado alrededor de la mayor parte del ejército ruso: el XIII, el XV y el XVIII cuerpos del ejército han sido destruidos. Las piezas de artillería están reunidas en los bosques. El botín de guerra aún no ha sido contabilizado, pero es extraordinariamente importante. En los alrededores el Ier y VI Cuerpo también han sufrido terriblemente. Se retiraron precipitadamente hacia Mlawa y Myszyniec».

## El desafío del sobrino de Babbage (pág. 222)

El comienzo del mensaje IIQVZVS MAC puede corresponder a «Querido tío». Si se trata de un Vigenère, la clave es SOMER-SET. Esta clave da el mensaje:

> QUERIDO TÍO
> NADA ES MÁS FÁCIL QUE REALIZAR LO QUE USTED COMPRENDE PERFECTAMENTE. COMO USTED SABE HACERLO, SERÁ TAMBIÉN FÁCIL DESCIFRAR ESTO. PW GQWBZ NQIBAI, BMTYY CR GZGXIRLVMDPD JIVP DO KIGPVZS.
> HF MWFGTHW EUPWBYDDI.
> PICCS.

Parece que el comienzo del mensaje haya sido cifrado con la clave SOMERSET y el final con otra. El final del mensaje PICCS parece la firma «Henry», lo que corresponde a la clave EPLUI. De hecho, un intento infructuoso muestra que la clave suplementaria es PLUIE [lluvia], y da la segunda parte del mensaje:

> AL MISMO TIEMPO, TIENE UN ROMPECABEZAS PARA SU CEREBRO.
> SU SOBRINO AFECTUOSO.
> > HENRY.

Finalmente, el mensaje es:

> Querido tío,
> Nada es más fácil que realizar lo que usted comprende perfectamente. Como usted sabe hacerlo, será también fácil descifrar esto. Al mismo tiempo, tiene un rompecabezas para su cerebro.
> Su sobrino afectuoso.
> > Henry.

## Un mensaje en Beaufort (pág. 229)

Se observan numerosas repeticiones: VDL a distancia 45, MOJ a distancia 9 e YJ a distancia 21 (y otros más). La clave podría ser de longitud 3. Se corta entonces el mensaje en tres palabras. Cada una puede haber sido cifrada con una sustitución monoalfabética: BILOY VRYOY KOYIY CYLMJ: Letra mayoritaria Y (6 sobre 20). Clave = Y + E = C.

WVHPW WWJJY HJNVJ PVYGJ: Letra mayoritaria J (5 sobre 20) seguida de W (4 sobre 20). Clave = J + E = N. Con W, clave A.

RDIJP GFMYN MPNFP FDNRN: Letra mayoritaria N (4 sobre 20). Clave = N + E = R.

La clave sería CNR, lo que daría un mensaje descifrado en: «Brausorgo...». La clave, entonces no es correcta. La clave siguiente sería CAR, que da: «Beaufort. Jolie échelle. Mer forte. C'est force neuf. Mer calme. Force quatre» [Beaufort. Bonita escala. Mar fuerte. Es fuerza nueve. Mar calma. Fuerza cuatro].

Este texto tiene sentido, o sea que hemos encontrado la clave correcta.

## Otro mensaje en Vigenère (pág. 238)

La repetición de EJ permite sospechar que la longitud de la clave es igual a 6. Se procede entonces como en el desciframiento precedente. Se encuentra la clave «Arthur». El mensaje descifrado es de Julio Verne (*La Jangada*):

> Ces embarcations étaient des «ubas», sorte de pirogues faites d'un tronc creusé au feu et à la hache, pointues et légères de l'avant, lourdes et arrondies de l'arrière, pouvant porter de un à douze rameurs, et prendre jusqu'à trois ou quatre tonneaux de marchandises; des «égariteas», grossièrement construites, largement façonnées, recouvertes en partie dans leur milieu d'un toit de feuillage, qui laisse libre en abord une coursive sur laquelle se placent les pa-

gayeurs; des «jangadas», sorte de radeaux informes, actionnés par une voile triangulaire et supportant la cabane de paillis, qui sert de maison flottante à l'Indien et à sa famille.

*Esas embarcaciones eran las «ubas» una especie de piraguas hechas con un tronco agujereado con fuego y hacha, puntiagudas y ligeras delante, pesadas y redondeadas atrás, que podían llevar de uno a doce remeros, y cargar hasta tres o cuatro toneles de mercancías; las «egariteas», toscamente construidas, ampliamente modeladas, cubiertas en parte, en el medio de un techo de follaje, que deja libre por delante una madera sobre la que se colocan los remeros; las «jangadas», especie de balsas informes, accionadas por una vela triangular y soportando la cabaña de mantillo, que sirven de casa flotante al indio y a su familia.*

## Un mensaje de Bazeries (pág. 240)

El triplete AWA se repite dos veces a una distancia de 45 y el triplete UWT a una distancia de 10, lo que deja pensar que la clave es de longitud 5. Consideramos entonces los cinco grupos:

```
AKSMW WWWUA DJGKA KWJW WQTWT
QARIW BQKMN CTKT
AZNFQ CIGQA BFSZT ZGS
QKVKR MFVJJ FMUZZ GKJ
GGXHO PXJPG UWCEF UGU
```

La búsqueda de la letra más frecuente en cada grupo no basta para determinar la clave, lo que deja pensar que la letra E es menos frecuente de lo normal en claro. Por el contrario, el método de Saint Urlo da la clave SIORC. Esta clave propone en claro:

```
IOMZE SILTE ALZEV UORTF ELCAM EIOVN ESUOV
EJSEH CACSN IOMSE LTNOS RIRVU OCEDA SELIC
IFFID SULPS ELSTE RCESS EL
```

Si lo invertimos, obtenemos:

LE SSECR ETSLE SPLUS DIFFI CILES ADECO UVRIR
SONTL ESMOI NSCAC HESJE VOUSE NVOIE MACLE
FTROU VEZLA ETLIS EZMOI

Que se descripta como: «Les secrets les plus difficiles à découvrir
sont les moins cachés. Je vous envoie ma clef. Trouvez-la et li-
sez-moi» [Los secretos más difíciles de descubrir son los menos
escondidos. Le envío mi clave. Encuéntrela y léame].

## Una receta del Perigord (pág. 242)

La dificultad consiste en encontrar la transposición. Tomemos la
hipótesis de que corresponde a una escritura invertida, lo que da:

YFMQU SHPJT WMJUZ EXSVX NSZHF BAYSG IPFRQ
IWFMQ UZQHJ OCEAS KHJIF GZWTP JFMWF GWYUS
LILFW WXSTT JBLES HCRJV MYWSM TTBOI EZMHJ
BMVAS HPJGI PJNXS NJZIE DTEHS HPJRI RXIVI
YSZVN BMVFX WYYSH YSJMV WSLIH CORFQ TENGA
IEAIV NBMVZ BMLJI ZIFIN VFWAV JHQVJ NTEQQ
WSQZI MXGMD QSNSN SZIUC AIWOB IRDMV FHCVJ
OUFNO VXJOD ESHLI QSNEN FMGZW ZIHIQ WJNTI
KCQIU OZXWO VGMSA HJJQR LHAIH CVHJG XSZFK
MSECE SHMKW OUQJG TENGA IERMY CXWYW
GIYKF WMIOD ESHLI QSLIL IAXJF

Podemos advertir la repetición de FMQU a una distancia 36 (escrita en negritas aquí arriba) y la de SHL a una distancia de 100
(también en negritas), por lo que la longitud de la clave podría
ser un divisor común a 36 y 100, es decir, 4. Si fuera el caso, los
cuatro textos siguientes fueron cifrados con un desplazamiento
de César:

YUJJX NFSFW UJAJZ JFULX JSJWT EJAJJ NEHJX

YNFYS WHFNE NZJFF JJQQX QNUWR FJNJS QNZHJ
KUWMJ LHJZS SWJNE CWKIS QLJ

Aquí, J es la letra más frecuente. Representa entonces la E, lo que significa que la primera letra de la clave es F:

FSTUS SBGRF ZOSIW FGSFS BHVSB ZBSGN JDSRI
SBXSJ SCQGA BBIIW HNQZG SSCOD HOOOH SFWIN
COOS JHCGF EHOGG RXGFO HSIF

Aquí, S es la letra más frecuente. Representa entonces la E, de manera que la segunda letra de la clave es O:

MHWZV ZAIQM QCKFT MWLWT LCMMO MMHIX
ZTHIV ZMWHM LOTAI MMZAQ TWIMN ZABMC
UVDLN MZQTQ ZVAQA VXKCM UTAMW IWDLL A

Aquí, M es la letra más frecuente. Representa entonces la E y la tercera letra de la clave es I:

QPMEX HYPIQ HEHGP WYIWT ERYTI HVPPS IEPRI
VVYYV IREIV VLIVV VESMD SIIIV VFXEI EGIWI IXGHR
IHSME KQEIY YYMEI IX

Aquí, I es la letra más frecuente. Representa entonces la E, lo que implica que la tercera letra de la clave es I, lo que da el mensaje:

Trempez le foie gras entier dans un saladier rempli d'eau avec deux cuillères à soupe de gros sel pendant une heure. Épongez-le, dénervez-le, salez, poivrez. Placez-le dans une terrine. Rajoutez un verre de cognac. Laissez mariner une heure au frais, retirez l'alcool. Laissez le foie reposer à température ambiante avant de le faire cuire. Cuisez le foie par tranches de vingt secondes pour cinquante grammes. Laissez deux jours au froid avant de la déguster.

*Introduzca el foie gras entero en un recipiente lleno de agua con dos cucharadas soperas de sal gruesa durante una hora. Escurra, retire los nervios, salpimiente. Coloque en una tarrina. Añada un vaso de cognac. Deje marinar una hora en el refrigerador, retire el alcohol. Deje reposar el foie gras a temperatura ambiente antes de cocinarlo. Cueza el foie gras veinte segundos para cada cincuenta gramos. Deje dos días en el refrigerador antes de degustar.*

## Un mensaje en ABC (pág. 245)

La longitud del mensaje es 54, que se descompone en 6 veces 9. Elegimos la hipótesis de que la clave es de longitud 6, lo que propone las seis columnas:

BEMVUREBF IKGEPBKVU RRRLCIMUR BELSOTENH BUJBFOBJF TCGTGWGJW

De tres en tres, la sustitución es la misma. En una misma columna también. Saint Urlo viene a rescatarnos. En la primera columna original, las letras ESAINTURLO deben representar aproximadamente 80 % de las letras. Se trata de las columnas 3 y 4, que corresponden entonces a A y a las columnas iniciales 1 y 4. El mismo método conviene para B y C. Para B, las letras mayoritarias son FTJOUVSMP, lo que corresponde a las columnas 1 y 5 y a las columnas 2 y 5. Para C, se trata de las columnas 3 y 6. Así, obtenemos las columnas:

ADLUTQDAE GIECNZITS RRRLCIMUR BELSOTENH ATIAENAIE RAEREUEHU

Consideramos la primera línea en el orden 412536: BAGARR. Se reconoce el comienzo de «barrage» [bombardeo]. La orden es probablemente 416532. En el cuadro:

| B | A | R | R | A | G |
|---|---|---|---|---|---|
| E | D | A | R | T | I |
| L | L | E | R | I | E |
| S | U | R | L | A | C |
| O | T | E | C | E | N |
| T | Q | U | I | N | Z |
| E | D | E | M | A | I |
| N | A | H | U | I | T |
| H | E | U | R | E | S |

Solo queda leer el comunicado: «Barrage d'artillerie sur la côte cent quinze demain à huit heures» [Bombardeo de artillería en la costa ciento quince mañana a las ocho].

## TRES MENSAJES EN ADFGVX (PÁG. 255)

La longitud de los mensajes es 66, o sea 6 veces 11. Los mensajes 2 y 3 difieren en dos puntos distantes de 33, múltiplo de la longitud de las columnas, con la hipótesis verosímil de que esta longitud es de 11 y el número de columnas es igual a 6. Luego se recortan los mensajes en columnas de 11. Las diferencias entre los mensajes 2 y 3 muestran que las columnas 1 y 2 se han colocado en 3 y 6. El mensaje 1 es el mismo que el mensaje 2 con una letra de más en el encabezamiento. Esto permite detectar la permutación realizada: (1, 2) se convirtió en (3, 6), (5, 6) se convirtió (1, 4) y, entonces, (3, 4), (2, 5). Son posibles seis permutaciones. Podemos intentarlas todas. Continuamos aquí con la que dio un resultado *a posteriori*: 5, 4, 1, 6, 3, 2. Suprimiendo la permutación, los mensajes son casi idénticos con la siguiente parte común:

FF DF GG DF AA DF DX GD DA DD DD DA GF AD
AV GG DF AA AV GD DA AG DD DX DF AA XX FX AD
DF GD

Aplicamos entonces el método de la palabra probable. Con la hipótesis de que esta parte comienza por DIVISION ATTAQUE

[división ataque], obtenemos lo siguiente: V I S E N A ? T O I S??
U I N.

El ataque debe entonces apuntar a «Vis-en-Artois en juin»
[Vis-en-Artois en junio]. Falta el día, pero está codificado XX.
Vistas las claves utilizadas para la sustitución, es probable que
haya conservado el sentido de la última cifra, o sea 9.

## Un mensaje de Alberti (pág. 262)

Para descifrar, lo más simple es fabricar un disco de Alberti foto-
copiando el que contiene este libro en dos ejemplares. Necesita-
rás unas tijeras para recortar los dos discos y una tachuela o un
alfiler para hacer que el segundo disco pivote. El mensaje significa: «Mi disco es autoclave».

## Un mensaje de Maquiavelo (pág. 274)

Se cifra DIVIDIR con cada cilindro, y se deduce que el cifrado de
DIVIDIR en TRUEFJQ no es posible más que con el orden siguiente de los cilindros: 8/13/4/6, 8 o 17/2, 3, 14, 15, 17 o 19/1,
7, 9, 19 o 20/4 o 6. El cilindro 4 está empleado en tercera posición, deducimos que el último es el 6. Finalmente, obtenemos
8/13/4/17/2, 3, 14, 15 o 19/1, 7, 9, 19 o 20/6. Esto permite descifrar el mensaje a partir de la posición 21. Se obtiene BRAR??S.
Adoptamos la hipótesis de que los ? representan las letras D, I y
que tenemos el principio de DISCORDIA. El mismo razonamiento que anteriormente aumenta el lote de cilindros descubiertos. Si lo llevamos a la palabra DIVIDIR, podemos continuar.
Finalmente, encontramos el orden de los cilindros: 8, 13, 4, 17,
2, 1, 6, 10, 19, 3, 9, 15, 14, 5, 18, 11, 7, 12, 20, 16 y el sentido
del mensaje: «Dividir para reinar, sembrar discordia, oponer».

LA BIBLIA DE LOS CÓDIGOS SECRETOS

## Un mensaje de auxilio (pág. 302)

Para descifrar este mensaje, es necesario disponer de una computadora que simule una máquina Enigma de tres rotores, que puede encontrarse en internet. Para las seis posiciones de los rotores, intentamos cada posición, transformamos el mensaje, calculamos su índice de coincidencia y conservamos el óptimo. Encontramos que los rotores están en el orden III, I y II, posicionados en C, W y B. Seguimos el método con las conexiones. Encontramos BN, CR, DQ, FW y KL. El mensaje es: «Primera división. Aguantamos, pero sufrimos un ataque violento de una división de tanques. Rogamos envíen la aviación».

## Una libreta de uso único que lleva bien su nombre (pág. 320)

La palabra probable «Del alto mando general» da la serie de bits:

```
10001  00110  01011  10110  00100  00011  00001  11011
00111  01001  10111  10100  00011  01101  11000  01110
11101  10010  01101  11101  00000  11001  11110  01011
10111  01100  10111  10010  11000  01110  1100
```

Lo añadimos al comienzo del mensaje cifrado para deducir el comienzo de la clave:

```
10111  11001  00000  11010  00011  11110  11001  01010
11000  11111  10010  11001  00111  00101  10010  10101
10101  11110  10010  00111  11011  01100 11001  00101  10001
11011  10000  11011  01010  11001  0001
```

El germen es una hora en segundos, o sea un número comprendido entre 0 y 24 x 60 x 60, o sea 86.400, es decir,

10101000110000000 en binario. Tenemos entonces 17 posibilidades, entre 1, 10, hasta 10111 11001 00000 11, conservando los primeros bits encontrados. Probándolos unos tras otros, encontramos que hay que guardar 16, lo que da el germen 48.705, o sea, 13 horas, 31 minutos y 45 segundos, porque el término siguiente es entonces 339 699 032, es decir, 10100 00111 11101 10010 10101 1000. El comienzo de la clave es entonces:

10111  11001  00000  11010  00011  11110  11001  01010 11000, lo que corresponde a lo que obtuvimos ya. Si seguimos, encontramos la clave completa:

| | | | | | | | |
|---|---|---|---|---|---|---|---|
| 10111 | 11001 | 00000 | 11010 | 00011 | 11110 | 11001 | 01010 |
| 11000 | 11111 | 10010 | 11001 | 00111 | 00101 | 10010 | 10101 |
| 10101 | 11110 | 10010 | 00111 | 11011 | 01100 | 11001 | 00101 |
| 10001 | 11011 | 10000 | 11011 | 01010 | 11001 | 00010 | 01010 |
| 11010 | 00110 | 10011 | 01011 | 11001 | 01011 | 01000 | 11101 |
| 10110 | 00111 | 11111 | 00111 | 10110 | 00110 | 11011 | 11101 |
| 01001 | 11110 | 11011 | 11111 | 10001 | 11001 | 01011 | 01110 |
| 10001 | 11001 | 10011 | 11101 | 01001 | 11010 | 01101 | 11011 |
| 10000 | 00000 | 10100 | 10100 | 00111 | 01111 | 00010 | 11001 |
| 10011 | 01011 | 00000 | 10000 | 10101 | 10011 | 01100 | 00101 |
| 11110 | 11001 | 01100 | 10110 | 01011 | 11111 | 11010 | 01100 |
| 11011 | 00011 | 00000 | 00001 | 10001 | 00101 | 01011 | 01101 |
| 01111 | 11100 | 00101 | 11001 | 01010 | 01010 | 10001 | 01101 |
| 11100 | | | | | | | |

El mensaje en claro es:

| | | | | | | | |
|---|---|---|---|---|---|---|---|
| 10001 | 00110 | 01011 | 10110 | 00100 | 00011 | 00001 | 11011 |
| 00111 | 01001 | 10111 | 10100 | 00011 | 01101 | 11000 | 01110 |
| 11101 | 10010 | 01101 | 11101 | 00000 | 11001 | 11110 | 01011 |
| 10111 | 01100 | 10111 | 10010 | 11000 | 01110 | 11000 | 10000 |
| 01100 | 00101 | 00000 | 11011 | 00110 | 11111 | 11001 | 10100 |
| 00011 | 00011 | 11011 | 11110 | 11011 | 10000 | 11101 | 11011 |
| 00100 | 11000 | 01110 | 11101 | 11010 | 01100 | 10111 | 10011 |
| 01000 | 00110 | 01001 | 10010 | 10100 | 00011 | 00100 | 11010 |

```
01111  01101  10100  11110  01111  01001  11011  11110
11101  10010  11110  01101  11010  01000  00110  00111
10111  11100  10011  01001  11001  11110  11110  10000
01100  10011  00101  11100  11110  00111  11010  11100
01011  01001  11001  01111  00101  11010  01101  111
```

Es decir: «Del alto mando general a los comandantes: código descubierto».

## El número de cuenta (pág. 346)

Se trata de factorizar el número 49.808.911. Con un programa adaptado, se encuentra 2.819 multiplicado por 17.699. De la misma manera, el exponente a utilizar es 49.788.424, porque su producto por 5.685699 tiene como resto 1 en la división por 2.818 veces 17.688. El número de cuenta es 100.001.

## Las contraseñas del Ministerio de Defensa (pág. 358)

Se trata de la raíz cúbica de 71.215.348.625, o sea, 4.145.

## La frase cifrada de los agradecimientos (pág. 369)

La parte «Jmwme Osjvneg» está colocada como una firma. Suponiendo que significa Hervé Lehning y que estamos frente a una sustitución polialfabética, la clave parece ser «cifrado», lo que da la frase: «Dedico este libro a todos los que lo han leído hasta el final. Hervé Lehning».

# GLOSARIO

Las referencias entre comillas son capítulos del libro, los otros términos en cursiva envían al glosario.

## ABC

Cifrado alemán de la Primera Guerra Mundial, fundado sobre el cifrado de Vigenère de clave ABC y una transposición de columna. Ver «El cifrado ABC», pág. 244, *Vigenère, Transposición.*

## ADFGX y ADFGVX

Cifrados alemanes de la Primera Guerra Mundial que solo utilizaban estas letras porque sus códigos Morse estaban muy alejados. Ver «El cifrado ADFGX», pág. 245, «El añadido de la V: el cifrado ADFGVX», pág. 250.

## AES

Advanced Encryption Standard. Algoritmo de cifrado moderno que reemplaza el DES, actualmente superado. Ver «El triple DES y el AES», pág. 338, *DES.*

## Al-Kindi

Al-Kindi es uno de los grandes nombres de la criptografía. Fue el primero en describir el método de las frecuencias. Ver *Frecuencia.*

## Alberti

Uno de los inventores de los cifrados polialfabéticos. Ver *Discos de Alberti*.

## Aleatorio

La palabra latina *alea* significa «juego de dados». En francés, aleatorio significa imprevisible, ligado al azar. Esta definición misma muestra que no es fácil fabricar lo aleatorio; lo que exige, sin embargo, el método de la libreta de uso único. Ver *Libreta de uso único*, *Seudoaleatorio*.

## Algoritmo

Algoritmo es la versión matemática y rigurosa de una receta. Como en cocina, un algoritmo necesita ingredientes (en matemáticas se llaman argumentos) y una serie de operaciones (en matemáticas, se llaman instrucciones elementales). También tiene un objetivo: resolver un problema planteado. Por ejemplo, el algoritmo de la adición propone la suma de dos números que son los argumentos del algoritmo.

La palabra algoritmo proviene del nombre del sabio árabe Al-Kwarizmi (780-850) que daba sus métodos de manera algorítmica. Los métodos de cifrado corresponden siempre a algoritmos precisos. Ver *Cifrado*.

## Alfabeto cifrado

Un alfabeto cifrado realiza una correspondencia entre el alfabeto usual y símbolos destinados a reemplazarlos en una sustitución monoalfabética o polialfabética. Ver «El mensaje era una cortina de humo», pág. 17, «Un método mnemotécnico» pág. 102, «El primer cifrado con palabra clave», pág. 194, «Blaise de Vigenère un personaje múltiple», pág. 197.

## Alfabeto reversible

Alfabeto cifrado tal que si Y se cifra X, X se cifra Y. Ver «Un método mnemotécnico», pág. 102, «Blaise de Vigenère, un personaje múltiple», pág. 197.

## Análisis

Ver *Frecuencia*.

## Aparatos conectados

Aparatos conectados a internet, por naturaleza difíciles de proteger. Ver «El peligro de los aparatos conectados», pág. 357.

## ASCII

American Standard Code for Information Interchange. Ese código traduce los caracteres alfadigitales, es decir alfabéticos o digitales, en números entre 0 y 255. Ellos mismos están escritos en binario. A partir de ese código, todo texto se convierte en una serie de 0 y 1. Ver «La era digital y la criptografía cuántica», pág. 313.

## Asimétrico

Se dice de un algoritmo de cifrado que utiliza una clave pública para cifrar y una clave privada (diferente) para descifrar los mensajes. Ver «La magia de los cifrados asimétricos», pág. 339, *RSA*.

## Ataque

Cualquier intento de romper un código. Una de las formas de ataque modernas es la búsqueda exhaustiva de claves o contraseñas. Consiste en intentar todas las posibilidades, eventualmente restringiéndolas a un diccionario u otro. Este método se hizo posible gracias al poderío de las computadoras y la conexión en red. Ver *Fuerza bruta*.

## Autentificación

La autentificación consiste en asegurarse de la identidad del emisor de un mensaje, pero también de la integridad del mensaje recibido. Ver «Los principios del sistema RSA», pág. 341.

## Autoclave

Ver *Cifrado autoclave*.

## B-211

Máquina de cifrado electromecánico francesa de la Segunda Guerra Mundial, utilizada a nivel estratégico. Ver «Las máquinas francesas», pág. 305.

## Babbage

Charles Babbage es un precursor de la informática. También se interesó en la criptografía e inventó un método conocido con el nombre de Kasiski.

## Bazeries

Étienne Bazeries es uno de los grandes nombres de la criptografía. En particular, descodificó la Gran Cifra de Luis XIV. Ver «El arma de la guerra secreta», pág. 13, «El código Baravelli y el caso Dreyfus», pág. 44, «Descifrar sin conocer el diccionario», pág. 55, «Las correspondencias personales de Le Figaro», pág. 104, «La palabra probable de Bazeries», pág. 228, «El cilindro de Bazeries», pág. 270.

## Beaufort

Ver *Cifrado de Beaufort*.

## Bellaso

Ver *Cifrado de Bellaso*.

## Bigrama

Sinónimo de dígrafo.
Ver *Dígrafo*.

## Biconsonánticos

Ver *Cifrado biconsonántico*.

## Blockchain (cadenas de bloques)

Sistema que utiliza la criptografía para autentificar los ficheros sin recurrir a ninguna autoridad. Las cadenas de bloques no se limitan a las criptomonedas como el bitcoin. Ver «Criptomonedas», pág. 358.

**Boulanger**

Ver *Cifrado de Boulanger*.

**Bruta**

Ver *Fuerza bruta*.

**Búsqueda exhaustiva**

Ver *Fuerza bruta*.

**C-36**

Máquina francesa de cifrado mecánico de la Segunda Guerra Mundial utilizada a nivel táctico. Ver «La C-36», pág. 307.

**Cabinet noir (gabinete negro)**

Servicio de información de tiempos antiguos encargado de interceptar las cartas y descifrarlas. Ver «Los *cabinets noirs* (servicio de inteligencia)», pág. 58.

**Caja de cifrado de Enrique II**

Hermoso objeto del Renacimiento probablemente concebido para efectuar un cifrado polialfabético. Ver «La caja de cifrar de Enrique II», pág. 265.

**Camuflaje**

Técnica que consiste en esconder el sentido de las palabras de manera convenida previamente, como designar al presidente de la República con un nombre anodino como «Tío». Ver «Los errores del Viet Minh y de sus adversarios», pág. 215.

**Cardan**

Ver *Rejilla de Cardan*, *Cifrado autoclave*.

**Cuadrado de Polibio**

Cuadrado 5 x 5 que permite codificar las letras (salvo una) por parejas de cifras. Ver «Perfectamente cuadrado», pág. 116, «Criptografía al "vesre" (al revés)», pág. 239, «El cifrado ADFGX», pág. 245.

## CD-57

Máquina francesa y portátil de cifrar, utilizada a nivel táctico durante la Guerra Fría.

## César

Cifrado correspondiente a un simple desplazamiento en el alfabeto. Por ejemplo, un desplazamiento de 3 consiste en reemplazar A por D, B por E, etc. Ver «El César al mejor cifrado», pág. 26, *Rot13*.

## Cifrado

Conjunto de procedimientos (y de símbolos) empleados para reemplazar las letras de un mensaje para hacerlo incomprensible cuando no se conoce la manera de descifrar. Se distinguen generalmente los cifrados por sustitución y los de transposición. Ver «Los cifrados por sustitución», pág. 97, «Los cifrados por transposición», pág. 157, *César*, *ABC*, *ADFGX*, *Ubchi*, *Vigenère*.

## Cifrado autoclave

Cifrado por el cual la clave está en el mensaje en claro.

## Cifrado bilítero

Cifrado inventado por Francis Bacon, que consiste en emplear dos pólizas de caracteres diferentes, porque el mensaje está cifrado por diferentes pólizas y no por el texto escrito. Ver «El cifrado bilítero de Francis Bacon», pág. 120.

## Cifrado de Bazeries

Cifrado que consiste en una sustitución monoalfabética seguida de una transposición. Ver «El cifrado de Bazeries», pág. 243.

## Cifrado de Beaufort

Cifrado polialfabético que utiliza un cuadro de Vigenère, pero de otra manera. Ver «El cifrado de Beaufort», pág. 202.

## Cifrado de Bellaso

Cifrado polialfabético inventado por Giovan Bellaso, el primero que utilizó una palabra como clave. Ver «El primer cifrado con palabra clave», pág. 194.

## Cifrado de Boulanger

Cifrado que mezcla sustitución polialfabética y transposición, utilizado por el general Boulanger. Ver «Criptografía al "vesre" (al revés)», pág. 239.

## Cifrado de la marina japonesa

Uno de los cifrados de la marina japonesa durante la guerra del Pacífico. Consiste en un diccionario cifrado, supercifrado por un cuadro de números aleatorios. Ver «El cifrado de la marina japonesa», pág. 255.

## Cifrado de Rozier

Una complicación ilusoria del cifrado de Vigenère. Ver «Una complicación ilusoria: el cifrado de Rozier», pág. 203.

## Cifrado de los exiliados

Cifrado homofónico utilizado por los exiliados en 1793. Ver «El cifrado de los exiliados», pág. 131.

## Cifrado del libro

Utilización de un libro como recopilación de claves. Ver «Los espías alemanes y el cifrado del libro», pág. 214.

## Cifrado zigzag

Cifrado por transposición que consiste en escribir en zigzag. Ver «El cifrado *rail fence* o zigzag», pág. 160.

## Cifrado

Aplicación de un cifrado. Se trata de un algoritmo. Ver *Algoritmo*.

## Cifrado homomorfo

Un cifrado es homomorfo para la adición si la suma de los cifrados es el cifrado de la suma. Asimismo, es homomorfo por la multiplicación si el producto de los cifrados es el cifrado del producto. Es doblemente homomorfo si es homomorfo para las dos operaciones. Ver «Calcular con una versión cifrada de los datos», pág. 361.

## Cifrar

Aplicar un cifrado. Ver *Cifrado, Codificación.*

## Clave

Un algoritmo de cifrado necesita habitualmente una clave que puede ser una palabra, una frase, un número, etcétera.

## Clave privada

Clave que permite el desciframiento y sigue siendo secreta. En el caso de un sistema simétrico, se trata de la única clave. En el caso de un sistema asimétrico, se le distingue de la clave pública que permite el cifrado. Ver «La magia de los cifrados asimétricos», pág. 339, *Clave pública.*

## Clave pública

Clave que sirve al cifrado en un sistema asimétrico y es accesible a todos quienes la quieran porque no permite el desciframiento; para eso, hay que poseer una clave privada. Ver «La magia de los cifrados asimétricos», pág. 339, *Clave privada.*

## Clave secreta

Clave en un sistema simétrico o clave privada de un sistema asimétrico. Ver «La magia de los cifrados asimétricos», pág. 339, *Clave privada.*

## Código

Sistema de símbolos que reemplazan palabras enteras. Los códigos, en principio, se distinguen entonces por cifras, pero, en la práctica, las dos nociones son muy próximas y pueden confundirse. Ver «¿Cifrado o código?», pág. 28, «La saga de los diccionarios cifrados», pág. 37.

## Código púrpura

Código de la diplomacia japonesa durante la guerra del Pacífico. Ver «El código púrpura», pág. 303.

## Coincidencia

Ver *Indice de coincidencia.*

## Colossus

Primera computadora creada para descifrar los mensajes de la máquina de Lorenz. Ver «La máquina de Lorenz y Colossus», pág. 303.

## Confidencialidad

Asegurar la confidencialidad de algunas informaciones, es asegurarse de que únicamente las personas autorizadas tienen acceso a ellas. Ver «Cómo se almacenan tus códigos secretos», pág. 355.

## Conectados

Ver *Objetos conectados.*

## Curvas elípticas

Curvas que permiten un cifrado con claves asimétricas. Ver «Las curvas elípticas», pág. 347.

## Criptado

La Real Academia Española no reconoce esta palabra y prefiere codificación o cifrado. Sin embargo, se utiliza sobre todo en el terreno de la televisión digital, por lo que no existe ninguna razón seria para desterrarla.

## Criptoanálisis

Arte de analizar un mensaje cifrado para descifrarlo. Ver *Descifrar.*

## Criptar

Versión no académica del verbo cifrar. Ver *Criptado*.

## Criptograma

Mensaje cifrado o codificado. Ver «El misterio del escarabajo de oro», pág. 77.

## Criptografía

Etimológicamente, criptografía viene de «escritura escondida» (en griego). La criptografía está destinada a esconder el sentido de los mensajes. Se opone a la esteganografía, que se esfuerza por esconder los mensajes mismos. Ver «Venganza del corazón», pág 20.

## Criptología

Puede considerarse como sinónimo de criptografía, pero a menudo se separa la criptología en criptografía y criptoanálisis.

## Criptosistema

Sistema de cifrado completo que incluye la transferencia de claves.

## CX-52

Máquina de cifrado portátil de origen francés, utilizada durante la Guerra Fría a nivel táctico.

## Cilindro

Máquina de cifrar manual. Ver «El cilindro de Jefferson», pág. 269, «El cilindro de Bazeries», pág. 270, «La máquina de Gripenstierna», pág. 268.

## Codificación

Acción de codificar.

## Codificar

Verbo más general que «cifrar», ya que se puede codificar con otro objetivo que el criptográfico. Por ejemplo, cuando un texto se transforma en una serie de bits por medio del código ASCII, no se trata de cifrado propiamente dicho.

## Corte

Función aplicada a un documento de longitud variable que devuelve a otro de longitud fija, característica del documento, llamado su resumen o su corte. El corte sirve para almacenar las contraseñas o para autentificar documentos. Ver «Trocear para salvaguardar», pág. 352.

## Cuántico

La criptografía cuántica es un protocolo informático destinado a intercambiar claves de manera segura. Ver «Maravillas cuánticas», pág. 323.

## Descifrado

Operación inversa al cifrado cuando se conoce la clave legalmente. En ese sentido se opone al descifrado donde se descubre la clave por medio del criptoanálisis.

## Decriptaje

Versión no académica del descifrado.

## Decriptamiento

Acción de descriptar.

## Descriptar

Descubrir el sentido escondido de un mensaje sin conocer la clave previamente.

## Delastelle

El cifrado de Delastelle combina una sustitución y una transposición. Ver « Criptografía al "vesre" (al revés)», pág. 239.

## DES

Data Encryption Standard. Algoritmo de cifrado de datos moderno. Hoy ha sido superado y fue reemplazado por el AES. Ver «El triple DES y el AES», pág. 338.

## Diccionario

El ataque de contraseñas por diccionario consiste en intentar todas las contraseñas de un diccionario para conseguirlo. Ver «Cómo se almacenan tus códigos secretos», pág. 355.

## Diccionario cifrado

Los diccionarios cifrados o monenclátores (o repertorios) son diccionarios bilingües cuya una de las lenguas es una lengua natural como el español, el inglés, el alemán o el japonés y otra una lista de cifras. Su gran inconveniente es exigir un libro grueso, sin estar seguros de que no caerá en manos enemigas, en cuyo caso, no tendrá ningún valor. Ver «La saga de los diccionarios cifrados», pág. 37 y «La clave del problema», pág. 53.

## Dígrafo

Conjunto de dos letras consecutivas como DE, EN, IN, etc. Ver «Cifrar con dígrafos», pág. 115, *Frecuencia*, *Playfair*.

## Discos de Alberti

Criptógrafo en forma de disco que contenía dos ruedas que permitían realizar sustituciones polialfabéticas. Ver «El disco de Alberti», pág. 260.

## Discos de Wadsworth

Criptógrafo en forma de disco, que permite realizar sustituciones polialfabéticas en el que las ruedas no están divididas por el mismo número de símbolos. Ver «Los discos de Wadsworth», pág. 263.

## Elíptica

Ver *Curvas elípticas*.

## Exiliados

Ver «El cifrado de los exiliados», pág. 131.

## Enigma

Máquina de cifrado alemana de la Segunda Guerra Mundial. Ver «La máquina Enigma», pág. 278.

### Enrique II de Francia

Ver *Caja de cifrado de Enrique II*.

### Escítala

Sistema de cifrado antiguo, que consiste en una varilla alrededor de la cual se rodea una cinta de cuero antes de escribir encima. Ver «La escítala», pág. 157.

### Estaciones de números

Estaciones de radio que emiten solamente números. Ver «Las emisoras de números», pág. 234.

### Esteganografía

Procedimiento que consiste en esconder la existencia de un mensaje que, además, puede ser codificado. Ver «El arma de la guerra secreta», pág. 13.

### Exhaustiva

Ver *Fuerza bruta, Búsqueda exhaustiva*.

### Firma

Dato corto que demuestra la identidad de un emisor de mensaje. Ver «Cómo salvaguardar tus datos informáticos», pág. 351.

### Fuerza bruta

El ataque por fuerza bruta consiste en intentar todas las claves posibles de un algoritmo de cifrado, hasta encontrar la buena. No es eficaz para claves de 128 bits o más. Se habla también de búsqueda exhaustiva. Ver «Fragilidad del DES», pág. 336, «Trocear para salvaguardar», pág. 352.

### Francmasones

Ver *Pig Pen*.

### Frecuencia

Porcentaje de aparición de una letra, de un dígrafo o una palabra en una lengua o en un texto. Calcular las frecuencias de aparición de las letras en un mensaje es la primera etapa de un criptoanálisis. Ver «El enigma de los Templarios», pág. 68, «Los dígrafos lo dicen todo», pág. 111.

## Friedman

William Friedman es uno de los grandes nombres de la criptografía. Ver *Índice de coincidencia*.

## Giratoria

Ver *Rejilla giratoria*.

## Gripenstierna

Ver *Máquina de Gripenstierna*.

## Gronsfeld

Cifrado idéntico al de Vigenère. Ver *Vigenère*.

## Hill

Lester Hill es un matemático estadounidense creador de un cifrado generalizando el de Playfair. Ver «El código de Hill o la irrupción de las matemáticas», pág. 137.

## Homofonía

Ver *Sustitución monoalfabética*.

## Homomorfia

Ver *Cifrado homomorfo*.

## Índice de coincidencia

Índice invariable por permutación de letras. Permite reconocer si un texto, o un trozo de este, ha sido cifrado por una sustitución monoalfabética. Es útil en criptoanálisis de cifrados polialfabéticos. Ver «Las coincidencias de Friedman», pág. 234, «La posición de los rotores», pág. 292.

## Integridad

Asegurar la integridad de datos consiste en permitir la detección de modificaciones voluntarias realizadas sobre esos datos. Ver *Autentificación*.

## Jefferson

Ver *Cilindro*.

## JN-25

Ver *Cifrado de la marina japonesa*.

## Kasiski

El método de Kasiski, inventado por Babbage, sirve para romper un cifrado de Vigenère. Ver «El método de Kasiski», pág. 222.

## Kerckhoffs

Importante teórico de la criptografía; sin duda, el mejor. Enunció el principio que lleva su nombre, aún de actualidad, según el cual más vale que un cifrado esté protegido por una clave que por un secreto. También dio un método de descifre de los cifrados polialfabéticos válido cuando se dispone de un gran número de mensajes cifrados con la misma clave. Ver «La clave del problema», pág. 53, «El método de Kerckhoffs», pág. 217.

## La regleta de Saint-Cyr

Dispositivo formado por dos reglas, una deslizante para cifrar y descifrar con el sistema de Vigenère. Ver «La regleta de Saint-Cyr», pág. 262.

## Libreta de uso único

Único método de cifrado que ha demostrado su seguridad. Sin embargo, esta demostración reposa en una hipótesis fuerte: la clave debe ser aleatoria, lo que no es fácil de asegurar. Si la clave es seudoaleatoria, la libreta de un solo uso es atacable por el método de la palabra probable. Ver «La libreta de uso único», pág. 230.

## Logaritmo discreto

Ver «Las curvas elípticas», pág. 347.

## Máquina de Lorenz

Máquina de cifrar alemana reservada a los comunicados entre el alto cuartel general y los ejércitos. La primera computadora (Colossus) fue creada para descriptar los mensajes. Ver «La máquina de Lorenz y Colossus», pág. 303.

## Máquina de Gripenstierna

Criptógrafo en forma de cilindro que necesita dos operadores, uno del lado en claro y otro lado cifrado. Ver «La máquina de Gripenstierna», pág. 268.

## Máquinas francesas

Ver *B-211, C-36, CX-52* y *Myosotis*.

## Método de Saint Urlo

Método que consiste en utilizar las diez letras más frecuentes en francés para detectar una sustitución monoalfabética. Sirve para descifrar los cifrados polialfabéticos. Ver «El método de Saint Urlo», pág. 226.

## Monoalfabético

Ver *Sustitución monoalfabética*.

## Myosotis

Primera máquina de cifrar francesa, totalmente electrónica. Ver «La C-36», pág. 307.

## Napoleón I

Emperador de los franceses famoso por la mala calidad de sus cifrados. Ver «La regresión de la Revolución y el Imperio», pág. 148, «El gran ejército imperial = la gran fotocopiadora», pág. 152.

## Números

Ver *Estaciones de números*.

## Nomenclátor

Sinónimo de diccionario cifrado. Ver *Diccionario cifrado*.

## Palabra probable

El método de la palabra probable consiste en buscar una palabra que se estime probable en el texto, para descifrarlo. Ver «Una afirmación radical», pág. 42, «El misterio del escarabajo de oro», pág. 77, «El desafío del asesino del zodiaco», pág. 128, «Las cartas de María Antonieta», pág. 203, «La palabra probable de Julio Verne», pág. 212, «La palabra probable de Bazeries», pág. 228, «El descifre de Turing», pág. 294.

## PGP.

Pretty Good Privacy. Criptosistema moderno que permite una buena confidencialidad de los intercambios. Ver «Un "nivel de confidencialidad correcto": PGP», pág. 356.

## Pig-Pen

Cifrado de sustitución monoalfabética utilizado por los francmasones. Ver «La escritura secreta de los francmasones», pág. 75.

## Playfair

Cifrado de sustitución dígrafa debida a Charles Wheatstone. Ver «El cifrado de Playfair», pág. 132.

## Polialfabética

Ver *Sustitución polialfabética*.

## Polibio

General griego, autor de un sistema de transmisión que fue empleado ulteriormente como cifrado. Ver *Cuadrado de Polibio*.

## Puerta secreta

Fallo colocado voluntariamente por el creador de un sistema criptográfico para dar acceso en claro de un mensaje cifrado.

## Púrpura

Ver *Código púrpura*.

## Probable

Ver *Palabra probable*.

## Rail fence

Ver *Cifrado zigzag*.

## Rejilla de Cardan

Rectángulo de cartón o de metal que presenta unos agujeros que se colocan sobre una hoja de papel. Se utiliza escribiendo el mensaje en los agujeros, antes de retirar la rejilla y completar el texto para que parezca anodino. Ver «¡Abajo las máscaras!», pág. 33.

## Rejilla giratoria

Método de cifrado por transposición que consiste en escribir a través de una rejilla, que se hace girar tres veces a 90°. Ver «¡Abajo las máscaras!», pág. 33.

## Repertorio

Ver *Diccionario cifrado*.

## Romper

Romper un código significa encontrar su clave o, de manera más general, encontrar un medio de acceder a lo que se protege sin estar autorizado. Ver *Descifrar*.

## Rot13

Método de cifrado que consiste en reemplazar una letra por aquella que le sigue 13 veces más lejos en el orden alfabético.

Así, A se vuelve N, pero U se vuelve H porque después de Z, se cuenta A. Rot13 es un caso particular de César. Ver *César*.

## RSA

Sistema de cifrado asimétrico utilizado en las tarjetas de crédito y para la transmisión de claves, en particular en el criptosistema PGP. Ver «Los principios del sistema RSA», pág. 341, *Asimetría*, *PGP*.

## Saint Cyr

Ver *Regleta de Saint-Cyr*.

## Saint Urlo

En francés, las letras más frecuentes son E y las que se encuentran en SAINT URLO. Ver *Método de Saint Urlo*.

## Seudoaleatorio

Una serie de números seudoaleatorios es una serie que posee todas las cualidades matemáticas del azar. Esas series son valiosas para realizar simulaciones de fenómenos aleatorios. En criptografía, sin embargo, no tienen la cualidad de las verdaderas series aleatorias. Ver «Del uso de las series seudoaleatorias», pág. 317.

## Shannon

Gran nombre de la criptografía. Demostró la inviolabilidad con condiciones de la libreta de uso único.

## Sigsaly

Máquina para cifrar la voz de la Segunda Guerra Mundial. Ver «El cifrado de la voz», pág. 311.

## Sustitución monoalfabética

El cifrado por sustitución monoalfabética consiste en reemplazar cada letra de un mensaje por un símbolo convenido de antemano. Este cifrado es fácilmente descifrable recurriendo al método de las frecuencias. Se habla de sustitución homofónica si una misma letra puede ser reemplazada por varios símbolos, lo que permite hacer que el método de la frecuencia sea más difícil de aplicar. El método de la palabra probable es, entonces, un buen método de análisis. Ver *Frecuencia*, *Palabra probable*.

## Sustitución polialfabética

Una sustitución polialfabética consiste en reemplazar cada letra de un mensaje por un símbolo elegido en función del estado del sistema. Las más célebres sustituciones polialfabéticas son las de Vigenère (o de Gronsfeld), el cilindro de Bazeries recuperado por el ejército norteamericano con el nombre de M-94 y la máquina alemana Enigma. Ver «Las sustituciones con muchos alfabetos», pág. 193, «El cilindro de Bazeries», pág. 270, «La máquina Enigma», pág. 278, *Vigenère*.

## Supercifrado

Consiste en cifrar un mensaje ya cifrado. Ver «La caja fuerte con código secreto: el supercifrado», pág. 239.

## Simétrico

Se dice de un algoritmo de cifrado que utiliza la misma clave para cifrar y descifrar. Ver «La magia de los cifrados asimétricos», pág. 339.

## Templarios

Ver «El enigma de los Templarios», pág. 68.

## Transposición

Los cifrados por transposición consisten en permutar las letras de un mensaje de manera convenida de antemano. Ver «Los cifrados por transposición», pág. 157.

## Tritemio

Criptólogo, uno de los inventores de las sustituciones polialfabéticas. Ver «Las letanías de Tritemio», pág. 30, «El primer cifrado con palabra clave», pág. 194.

## Turing

Gran nombre de la criptografía. Contribuyó al desciframiento de Enigma.

## Ubchi

Cifrado alemán de la Primera Guerra Mundial. Ver «El sistema Ubchi», pág. 172.

## Urlo

Ver *Saint Urlo*.

## Vernam

Gilbert Vernam es el inventor de la libreta de uso único, utilizado en particular para el teléfono rojo. Ver *La libreta de uso único*.

## Vigenère

Blaise de Vigenère es uno de los grandes nombres de la criptografía, conocido por el cifrado por sustitución polialfabética que corresponde a un desplazamiento variable según la posición de la letra en el mensaje dado por una clave. Ver «Blaise de Vigenère, un personaje múltiple», pág. 197.

## Wadsworth

Ver *Disco de Wadsworth*.

## Zigzag

Ver *Cifrado zigzag*.

# BIBLIOGRAFÍA

Aparte de algunas referencias generales, esta bibliografía está ordenada por periodos que corresponden al orden de los capítulos del libro.

## REFERENCIAS GENERALES

David Kahn, *The Code-Breakers, The Comprehensive History of Secret Communication from Ancient Times to the Internet*, Scribner, 1996. Este libro de 1181 páginas fue una referencia hasta los años 1960. Fue parcialmente traducido al francés en 405 páginas: David Kahn, *La Guerre des codes secrets, Des Hiéroglyphes à l'ordinateur*, Interéditions, 1992.

Fletcher Pratt, *Histoire de la cryptographie, les écritures secrètes de l'Antiquité à nos jours*, Payot, 1940.

Simon Singh, *Histoire des codes secrets, de l'Égypte des pharaons à l'ordinateur quantique*, Le Livre de Poche, 2001.

Philippe Guillot, *La Cryptologie, l'art des codes secrets*, EDP Sciences, 2013. Es un libro más técnico y menos histórico, pero accesible con un bagaje matemático de licenciado.

Hervé Lehning (dir.), «Cryptographie & codes secrets, l'art de cacher», *Hors-série Tangente*, n.° 26, POLE, 2006.

Hervé Lehning, *L'Univers des codes secrets – De l'Antiquité à Internet*, Ixelles, 2012.

Sébastien-Yves Laurent (dir.), *Le Secret de l'état*, Nouveau Monde, 2015.

## Búsqueda del tesoro

Para aquellos que se interesaron en la historia de los piratas y las búsquedas del tesoro, he aquí un poco más sobre La Buse, su criptograma y su tesoro.

Charles Bourel de La Roncière, *Le Flibustier mystérieux, histoire d'un trésor caché*, Le Masque, 1934.

Emmanuel Mezino, *Mon Trésor à qui saura le prendre...*, autoedición, 2014. Lo que habría dicho La Buse a la multitud desde el cadalso, un instante antes de ser ahorcado está contado de varias maneras, como lo muestra el título de este segundo libro.

## Cifrados del Renacimiento y de la edad clásica

Blaise de Vigenère, *Traicté des chiffres, ou Secrètes manières d'escrire* Bourbonnois, 1586. Ese libro está en internet en Gallica.

Giovani Baptista Della Porta, *De Fustiuis literarum notis, Vulgo de Ziferis, Libri IIII*, Londini, 1591. Libro en latín de la época, que se puede leer en internet en <archive.org>.

Hervé Lehning, «La boîte à chiffrer d'Henri II», *Boletín de l'ARCSI*, n.° 41, 2014, pp. 89-100.

Hervé Lehning, «Strasbourg, témoin de l'évolution de la cryptologie du 16ᵉ au 17ᵉ siècle», *Revista de la BNU*, n.° 13, 2016. Descripción de la colección de cuadros de cifrado y de letras cifradas de los archivos de la ciudad de Estrasburgo, que se puede consultar en internet.

Émile Burgaud y Étienne Bazeries, *Le Masque de fer, révélation de la correspondance chiffrée de Louis XIV*, Firmin-Didot, 1893. Para el descifrado de la Gran Cifra de Luis XIV.

Paul-Louis-Eugène Valerio, *De la cryptographie, essai sur les méthodes de déchiffrement*, seguido del *Déchiffrement de la correspondance de Henri IV et du Landgrave de Hesse*, L. Baudoin, 1893.

Antoine Casanova, «Le manuscrit de Voynich», *Boletin de l'ARCSI*, n.° 28, 2000, pp. 60-67.

Bengt Beckman, «An early cipher device : Fredrik Gripenstierna's machine», *Cryptologia*, vol. 26, n.° 2, 2010, pp. 113-123. Para la descripción del cilindro de Gripenstierna.

## La decadencia napoleónica

Mark Urban, *The Man Who Broke Napoleon's Codes*, Harper Collins, 2001.

Étienne Bazeries, *Les «Chiffres» de Napoléon Ier pendant la campagne de 1813*, M. Bourges, 1896.

André Lange y Émile-Arthur Soudart, *Traité de cryptographie*, Félix Alcan, 1925. Este libro es consultable por internet en Gallica.

## La renovación de final del siglo xix y comienzos del xx

Auguste Kerckhoffs, «La cryptographie militaire», *Journal des sciences militaires*, vol. 9, enero y febrero 1883, pp. 5-38. Este documento se encuentra en la página de la ARCSI: www.arcsi.fr.

Étienne Bazeries, *Les Chiffres secrets dévoilés*, E. Fasquelle, 1901.

Félix Delastelle, *Traité élémentaire de cryptographie*, Gauthier-Villars, 1902. Se puede consultar por internet en <archive.org>.

Gaëtan de Viaris, *L'Art de chiffrer et déchiffrer les dépêches secrètes*, Gauthier-Villars, 1893. Se puede consultar en internet en IRIS (Universidad de Lille).

Roger Baudoin, *Éléments de cryptographie*, Pedone, 1939.

## Las guerras mundiales y la Guerra Fría

Louis Ribadeau-Dumas, «Chiffreurs et décrypteurs français de la guerre de 14-18», *Boletín de l'ARCSI*, n.º 27, 1999, pp. 33-53.

Agathe Couderc, «Le Chiffre pendant la Grande Guerre: apprendre à travailler dans l'urgence», *Boletín de l'ARCSI*, n.º 40, 2013, pp. 37-48.

Jean-François Bouchaudy, «La machine à chiffrer B-211», *Boletín de l'ARCSI*, n.º 43, 2016, pp. 111-128.

Guy Malbosc et Jean Moulin, *Guerre des codes et guerre navale, 1939-1945*, Marines éditions, 2012.

Philippe Guillot, «Les mathématiciens polonais contre Enigma», *Boletín de l'ARCSI*, n.º 42, 2015, pp. 81-94.

Louis Ribadeau-Dumas, «Alan Turing et l'Enigma», *Boletín de l'ARC-SI*, n.° 28, 2000, pp. 44-52.

Francis Hinsley et Alan Stripp, *Codebreakers: The Inside Story of Bletchley Park*, Oxford University Press, 2001.

David Kahn, *Seizing The Enigma: The Race to Break the German U-Boats Codes, 1939-1943*, Arrow Books, 1996.

Jon D. Paul, «Le système de communication ultra-sécurisé SIGSALY à l'origine de notre monde numérique?», *Boletín de l'ARCSI*, n.° 44, 2017, pp. 69-76.

Olivier Forcade et Sébastien Laurent, *Secrets d'État, Pouvoirs et renseignement dans le monde contemporain*, Armand Colin, 2005. Este libro es indispensable, en particular por sus capítulos IV y V: una información imprescindible sobre las guerras mundiales y la información en las crisis internacionales.

Pham Duong Hiêu et Neal Koblitz, «Cryptography During the French and American Wars in Vietnam», *Cryptologia*, vol. 41, n.° 6, 2017, pp. 491-511.

## Época contemporánea

Jacques Stern, *La Science du secret*, Odile Jacob, 1998.

Pierre Barthélemy, Robert Rolland et Pascal Véron, *Cryptographie: Principes et mises en oeuvre*, Lavoisier, 2005.

Douglas R. Stinson, *Cryptography: Theory and Practice*, Chapman & Hall, 2006.

Jean-Paul Delahaye, «Qu'est-ce qu'une blockchain?», *Boletín de l'ARCSI*, n.° 44, 2017, pp. 97-108.

Joël Lebidois, «Cryptomonnaies, consensus distribué et blockchain», *Boletín de l'ARCSI*, n.° 43, 2016, pp. 129-136.

Renaud Lifchitz, «Les premiers ordinateurs quantiques accessibles :

quels impacts sur la sécurité?», *Boletín de l'ARCSI*, n.° 42, 2015, pp. 115-121.

Chantal Lebrument et Fabien Soyez, *Louis Pouzin, L'un des pères de l'Internet*, Economica, 2018.

# CRÉDITOS

p. 17: © Mary Evans Picture Library / Photononstop; p.19: Colección particular; p.20: © Archivos municipales de la ciudad de Estrasburgo; p.25: Revista *Miroir de l'Histoire*, septiembre de 1962; Derechos reservados; p.30: © Alamy / Foto 12; p.41: Telegrama de Zimmermann recibido por el embajador alemán a México; 1/16/1917; 862.20212 / 57 through / 862.20212 / 311; Central Decimal Files, 1910 – 1963; General Records of the Department of State, Record Group 59; Archivos Nacionales en College Park, College Park, MD.; p.43: © Jon D. Paul, ARCSI; p.45, 47: © Museo de Transmisiones – Cesson- Sévigné; p.51: © Bundesarchiv, Bild 134-B2501; p.54: © BPK, Berlin, Dist. RMN-Grand Palais / imagen BPK; p.55; ©ARCSI; p.58: © DeAgostini / Leemage; p.60: Colección particular; p.71: Derechos reservados; p.83: © Archivos municipales de la ciudad de Estrasburgo; p.93: © Leopold Museum, Viena / Bridgeman Imágenes; p.98: © Foto de PhotoQuest / Getty Images; p.110 arriba: Fragmento de la rúbrica de correspondencias personales del 1 de enero de 1890 en *Le Figaro*; p.110 abajo: La rúbrica «Correspondencias personales» del 12 de enero de 1890 en *Le Figaro*; p.112: La rúbrica «Correspondencias personales» del 23 de enero de 1890 en *Le Figaro*; p.113: La rúbrica «Correspondencias personales» del 20 de febrero de 1890 en *Le Figaro*; p.114: © Daniel Tant / ARCSI; p.121, 128: © Archivos municipales de la ciudad de Estrasburgo; p.130: Fragmento del boletín n ° 1 de l'Association des Réservistes du Chiffre, de Edmond Lerville; © ARCSI; p.131: © Archivos municipales de la ciudad de Estrasburgo; p.133: Archivos Nacionales, ref. SP53/22 f.1; p.135: © Costa / Leemage /Album; p.143: POF-PSF-PT109-1, Biblioteca y Museo Presidencial John F. Kennedy, Boston; p.148, 149, 150-151, 152: © Archivos municipales de la ciudad de Estrasburgo; p.153: © Archivos Nacionales; p.181: Colección particular © Album; p.185: *Le Matin*, 7 noviembre de 1914; p.199: Los Cipher manuscripts (Voynich manuscript) de la colección general de la Biblioteca Beinecke de libros raros y manuscritos, Universidad de Yale; p.200: Los Cipher manuscript (Voynich manuscript) de la colección general de la Biblioteca Beinecke de libros raros y manuscritos, Universidad de Yale; p.205: © ARCSI; p.207: © Archivos Nacionales; p.212: © Archivos Nacionales; p.214: © Archivos Nacionales; p.216: Colección Timken, Galería Nacional de Arte (NGA), NGA Images; p.218: © The American Civil War Museum, Richmond, Virginia; p.225: © Hanoi Police Museum. Foto de Neal Koblitz; p.226: © Agencia de Seguridad Nacional de EE. UU.; p.231: Colección particular © Album; p.233: © SSPL / Science Museum / Leemage /Album; p.240: © Akg-images / Album; p.242: © Album; p.243: © Museo de la CIA / Album; p.245: © NSA– National Cryptologic Museum; p.255: Colección particular; p.257: © Album, Bild 183-R95807; p.262: © ARCSI; p.256: © Service historique de la Défense, GR 16 N 1696; p.268: Archivos Nacionales, HW 23/1; pp. 279: 280, 281: Caja para cifrar en forma de libro (inv.E.Cl.1361), Musée national de la Renaissance, castillo de Écouen. Fotografía de la colección del autor; p.284: © NSA – National Cryptologic Museum; p.285, 189: © Musée des Transmisisons Cesson-Sévigné; p.293: © Jon D. Paul, ARCSI; p.294: © Album; p.303: © Alamy / Photo 12 /ACI; p.304: © Imagen de ART UK, cortesía de National Museums Liverpool; p.305: © Science Photo Library / Biosphoto; p.311: © NSA – National Cryptologic Museum; p.316: © Everett Historical / Shutterstock; p.319: © Shaun Armstrong para el Bletchley Park Trust; p.320: © Bletchley Park Trust/ SSPL / Leemage; p.323: © Jon D. Paul, ARCSI; p.325 arriba y abajo: Colección del autor; p.326: © ARCSI; p.358: Colección particular, derechos reservados; p.360: © Anita Ponne/ Shutterstock; p.388: © Album.

A pesar de nuestras investigaciones en ciertos casos nos ha sido imposible establecer los derechos de autor. Que aquellos que no hayamos nombrado reciban nuestras disculpas y se den a conocer.

Infografías: Laurent Blondel/Corédoc.